煤炭科学技术研究院有限公司科技发展基金

煤炭检测技术与质量管理

孙 刚 主编

Coal Test Technology and Quality Management

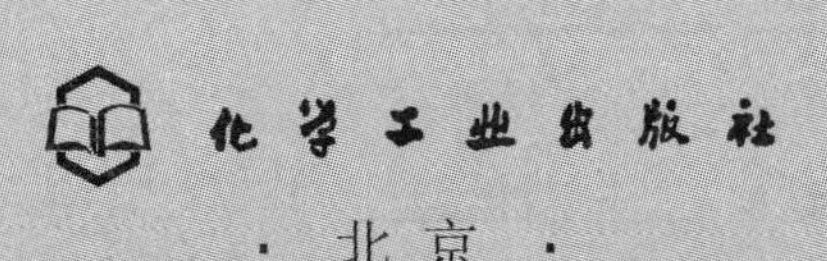

化学工业出版社
·北京·

本书以技术要求和质量管理为主线，系统介绍了煤炭检测技术和质量管理的相关内容。先重点阐述了煤炭采样、制样和化验的技术要求，然后介绍了包括通用要求、结构要求、资源要求、过程要求、管理体系要求在内的实验室质量管理体系要求，同时对质量监控的重要方式——能力验证进行了讲述。为了加深理解，最后两章介绍了质量管理基础知识以及所用到的概率论和数理统计基础知识。

本书总结了作者多年的研究成果和实践经验，可供煤炭检测管理人员和技术人员作为参考用书，也可作为煤炭检测质量管理人员技术培训的教材。

图书在版编目（CIP）数据

煤炭检测技术与质量管理/孙刚主编. —北京：化学工业出版社，2020.8
ISBN 978-7-122-36666-5

Ⅰ.①煤…　Ⅱ.①孙…　Ⅲ.①煤炭-检测-质量管理-研究　Ⅳ.①TQ533

中国版本图书馆 CIP 数据核字（2020）第 080060 号

责任编辑：傅聪智　　装帧设计：刘丽华
责任校对：赵懿桐

出版发行：化学工业出版社（北京市东城区青年湖南街 13 号　邮政编码 100011）
印　　装：中煤（北京）印务有限公司
710mm×1000mm　1/16　印张 21　字数 395 千字　　2020 年 8 月北京第 1 版第 1 次印刷

购书咨询：010-64518888　　售后服务：010-64518899
网　　址：http://www.cip.com.cn
凡购买本书，如有缺损质量问题，本社销售中心负责调换。

定　　价：98.00 元

《煤炭检测技术与质量管理》

编审人员名单

主　　编：孙　刚

副 主 编：刘鲤粽

编写人员（以姓氏笔画为序）：

王文亮　王玉超　孙　刚　刘鲤粽　沈　栋

审　　定：谢恩情

前言

第一本书出版后偶尔会萌发写下本书的念头，当时觉得很遥远，时有提笔，时又放下。因为工作的巧合接触了“质量管理”的内容，写书的思路渐渐清晰起来，轮廓逐步显现，文字积少成多，直至走到今天。

煤炭是我国的主要能源，全国煤矿众多，用煤单位也很多。各涉煤单位均有煤炭检测实验室，从业人员很多。煤是以质论价的，煤炭检测结果决定着煤炭的价格，各涉煤单位均对煤炭检测非常重视，加强煤炭检测实验室的技术管理和质量管理是保证检测结果准确可靠的关键，一本论述煤炭检测技术要求和质量管理的书是许多人所期望的。

新版 ISO/IEC 17025《检测和校准实验室能力的通用要求》于 2017 年底发布，等同采用的 CNAS-CL01：2018《检测和校准实验室能力认可准则》于 2018 年 9 月 1 日实施，这带来了实验室质量管理要求的新变化，社会上急需讲述最新实验室质量管理体系的学术著作。

本书论述了煤炭检测技术要求和质量管理，书中内容主要取材于笔者的实践和研究成果以及所引用文献。全书内容共分八章，包括：绪论、煤炭采样技术要求、煤炭制样技术要求、煤炭化验技术要求、能力验证、实验室质量管理体系的要求、质量管理基础知识、概率论和数理统计基础知识，基本涵盖了煤炭检测技术要求和质量管理的主要内容。笔者在煤炭检测技术要求和质量管理方面的研究涉及采制样方案的设计、采制样精密度的核验、采样系统（自身）精密度的测定、采制样偏倚的核验、霍特林偏倚核验方法、采制样系统的检查、采制样要素的技术要求、常规化验项目的技术要求、能力验证、实验室质量管理体系的要求、数理统计等内容。本书以技术要求和质量管理为主线，分析了煤炭检测技术的重点与难点，介绍了实验室质量管理知识，并将上述内容应用于实际且作出了有关解释。

交稿之时，并没有起先预想的完成的喜悦，反而有些忐忑不安，不知书中所写对读者能否开卷有益，倘若真有所帮助，哪怕只是一点点，笔者也会感到欣慰。

光阴荏苒，距离第一本书的出版已有七年的时间。回首往昔，笔者对前辈和楷模的培养和关怀铭记于心，煤炭检测专家段云龙先生的指导浮现如新，谢恩情研究员的审阅历历在目。本书的出版得益于“煤炭科学技术研究院有限公司科技发展基金”的资助，在此一并致以衷心的感谢。

岁月如梭，人已老，忽然一根头发掉在了雪地上，找不到了踪迹。笔者尽其所能，无奈所学、所知尚浅，愧对最后一本陋作；“青出于蓝而胜于蓝”，才俊辈出，欣喜之至，希望在于他们。

在写作的过程中，家人付出了很多，没有家人的理解和支持是万万做不到的，谨以此书献给我的妻子和女儿！

限于笔者自身的水平，书中一定存有纰漏和不足之处，敬请读者指正。

孙　刚

2020 年 4 月

目录

第一章

绪论

煤炭、石油、天然气、核能、水电，是当今世界的主要能源。此外，能源还包括太阳能、风能、地热能、海洋能、生物质能和低热值矿物能源（如油页岩、泥炭和石炭）等，它们在能源构成中所占比重较小。根据产生方式，能源可分为一次能源和二次能源；根据是否可再利用，能源可分为可再生能源和不可再生能源；根据消耗后是否造成环境污染，能源可分为污染型能源和清洁型能源。

人类社会的历史在发展中经历了三个能源阶段：

a）柴薪时期：18世纪之前，能源以柴薪为主。

b）煤炭时期：18世纪到20世纪初，大规模开发利用煤炭，煤炭是主要能源。

c）石油时期：20世纪中叶以后，石油在能源构成中占据显著的位置。

由于煤炭、石油和天然气均是不可再生能源，储量有限，能够开发利用的时间很短，石油储量预测可开采到21世纪中叶，煤炭储量预测可开采到22世纪初。可以预见，在21世纪后的不久的将来（几十年），人类需开发利用新的可再生能源，以替代煤炭、石油等不可再生能源，那时人类将进入新能源时代。

中国是世界上开发利用煤炭最早的国家。2000多年以前，中国就已经知道利用煤炭。在汉代的一些史料中，有现今河南六河沟、登封、洛阳等地采煤的记载。当时煤不仅当作柴烧，而且成了煮盐、炼铁的燃料。现在河南巩义市还能见到当时用煤饼炼铁的遗迹。

中国富煤少油，是世界上少数几个以煤炭为主要能源的国家，目前煤炭消费始终占一次能源的60%以上。

注：资料来源于参考文献[1]。

一、 中国煤炭检测技术标准发展回顾

中国煤炭检测技术标准的发展，可分为以下三个阶段。

1. 起步阶段（20世纪60年代初到20世纪70年代初）

以1964年我国制定的第一批共18个国家标准为代表，该阶段制定的标准完全仿效当时的苏联标准，试验基础不够。

2. 发展阶段（20 世纪 70 年代到 20 世纪 80 年代末）

该阶段共制定、修订 43 项国家标准和行业标准，使我国煤炭检测技术标准形成了从采样、制样到化验的完整体系。这些标准是在广泛参考欧美标准，充分进行试验研究后制定、修订的。

3. 国际化阶段（20 世纪 80 年代末至今）

在我国“全面采用国际标准”的方针指引下，煤炭检测技术标准制定了“全面向国际标准靠拢、研究制定具有自己特色的方法和标准，打入国际标准”的目标，在对已制定的标准进行多次修订，使之与 ISO 标准一致的同时，积极研究制定 ISO 尚没有或正在制定的标准。目前，我国的煤炭检测技术标准在数量上已超过了 ISO 标准，在技术上全面达到了 ISO 水平，有的还在国际上处于领先地位。

注：资料来源于参考文献［2］。

二、 检测实验室质量管理认可活动

随着工业化、国际合作和世界质量活动的发展，实验室质量管理的标准——ISO/IEC 17025《检测和校准实验室能力的通用要求》于 1999 年 12 月 15 日发布，这也是国际上普遍采用的实验室质量管理标准。为了与国际接轨，中国合格评定国家认可委员会（CNAS）发布的认可准则等同采用 ISO/IEC 17025，表明我国实验室质量管理认可也采用该标准。

为了消除技术壁垒，促进国际贸易的发展，使检测实验室的数据在一定区域或国际间得到相互承认，避免重复检测，实验室认可活动发展迅速。1947 年澳大利亚建立了世界上第一个实验室认可机构——澳大利亚国家测试机构协会，对澳大利亚联邦内的检验实验室进行自愿注册。据不完全统计，到目前为止，世界上已有认可机构近 80 个。1977 年，各国认可机构酝酿并召开了国际实验室认可会议（International Laboratory Accreditation Conference，ILAC）；之后，该会议每年召开一次，为世界各国检测实验室的管理、认可和发展提供了一个论坛。1996 年 9 月第 14 届 ILAC 将国际实验室认可会议更名为国际实验室认可合作组织（International Laboratory Accreditation Cooperation），目前，正式参加的有 46 个国家的 69 个认可机构。

2006 年 3 月 31 日，中国合格评定国家认可委员会（CNAS）正式成立，是在原中国认证机构国家认可委员会（CNAB）和原中国实验室国家认可委员会（CNAL）基础上整合而成的，统一负责我国对认证机构、实验室和检查机构等相关机构的认可工作。截至 2019 年 8 月 31 日，CNAS 认可各类认证机构、实验室及检验机构三大门类共计十五个领域的 10962 家机构，其中，累计认可各类认证机构 182 家，分项认可制度认证机构数量合计 692 家，涉及业务范围类型 11466

个；累计认可实验室10189家，其中检测实验室8415家、校准实验室1226家、医学实验室369家、生物安全实验室85家、标准物质生产者17家、能力验证提供者73家、实验动物机构4家；累计认可检验机构591家。

三、煤炭检测技术与质量管理的重要性

煤的基本特性之一是品质不均匀性，即煤的不同部位其品质是不“相同”的。与液态和气态物质相比，煤的“品质不均匀性”更为显著，且很难混匀。煤的品质不均匀性决定着随意在煤中一处采取样品不能代表整批煤的品质，而必须按照一定的方法去采样；随意分取少量试样不能代表采取的煤样，而必须按照一定的程序去制样。煤炭化验项目多，技术上丰富多样，必须严格掌握技术要求才能得到准确可靠的化验结果。

商品煤是以质论价的，贸易各方按照商品煤的品质进行计价结算。整批煤的品质结果需通过对批煤进行采样、制样和化验三个环节得到。如采样出现差错，批煤的品质结果就不可能准确；同理，制样和化验任何一个环节出现差错，也不可能得到准确的批煤品质结果。

检测实验室是否有能力向社会提供准确可靠的检测报告，并得到社会各方面的认可和信赖，已成为实验室生存和发展的核心问题。建立检测实验室质量管理体系并通过国家认可是把检测工作纳入规范管理的基本保证，也是保证检测结果准确和检测报告可信度的前提。目前检测实验室承揽市场业务的基本条件就是要建立并有效运行实验室质量管理体系。质量管理体系的建立不仅要考虑实验室的管理要素，更重要的是要结合检测项目的技术要求，专业化地开展检测活动，确保科学、公正、准确、高效地完成检测工作。

四、煤炭检测技术与质量管理的主要内容

煤炭检测包括煤样的采取和制备以及化验三个环节。本书重点讲解了每个环节在技术上需注意的问题。

在质量管理方面，本书介绍了实验室质量管理体系的要求，还介绍了质量管理主要术语和定义，质量管理基本概念、原则和方法等质量管理基础知识。

能力验证是证明实验室能力的一种质量监控方式，广泛地应用于煤炭检测实验室。本书详细介绍了能力验证技术内容，包括：样品均匀性和稳定性评价、指定值的确定及不确定度的计算、能力评价标准差的确定、能力统计量的计算及能力评价、稳健统计方法等。

为了更好地理解煤炭检测技术和质量管理，本书给出了有关的概率论和数理统计的基础知识。

综上所述，本书包含内容如下：煤炭采样技术要求、煤炭制样技术要求、煤炭化验技术要求、能力验证、实验室质量管理体系的要求、质量管理基础知识、概率论和数理统计基础知识。

参考文献

[1] 孙刚．商品煤采样与制样［M］．北京：中国质检出版社，2012.
[2] 段云龙．煤炭试验方法标准及其说明［M］．北京：中国标准出版社，2004.
[3] ISO. 检测和校准实验室能力的通用要求：ISO/IEC 17025：2017［S］.2017.

第二章

煤炭采样技术要求

在煤炭检测中，采样环节的技术难度较大。为了保证采取的煤样具有代表性，首先应设计科学、合理的采样方案。采取有代表性煤样的判断依据为采样精密度和采样偏倚，这两项指标的核验是煤炭采样技术的基础。对于机械化采样，煤炭机械化采样系统的检查对于煤炭采样也是必不可少的。

因此，煤炭采样技术要求主要应关注如下问题：

a）煤炭采样方案的设计；

b）煤炭采样精密度的核验；

c）煤炭采样偏倚的核验；

d）煤炭机械化采样系统的检查。

第一节　煤炭基本采样方案的设计

GB 475—2008《商品煤样人工采取方法》规定了煤炭基本采样方案和专用采样方案。在进行采样方案设计时，由于 GB 475—1996 及以前的版本是将对特定很不均匀的煤设计的采样方案应用于所有煤种的采样，而 GB 475—2008 吸纳了更为合理的针对不同均匀程度的煤设计各自采样方案的方法，采样方案设计方法的转换有个适应和熟悉的过程，同时 GB 475—1996 及以前的版本较好掌握，易于被采样人员使用。考虑到上述方面，GB 475—2008 既保留了基本采样方案（原采样方案）的设计方法，又增加了专用采样方案（针对不同采样精密度和不同均匀程度的煤设计的采样方案）的设计方法，并对两方案适用范围规定如下：

“采样原则上按本标准规定的基本采样方案进行。在下列情况下须另行设计专用采样方案，专用采样方案在取得有关方同意后方可实施：

a）采样精密度用灰分以外的煤质特性参数表示时；

b）要求的灰分精密度值小于表 2-1 所列值时；

c）经有关方同意需另行设计采样方案时。”

煤炭机械化采样采取的煤样量通常远大于人工采样，煤炭基本采样方案往往也适用于机械化采样。

本节讲述煤炭基本采样方案的设计。

一、采样经典语句

GB 475—2008 关于采样和制样的目的、基本过程和采样基本要求进行了描述，摘录如下：

“煤炭采样和制样的目的，是为了获得一个其试验结果能代表整批被采样煤的试验煤样。采样和制样的基本过程，是首先从分布于整批煤的许多点收集相当数量的一份煤（即初级子样），然后将各初级子样直接合并或缩分后合并成一个总样，最后将此总样经过一系列制样程序制成所要求数目和类型的试验煤样。

采样的基本要求，是被采样批煤的所有颗粒都可能进入采样设备，每一个颗粒都有相等的机率被采入试样中。”

二、采样方案的设计程序

设计采样方案的程序如下：

a）确定被采煤的基本信息：煤源、批量、标称最大粒度。

注：标称最大粒度可参考有关发货单确定或目视估计，最好用筛分试验验证。

b）决定采样地点：移动煤流或火车、汽车、煤堆、驳船等。

c）确定欲测定的参数和需要的试样类型。

d）指定采样精密度值。

e）决定将子样合并成总样的方法和制样方法。

f）测定或假定煤的变异性（即初级子样方差）和制样化验方差。

g）确定采样单元数和采样单元的子样数。

h）确定总样和子样的最小质量。

i）决定采样方法：系统采样（时间基采样或质量基采样）或随机采样（分层随机采样），确定采样间隔（min 或 t），子样的布置。

以上是完整的采样方案建立的程序。

设计采样方案时需要煤的基本信息。煤源与划分采样单元相关，批煤量与子样数目相关，煤的标称最大粒度与子样和总样质量相关。

测定的参数决定所采煤样的类型，各种类型煤样的采取方法有别。如只测定全水分，可采取全水分煤样。通常既测定全水分，又进行常规化验，需要采取共用煤样。

步骤 e）的内容决定了制样和化验方差的大小，以及避免制样偏倚的产生。

对于基本采样方案，已经采用了较大的初级子样方差值和相应的制样化验方差值来设计采样方案，并应用于其他变异性的煤，故步骤 f）的内容对于基本采样方案而言不适用。

综上所述，基本采样方案的设计程序简化为：

a）确定煤的基本信息：煤源、批量、标称最大粒度。

b）决定采样地点：移动煤流或火车、汽车、煤堆、驳船等。

c）确定欲测定的参数和需要的试样类型。

d）指定采样精密度值。

e）确定采样单元数和采样单元的子样数。

f）确定总样和子样的最小质量。

g）决定采样方法：系统采样（时间基采样或质量基采样）或随机采样（分层随机采样），确定采样间隔（min 或 t），子样的布置。

以下分别叙述设计程序的相关内容。

三、 采样精密度的确定

采样精密度采用固定值，具体见表 2-1。

表 2-1　GB 475—2008 中基本采样方案采样精密度指定值

原煤、筛选煤			精煤	其他洗煤（包括中煤）
$A_d \leqslant 10\%$	$A_d \in (10\%, 20\%]$	$A_d > 20\%$		
±1%（绝对值）	$\pm \frac{1}{10} A_d$	±2%（绝对值）	±1%（绝对值）	±1.5%（绝对值）

表 2-1 中精密度数值的确定方法如下：

假设批煤中只有一个采样单元，推导如下：

$$P_L = 2\sqrt{\frac{V_I}{n} + V_{PT}} \tag{2-1}$$

$$V_{PT} = 0.05 P_L^2 \tag{2-2}$$

$$n = \frac{5V_I}{P_L^2} \tag{2-3}$$

式中　P_L——采样、制样和化验总精密度；

V_I——初级子样方差；

V_{PT}——制样和化验方差；

n——总样中初级子样数。

以煤流为例，分精煤、洗煤和原煤（当时没有进行筛选煤试验）在全国进行初级子样方差测定试验，取各煤种初级子样方差的较大值（全国范围内，75%～80%的煤的初级子样方差小于该值）代入公式(2-3)，具体初级子样方差值见表 2-2。

表 2-2 GB 475 中初级子样方差采用值（供参考）

煤种	原煤和筛选煤		洗煤	精煤
V_I	A_d≤20%	14	9	3
	A_d>20%	48		

由公式(2-3) 可知，随着指定精密度值的不同子样数目也不同，表 2-3 给出了原煤在不同采样精密度下的子样数目。

表 2-3 原煤在不同采样精密度下的子样数目（1000t）

采样精密度/%	子样数目/个	
	A_d≤20%	A_d>20%
±1	70	240
±1.5	31	107
±2	18	60

根据表 2-3，当采样精密度指定为±1%或±1.5%时，则需采的子样数目均较多。最终确定当A_d大于 20%时采样精密度指定为±2%，对应的子样数目为 60 个；当A_d不大于 20%时采样精密度指定为干基灰分值的十分之一但不小于±1%，对应的子样数目为 30 个。

同理洗煤和精煤采样精密度的指定值和对应的子样数目见表 2-4。

表 2-4 洗煤和精煤采样精密度的指定值和对应的子样数目（1000t）

煤种	精煤	洗煤
采样精密度的指定值/%	±1	±1.5
对应的子样数目/个	15	20

这样，采样精密度值被确定下来，且对应的子样数目也被同时确定下来。由于采用了较大的初级子样方差值，若按相同的子样数目去采样，大部分煤的实际采样精密度值会小于此采样精密度指定值，这是允许的，我们希望采样精密度值越小越好，此时该采样精密度的指定值可看作最差允许精密度值；至于很小部分初级子样方差极大的煤，其实际采样精密度值会大于此指定值，应增加子样数目并进行采样精密度的核验。

四、 采样单元数和每个采样单元子样数

1. 采样单元数

批煤中采样单元数的划分根据实际需要按品种来确定，在下列情况下宜将一批煤分成数个采样单元：

a）减小采样精密度值；

b）当采样周期很长时，避免煤样采取后产生偏倚，特别是水分损失；

c）当采样周期很长时，便于管理；

d）使煤样量不致太大，便于处理。

批煤采样中，随着采样单元数的增加，可使采样精密度值变小。当采样过程持续很久时，要考虑煤样放置过久是否会造成水分损失，是否需要及时收集和制备煤样。当划分成多个采样单元时，每个总样的质量不致太大，以便于制样。

实际工作中，通常批煤中只有一个采样单元。不同品种的煤要划分成不同的采样单元。

2. 每个采样单元子样数

根据公式(2-1)，理论上讲采样单元中子样数目与采样单元煤量无关；但由于煤炭品质往往存在一定的序列相关关系，即相邻的煤倾向于有相似的组成，相距较远的煤倾向于有不相似的组成，通俗地说，随着煤量的增加，煤的变异性会增大，初级子样方差值会发生变化，必然导致子样数的变化。

GB 475—2008 所采用的初级子样方差值是采样单元煤量为 1000t 时测定的，在采样精密度指定值确定后，1000t 煤量应采取的子样数目也就确定下来了，GB 475—2008 规定 1000t 煤量为基本采样单元。基本采样单元最少子样数见表 2-5。

表 2-5　基本采样单元最少子样数（1000t）

煤种	灰分范围(A_d)	采样地点				
		煤流	火车	汽车	煤堆	船舶
原煤、筛选煤	>20%	60	60	60	60	60
	≤20%	30	60	60	60	60
精煤	—	15	20	20	20	20
其他洗煤(包括中煤)	—	20	20	20	20	20

当采样单元煤量大于 1000t 时，此时初级子样方差比 1000t 时要大，并采用如下关系式：

$$V_{I,L}=V_{I,B}\sqrt{\frac{M}{1000}} \tag{2-4}$$

式中　$V_{I,L}$——采样单元煤量大于 1000t 时的初级子样方差；

$V_{I,B}$——采样单元煤量等于 1000t 时的初级子样方差；

M——采样单元煤量，t。

将公式(2-4) 代入公式(2-3) 中，得到：

$$n=\frac{5V_{I,B}}{P_L^2}\sqrt{\frac{M}{1000}}=n_0\sqrt{\frac{M}{1000}} \tag{2-5}$$

式中　n_0——表 2-5 规定的子样数。

当采样单元煤量小于1000t时，此时初级子样方差比1000t时要小，并采用如下关系式：

$$V_{I,S}=V_{I,B}\frac{M}{1000} \tag{2-6}$$

式中 $V_{I,S}$——采样单元煤量小于1000t时的初级子样方差。

将公式(2-6)代入公式(2-3)中，得到：

$$n=\frac{5V_{I,B}}{P_L^2}\times\frac{M}{1000}=n_0\frac{M}{1000} \tag{2-7}$$

但是子样数不能无限制地减少，目前国际上通用的要求是总样中子样数不能少于10个，结合GB 475—1996对最少子样数的规定，最终确定的采样单元中最少子样数见表2-6。

表2-6 采样单元中最少子样数

煤种	灰分范围(A_d)	采样地点				
		煤流	火车	汽车	煤堆	船舶
原煤、筛选煤	>20%	18	18	18	30	30
	≤20%	10	18	18	30	30
精煤	—	10	10	10	10	10
其他洗煤(包括中煤)	—	10	10	10	10	10

五、煤样质量

1. 总样质量的最小值

随着粒度的增大，总样质量也要相应增加，以使总样能代表各粒级的煤。表2-7列出了一般分析和共用煤样及全水分煤样的总样或缩分后总样质量的最小值。

表2-7 一般分析和共用煤样及全水分煤样的总样质量最小值

标称最大粒度/mm	一般分析和共用煤样的总样/kg	全水分煤样的总样/kg
150	2600	500
100	1025	190
80	565	105
50	170①	35
25	40	8
13	15	3
6	3.75	1.25
3	0.7	0.65
1	0.10	—

① 标称最大粒度为50mm的精煤，一般分析和共用煤样的总样最小质量为60kg。

2. 子样质量的最小值

子样质量与被采煤的粒度有关，煤的粒度越大，子样质量也应越大。除了对子样质量的绝对量有要求外，为了采样时能同时满足总样质量的要求，提出了对子样质量的另一项要求：子样质量的平均最小值。取这两个子样质量值中较大的作为子样质量的最小值。

1）子样质量的绝对最小值

人工采样的子样质量的绝对最小值按公式(2-8）计算，但最小为0.5kg。

$$m_a = 0.06d \tag{2-8}$$

式中　m_a——子样质量的绝对最小值，kg；

d——被采煤的标称最大粒度，mm。

表2-8给出了人工采样部分粒度下初级子样或缩分后子样质量的绝对最小值。

表2-8　部分粒度下初级子样质量的绝对最小值

标称最大粒度/mm	子样质量绝对最小值/kg
100	6.0
50	3.0
25	1.5
13	0.8
≤6	0.5

机械化采样的子样质量绝对最小值按公式(2-9）计算，且不小于0.1kg。

$$m_a = d^2 \times 10^{-3} \tag{2-9}$$

2）子样质量的平均最小值

子样质量的平均最小值按公式(2-10）计算：

$$\overline{m} = \frac{m_g}{n} \tag{2-10}$$

式中　$\overline{m}$——子样质量平均最小值，kg；

m_g——总样质量最小值，kg；

n——子样数目。

六、子样分布

1. 煤流采样

煤流中分布子样主要有三种方法：时间基采样、质量基采样和分层随机采样。

1）时间基采样

从煤流中按一定的时间间隔采取子样，子样的质量与采样时的煤流量成正比，初级子样可直接合并或按定比缩分方法缩分后合并成总样或分样。时间间隔的最大值Δt(min）按公式(2-11）计算：

$$\Delta t=\frac{60m_{sl}}{Gn} \tag{2-11}$$

式中 m_{sl}——采样单元质量，t；

G——煤流最大流量，t/h；

n——总样的初级子样数目。

所采用的时间间隔应不大于 Δt。

时间基采样在实际工作中易于实现，是目前应用最多的煤流采样子样分布方法。但时间基采样存在一定的随机性风险，如煤流恰好在采样时刻增大或减小，造成子样对总样贡献的误差，使采样精密度变差，所以时间基采样时煤流应尽可能地稳定，尽量避免时间基采样的不确定性。

2）质量基采样

从煤流中按一定的质量间隔采取子样，子样的质量应固定。质量间隔的最大值 Δm（t）按公式(2-12）计算：

$$\Delta m=\frac{m_{sl}}{n} \tag{2-12}$$

式中 n——总样的初级子样数目。

所采用的质量间隔应不大于 Δm。

质量基采样的最大难点在于子样质量的恒定，即每次采取的初级子样或经破碎缩分后的子样质量应相等。由于间隔相同的煤量，所采取的每个子样对总样的贡献是相同的，质量基采样实现了上述要求，因此理论上讲质量基采样比时间基采样更“准确”。实际工作中，因煤流的流量在波动，传统的采样器具很难采到与子样质量一致的初级子样；若初级子样质量不一致，可用定质量缩分装置进行缩分，但对于定质量缩分，保证缩分后子样的代表性对缩分装置提出了很高的技术要求，目前，国内很少使用质量基采样主要是上述原因。

3）分层随机采样

时间基采样和质量基采样属系统采样方法，其子样采取的“位置”是设定好的，分层随机采样则不同。分层随机采样不是以相等的时间或质量间隔采取子样，而是在预先划分的时间或质量间隔内以随机时间或质量采取子样。如按时间基系统采样，划分的时间间隔为 5min，则除第一个子样在 0～5min 内随机选择外，其余子样采取时间都是固定的，假使第一个子样在 60s 时刻采取，那么第二个子样应在 360s 时刻采取。如按分层随机采样，划分的时间间隔也是 5min，则每个子样在相应的 0～5min、5～10min、10～15min……时间段内随机时刻采取。

分层随机采样可避免系统采样可能产生的系统误差，更符合采样“精神”。以随机时间进行的分层随机采样，采取的初级子样可直接合并或经定比缩分后合并成总样或分样，实际工作中应用前景广阔。以随机质量进行的分层随机采样，采取的初级子样若质量恒定则可合并，否则需按定质量缩分后才能合并子样，目前应用较少。

2. 火车煤采样

GB 475—2008 和 GB/T 19494.1—2004《煤炭机械化采样 第 1 部分：采样方法》对于每节火车采取的子样规定如下：

“当要求的子样数等于和少于一采样单元的车厢数时，每一车厢应采取一个子样；当要求的子样数多于一采样单元的车厢数时，每一车厢应采的子样数等于总子样数除以车厢数，如除后有余数，则余数子样应分布于整个采样单元。分布余数子样的车厢可用系统方法选择（如每隔若干车增采一个子样）或用随机方法选择。”

至于子样在车厢中的位置，GB 475—2008 依据“子样位置应逐个车厢不同，以使车厢各部分的煤都有相同的机会被采出”的原则，推荐了如下子样在车厢中的分布方法：

a）系统采样法 本法仅适用于每车采取的子样相等的情况。将车厢分成若干个边长为 1～2m 的小块并编上号（图 2-1），在每车子样数超过 2 个时，还要将相继的、数量与欲采子样数相等的号编成一组并编号。如每车采 3 个子样时，则将 1、2、3 号编为第一组，4、5、6 号编为第二组，依此类推。先用随机方法决定第一个车厢采样点位置或组位置，然后顺着与其相继的点或组的数字顺序，从后继的车厢中依次轮流采取子样。

b）随机采样法 将车厢分成若干个边长为 1～2m 的小块并编上号（一般为 15 块或 18 块，图 2-1 为 18 块示例），然后以随机方法依次选择各车厢的采样点位置。

1	4	7	10	13	16
2	5	8	11	14	17
3	6	9	12	15	18

图 2-1 火车煤采样子样分布示意图

对于子样在车厢中的位置，GB/T 19494.1—2004 推荐了如下方法：

a）全深度采样 将车厢分成若干边长为 1～2m 的小块并编上号，用系统采样方法依次轮流从每一编号的小块中采取一全深度煤柱为一子样（第 1 个子样在第 1 个车厢内随机选择）；或用随机采样方法从选定的小块中采取一全深度煤柱为一子样。

b）深部分层采样 将车厢分成若干边长为 1～2m 的小块并编号，每一块分上、中、下三层或上、下两层。用系统采样方法依次轮流从编号的小块的某一层采取一个子样（第 1 个子样在第 1 个车厢内随机选择位置和层）；或用随机采样方法从选定的小块和层中采取一个子样。

c）表面采样　对煤质十分均匀的矿井，如试验证明表面采样无实质性偏倚，也允许在装车后立即从表面采取子样。

由此可知，按 GB/T 19494.1—2004 中的火车煤机械化采样子样分布与 GB 475—2008中的人工采样基本相同。

3. 汽车煤采样

对于汽车煤采样子样分布，GB 475—2008 和 GB/T 19494.1—2004 规定如下：“载重 20t 以上的汽车，按火车采样方法选择车厢；载重 20t 以下的汽车，按下述方法选择车厢：当要求的子样数等于一采样单元的车厢数时，每一车厢采取一个子样；当要求的子样数多于一采样单元车厢数时，每一车厢的子样数等于总子样数除以车厢数，如除后有余数，则余数子样应分布于整个采样单元。分布余数子样的车厢可用系统方法或随机方法选择；当要求的子样数少于车厢数时，应将整个采样单元均匀分成若干段，然后用系统采样或随机采样方法，从每一段采取 1 个或数个子样。”

对于载重 20t 以上的汽车，每车至少采取一个子样；而对于载重 20t 以下的汽车，则不一定每车都采取子样。

至于子样在车厢中的位置分布与火车煤相同。

4. 煤堆采样

GB 475—1996 对煤堆采样分顶、腰和底三层分布子样，至于每层子样数的比例因煤堆形状各异无法做出规定。GB 475—2008 和 GB/T 19494.1—2004 中子样分布不采用分层，而是将煤堆表面划分成若干区，再将区分成若干面积相等的小块，然后用系统采样法或随机采样法决定采样区和每区采样点（小块）的位置，从每一小块采取 1 个全深度或深部或顶部子样。

同时 GB 475—2008 和 GB/T 19494.1—2004 增加了在堆/卸煤过程中的煤堆采样方法：在堆卸煤新工作面划分成若干区，再将区分成若干面积相等的小块，然后用系统采样法或随机采样法决定采样区和每区采样点（小块）的位置，从每一小块采取 1 个全深度或深部或顶部子样。

七、 采样要求

1. 煤流

a）从安全和技术角度考虑，煤流采样应采用机械化方式，通常不适合人工操作。在必须进行人工采样时，应在保证安全的前提下，可考虑在煤流落流中或煤流中部进行人工采样。

b）在整个采样过程中，采样器具横过煤流的速度应保持恒定。采样时，应尽量截取一完整煤流横截段作为一子样，子样不能充满采样器具或从采样器具中溢出。

c）如预先计算的子样数已采够，但该采样单元煤尚未流完，则应以相同的时间（或质量）间隔继续采样，直至煤流结束。

d）对于系统采样而言，初级子样应均匀分布于整个采样单元中。子样按预先设定的时间或质量间隔采取，第 1 个子样在第 1 个时间或质量间隔内随机采取，其余子样按相等的时间或质量间隔采取。

e）分层随机采样中，两个分属于不同的时间或质量间隔的子样很可能非常靠近，因此采样器具至少能容纳两个子样。

2. 火车或汽车煤

a）火车或汽车煤采样应首选在装/堆煤或卸煤过程中进行，如不具备在装煤或卸煤过程中采样的条件，也可对火车或汽车煤直接采样。

b）直接从火车或汽车煤中采样时，应采取全深度煤样或不同深度（上、中、下或上、下）的煤样；在能够保证运载工具中煤的品质均匀且无不同品质的煤分层装载时，也可从运载工具顶部采样。

c）在从火车或汽车顶部煤进行人工采样的情况下，在装车后应立即采样；在经过运输后采样时，应挖坑至 0.4～0.5m 采样，取样前应将滚落在坑底的煤块和矸石清除干净。

d）用采样器具（如铲子）采样时，采样器具应不被煤样充满或从采样器具中溢出，而且子样应一次采出，多不扔，少不补，湿煤不能沾在采样器上。

e）采取子样时，采样器具应从采样表面垂直（或成一定倾角）插入，不能有意地将大块物料（煤或矸石）推到一旁。

3. 煤堆

a）煤堆采样应当在堆堆或卸堆过程中，或在迁移煤堆过程中，以下列方式采取子样：于皮带输送煤流上、小型运输工具如汽车上、堆/卸过程中的各层新工作表面上、斗式装载机卸下煤上以及刚卸下并未与主堆合并的小煤堆上采取子样。

b）不要直接在静止的高度超过 2m 的大煤堆上采样。

c）当必须从静止大煤堆表面采样时，可以使用上述的方法进行煤堆采样，但其结果极可能存在较大的偏倚，且精密度较差。

d）从静止大煤堆上，不能采取仲裁煤样。

e）在非新工作面进行人工采样时应先除去 0.2m 的表面层。煤堆底部的区中小块应距地面 0.5m。

八、机械化采样中的特有方案

GB 475—2008 规定的基本采样方案往往也适用于煤炭机械化采样。GB/T 19494.1—2004 规定了一个类似的采样方案，可看作机械化采样特有的基本采样方案。

贸易方或相关方根据采样目的、试样类型以及煤的变异性指定采样精密度值。在没有协议精密度的情况下可参考表 2-9 确定。

表 2-9 机械化采样精密度值

煤炭品种	采样精密度值 A_d
精煤	0.8%
其他煤	$\frac{1}{10}A_d$，但≤1.6%

在对低流量煤流或对静止批煤进行非全深度采样时，当指定表 2-9 中所列采样精密度值时，每个采样单元的子样数可按表 2-10 规定，具体要求如下：

表 2-10 相应采样精密度下每个采样单元的子样数

煤炭品种	采样精密度值 A_d	不同采样地点的每个采样单元的子样数 n		
		煤流	火车和驳船	煤堆和轮船
精煤	0.8%	16	22	22
其他煤	$\frac{1}{10}A_d$，但≤1.6%	28	40	40

1）单采样单元的子样数

批煤中只有一个采样单元时，按照公式(2-13) 计算单采样单元的子样数：

$$n=n_0\sqrt{\frac{M}{1000}} \tag{2-13}$$

式中 n_0——表 2-10 中规定的子样数；

M——采样单元煤量，t。

2）多采样单元及其子样数

多采样单元的子样数确定有两种情况：

a）根据实际工作需要批煤划分成多个采样单元，每个采样单元的煤量不等；

b）批煤划分成煤量相同的数个采样单元。

对于第一种情况，可把每个采样单元根据采样单元煤量情况按照公式(2-13) 来计算。

对于第二种情况，GB/T 19494.1—2004 规定按公式(2-14) 计算起始采样单元数：

$$m=\sqrt{\frac{M}{1000}} \tag{2-14}$$

每个采样单元的子样数不少于表 2-10 的规定。

由于每个采样单元的煤量可能比 1000t 多很多，V_I值可能有不可忽略的变化，建议对于第二种情况中每个采样单元的煤量按公式(2-13) 计算。

九、 全水分煤样的采取

全水分煤样可在共用煤样中分取，也可单独采取。GB 475—2008 在基本采样方案中没有给出单独采取全水分煤样的方法，由于煤中水分比灰分要均匀，如全水分煤样需单独采取，建议按照 GB 475—1996 的规定原则进行，方法如下：

a）子样数。在采样单元中，不论煤种当煤量小于或等于 1000t 时至少采取 10 个子样；当煤量大于 1000t 时，子样数目按照公式(2-5) 计算。对于火车煤，每车至少采取一个子样。

b）煤样质量。总样质量及子样质量按本节“五、煤样质量”执行。

c）在煤堆、驳船和轮船中不单独采取全水分煤样。

d）一批煤可分多个采样单元采取若干全水分总样，每个总样的子样数目参照以上所述确定，以各总样的全水分加权平均值作为该批煤的全水分值。

第二节　煤炭专用采样方案的设计

如前所述，在下列情况下须另行设计专用采样方案，专用采样方案在取得有关方同意后方可实施。

a）采样精密度用灰分以外的煤质特性参数表示时；

b）要求的灰分精密度值小于表 2-1 所列值时；

c）经有关方同意需另行设计采样方案时。

设计专用采样方案的程序与本章第一节“二、采样方案的设计程序”相同，已经论述的内容本节不再重复，以下讲述专用采样方案的设计步骤中与基本采样方案不同的程序内容。

一、 采样精密度值的指定

贸易方或相关方根据采样目的、试样类型以及煤的变异性指定采样精密度值。采样精密度值可参照表 2-1 或表 2-9 指定，也可指定其他数值，但要考虑煤的变异性和采样可操作性。不能随意指定不切实际的采样精密度值。与基本采样方案相比，采样精密度值不是固定的，可在接受的范围内变动。

此外，ISO 13909：2016 推荐的采样精密度值为干燥基灰分值的十分之一，最大为1%。

二、煤的变异性确定

估算在指定精密度下的子样数需先确定煤的变异性。表示煤的变异性的参数有：初级子样方差、制样和化验方差以及采样单元方差。以下分别讨论。

1. 初级子样方差

初级子样方差表征采样单元内各初级子样品质间的彼此符合程度，是煤的不均匀程度、煤量、标称最大粒度、子样质量和子样间隔的函数。

GB 475—2008 及 GB/T 19494.3—2004《煤炭机械化采样　第3部分：精密度测定和偏倚试验》中关于初级子样方差的确定有四种方法，分别叙述如下：

a）直接测定。在一批煤或在同一煤源的几批煤中，系统采取至少50个子样，每个子样分别制样并化验，测定参数最好是干基灰分。然后用公式(2-15）计算初级子样方差：

$$V_{\mathrm{I}}=\frac{1}{n-1}\left[\sum X_i^2-\frac{(\sum X_i)^2}{n}\right]-V_{\mathrm{PT}} \tag{2-15}$$

式中 V_{I}——初级子样方差；

n——所采的子样数目；

X_i——分析参数测定值；

V_{PT}——制样和化验方差。

b）间接推算。初级子样方差可由根据本章第六节实际测定的采样精密度值推算出，推算公式如下：

$$V_{\mathrm{I}}=\frac{mnP_{\mathrm{L}}^2}{4}-nV_{\mathrm{PT}} \tag{2-16}$$

c）根据类似的煤炭在类似的采样方案中测定的子样方差确定。

d）在没有初级子样方差资料情况下，对于灰分，最初可以假定$V_{\mathrm{I}}=20$，并在采样后进行核对。ISO 13909:2016 规定：对于洗煤，最初假定$V_{\mathrm{I}}=3$；对于混煤，最初假定$V_{\mathrm{I}}=5$。

方法d）应慎重使用，其处理思路与基本采样方案相同，即假设煤很不均匀，设计的采样方案对于大部分煤子样数往往偏多，实际采样精密度值会远小于预期要求，当然这是所期望的，但会增加不必要的劳动成本。这里介绍四个初级子样方差估算公式，供读者参考：

公式1：适用于干基灰分不大于15%的筛选煤和所有洗煤。

$$V_{\mathrm{I}}=0.5A_{\mathrm{d}}-0.02m_{\mathrm{PI}}-1 \tag{2-17}$$

公式2：适用于干基灰分在15%～30%范围内的筛选煤和少量品质较均匀的原煤。

$$V_{\mathrm{I}}=0.4A_{\mathrm{d}}-0.08m_{\mathrm{PI}} \tag{2-18}$$

公式3：适应于原煤和干基灰分大于30%的筛选煤。

$$V_{\mathrm{I}}=0.5A_{\mathrm{d}}-0.06m_{\mathrm{PI}} \tag{2-19}$$

公式4：适应于精煤。

$$V_{\mathrm{I}}=3 \tag{2-20}$$

式中　A_{d}——被采煤的干基灰分，%（质量分数）；

m_{PI}——初级子样质量，kg。

在缺乏初级子样方差资料情况下，上述公式可用于估算所采煤的初级子样方差，并在采样后进行采样精密度核对。

2. 制样和化验方差

制样和化验方差是表征制样方案和化验方法精密度的参数，主要取决于制样缩分和从分析试样中抽取出数克煤样的过程。

GB 475—2008关于制样和化验方差的确定有三种方法，分别叙述如下：

a）直接测定。从同一批煤或同一种煤的几批中至少采取20个分样，从每个分样中在第一缩分阶段缩取出两个试样，分别制成分析试样并用例常分析方法化验品质参数（最好是灰分），然后按公式(2-21）计算制样和化验方差：

$$V_{\mathrm{PT}}=\frac{\sum d_i^2}{2n_{\mathrm{p}}} \tag{2-21}$$

式中　V_{PT}——制样和化验方差；

d_i——每对样品测定值之差；

n_{p}——样品对数。

b）根据类似的煤炭在类似的采样方案中测定的制样和化验方差确定。

c）在没有制样和化验方差资料的情况下，对于灰分，最初可以假定$V_{\mathrm{PT}}=0.2$，并在采样后进行核对。

方法c）应慎重使用。这里介绍两个制样和化验方差估算公式，供读者参考：

$$V_{\mathrm{PT}}=0.05P_{\mathrm{L}}^2 \tag{2-22}$$

$$V_{\mathrm{PT}}=\frac{V_{\mathrm{I}}}{50} \tag{2-23}$$

在缺乏制样和化验方差资料的情况下，上述公式可用于估算所采煤的制样和化验方差，并在制样后进行核对。

三、 采样单元数和每个采样单元子样数

批煤中采样单元数根据实际情况来划分，通常只有一个采样单元，若划分成多个采样单元，可降低采样精密度值或减小子样数。

1. 单采样单元的子样数

批煤中若只有一个采样单元，批煤量和采样单元煤量是相同的，批等于采样单元。对于基本采样单元煤量（M_0）的规定，专用采样方案与基本采样方案不同。基本采样方案的基本采样单元煤量为1000t；专用采样方案的基本采样单元煤量有两个，分别是1000t和5000t。对大批量煤（轮船载煤），M_0取5000t；对小批量煤（火车、汽车、驳船载煤），M_0取1000t。对于大批量煤和小批量煤，其V_I值是不同的。基本采样单元煤量分成两个，目的在于使所采煤的估算V_I值与实际V_I值尽量接近。

当采样单元煤量大于基本采样单元煤量（1000t或5000t）时，初级子样方差估算公式类似于公式(2-4)：

$$V_{I,L}=V_{I,B}\sqrt{\frac{M}{M_0}} \tag{2-24}$$

式中 $V_{I,L}$——采样单元煤量大于1000t或5000t时的初级子样方差；

$V_{I,B}$——采样单元煤量等于1000t或5000t时的初级子样方差；

M——采样单元煤量，t。

将公式(2-24)代入公式(2-1)中，得到公式(2-25)：

$$n=\frac{4V_{I,B}}{P_L^2-4V_{PT}}\sqrt{\frac{M}{M_0}} \tag{2-25}$$

所计算的n值是当采样单元煤量大于基本采样单元煤量（1000t或5000t）时采样单元中应采的子样数目最小值，即批煤应采子样数的最小值。

当采样单元煤量小于基本采样单元煤量（1000t或5000t）时，初级子样方差估算公式同公式(2-6)：

$$V_{I,S}=V_{I,B}\frac{M}{M_0} \tag{2-26}$$

式中 $V_{I,S}$——采样单元煤量小于1000t或5000t时的初级子样方差。

将公式(2-26)代入公式(2-1)中，得到公式(2-27)：

$$n=\frac{4V_{I,B}}{P_L^2-4V_{PT}}\times\frac{M}{M_0} \tag{2-27}$$

所计算的n值是当采样单元煤量小于基本采样单元煤量（1000t或5000t）时采样单元中应采的子样数目最小值，即批煤应采子样数的最小值。但是子样数不

能无限制地减小，目前国际上通用的是总样中子样数不能小于10个。

2. 多采样单元及其子样数

多采样单元的子样数确定有两种情况：

a）根据实际工作需要批煤划分成多个采样单元，每个采样单元的煤量不等；

b）批煤划分成煤量相同的数个采样单元。

对于第一种情况，可把每个采样单元根据采样单元煤量情况按照公式(2-25)或公式(2-27)来计算。

对于第二种情况，提出了如下处理方法：

按公式(2-28)计算起始采样单元数：

$$m=\sqrt{\frac{M}{M_0}} \tag{2-28}$$

式中 m——起始采样单元数；

按公式(2-29)计算每个采样单元子样数：

$$n=\frac{4V_{\mathrm{I,B}}}{mP_{\mathrm{L}}^2-4V_{\mathrm{PT}}} \tag{2-29}$$

如计算的 n 值为负数或大到不切实际，则说明：制样和化验方差较大，采样精密度指定值较小，采样单元数不够。在通常采样精密度和 V_{PT} 不变动的情况下，只能增大 m 值，以获得可接受的 n 值。应用下述方法之一增加采样单元数 m：

估计一适当的 m 值，然后按公式(2-29)计算 n，如计算出的 n 仍不合适，则再给定一 m 值，重新计算 n，直到可接受为止；

或设定一实际可接受的最大 n 值，然后按公式(2-30)计算 m：

$$m=\frac{4V_{\mathrm{I,B}}+4nV_{\mathrm{PT}}}{nP_{\mathrm{L}}^2} \tag{2-30}$$

需要时，可将 m 值调大到一适当值，然后重新计算 n。当计算的 n 小于10时，取 $n=10$。

公式(2-29)计算子样数目有一定缺陷：初级子样方差没有进行校正。但由于批煤划分成多个采样单元，每个采样单元的煤量与基本采样单元接近了些，采用基本采样单元的初级子样方差代替采样单元的初级子样方差导致计算的子样数略少，但由于煤质的序列相关性，通常测定的 V_{I} 值偏大，导致子样数偏多，综合考虑后按公式(2-29)计算出的子样数目应可接受。下面给出初级子样方差经过校正后的子样数目计算公式，供参考：

$$n=\frac{4V_{\mathrm{I,B}}}{mP_{\mathrm{L}}^2-4V_{\mathrm{PT}}}\sqrt{\frac{M}{M_0}} \tag{2-31}$$

四、 煤样质量

有关总样质量和子样质量的要求与基本采样方案相同，可参阅本章第一节相关内容。

五、 子样分布和采样要求

有关子样分布和采样要求的规定与基本采样方案相同，可参阅本章第一节相关内容。

第三节 煤炭采样精密度的核验

采样方案建立后，实际采样精密度值是否小于采样精密度指定值需要核验。对于人工采样，在采样方法的设计中已尽量避免采样偏倚的产生，通常认为人工采样是无偏倚的，除非使用了复杂的采样器具或存在人为因素。若无采样偏倚，人工煤样代表性就由采样精密度所决定。对于机械化采样，其采样精密度通常优于人工采样。GB 475—2008 和 GB/T 19494.3—2004 给出了两种采样精密度核验方法。

一、 多份采样法

当对一特定的批煤采样要求核验其精密度时，可使用下述的多份采样方法：

a）建立一个要求精密度下的采样方案。

b）选定一测定参数，如干基灰分。

c）按采样方案，将该批煤分为 m 个采样单元，每个单元采取 n 个子样，将 mn 个子样依次轮流放入 j 个容器中，合并成 j 个煤样（j 不能小于 m，且不能小于 10）。

d）分别按公式(2-32）和公式(2-33）计算煤样总体标准差 S 和该批煤实际精密度最佳估算值 P：

$$S=\sqrt{\frac{\sum x_i^2-\frac{(\sum x_i)^2}{j}}{j-1}} \tag{2-32}$$

$$P=\frac{2S}{\sqrt{j}} \tag{2-33}$$

e）从表 2-11 中查出自由度 f（即煤样个数）下的精密度上、下限因数 a_U 和 a_L，然后计算实际精密度上、下限：

$$上限=a_U P$$
$$下限=a_L P$$

f）比较期望精密度 P_o 与实际精密度。

如 $a_L P < P_o < a_U P$，则采样精密度符合要求；但如范围很宽，其上限 $a_U P$ 超过最差允许精密度 P_w，则不能做结论，还须进一步试样，然后将试验结果与原结果合并重新进行计算直到 P_w 超过 $a_U P$ 或 P_o 落在置信范围以外。

如 $P_o \geqslant a_U P$，则采样精密度优于期望精密度；如 $P_o \leqslant a_L P$，则采样精密度不符合要求。

表 2-11 精密度范围计算因数

f	5	6	7	8	9	10	15	20	25	50
下限因数 a_L	0.62	0.64	0.66	0.68	0.69	0.70	0.74	0.77	0.78	0.84
上限因数 a_U	2.45	2.20	2.04	1.92	1.83	1.75	1.55	1.44	1.38	1.24

GB 475—2008 和 GB/T 19494.3－2004 规定该方法适用于特定批煤采样精密度的测定，为例常采样方案设计做准备，并不推荐直接用于例常采样方案的采样精密度的核验。但从方法的原理来看，直接用于例常采样精密度的核验是可行的，所以增加了条款 f)，以方便该方法直接用于例常采样精密度的核验。

（$n \times m$）的子样应是煤样个数 j 的整倍数，否则应在不改变采样精密度的情况下调整试验方案，使之满足上述要求。另外，每个煤样的子样数（最好）应不小于 10，否则每个煤样的代表性存在问题，使之失去统计上的意义。

二、 双份采样法

GB 475—2008 和 GB/T 19494.3－2004 推荐的对例常采样精密度进行核验的方法是双份采样法，它分为两种情况：双倍子样数双份采样法和例常子样数双份采样法。

1. 双倍子样数双份采样法

a）建立一个要求精密度下的采样方案。

b）选定一测定参数，如干基灰分。

c）取同一批或同一种煤的若干批煤的至少 10 个采样单元，从每一采样单元采取正常子样数（n_o）双倍（$2n_o$）的子样，并将之交叉合并成 2 份煤样，每份由 n_o 个子样构成，共得至少 10 对双份煤样。

d）对各对煤样进行某一品质参数（如干基灰分）测定。

e）分别按公式(2-34) ～公式(2-36) 计算双份煤样的标准差 S 和精密度 P：

$$S=\sqrt{\frac{\sum d^2}{2n}} \tag{2-34}$$

式中　d——双份煤样间的差值；

　　n——双份煤样对数。

95%置信概率下单个采样单元实际精密度为：

$$P_i = 2S \tag{2-35}$$

m 个采样单元平均值的实际精密度为：

$$P = \frac{P_i}{\sqrt{m}} \tag{2-36}$$

f）从表2-11中查出自由度 f（即双份试样对数）下的精密度上、下限因素 a_U 和 a_L，然后计算实际精密度上、下限：

$$上限 = a_U P$$

$$下限 = a_L P$$

g）比较期望精密度 P_o 与实际精密度，与多份采样法相同。

2. 例常子样数双份采样法

当条件不允许用双倍子样数双份采样法进行试验或需要在例常采样下测定精密度时，可用例常子样数双份采样法。该法的精密度核验仅双份试样对的合成和精密度的计算与双倍子样数双份采样法不同。

方法如下：

a）取同一批或同一种煤的若干批煤的至少10个采样单元，从每一采样单元中采取与例常子样数 n_o 相等的子样，将它们交叉合并成2份煤样，每份煤样由 $n_o/2$ 个子样组成，共得至少10对双份煤样。

b）对各对煤样进行某一品质参数（如干基灰分）测定。

c）分别按公式(2-34)～公式(2-36)计算子样数为 $n_o/2$ 的双份煤样的标准差 S 和精密度 P；

d）由公式(2-37)计算出子样数为 n_o 时的精密度：

$$P_{n_o} = \frac{P_{n_o/2}}{\sqrt{2}} \tag{2-37}$$

3. 说明

与多份采样法相比，双份采样法用于采样精密度的核对较为严密，特别适用于第三方公正精密度核对试验中，但该方法操作较烦琐，工作量大。

采样单元中采取的一对煤样，其中每个煤样的子样数不应小于10，否则煤样的代表性存在问题，使之失去统计上的意义。

双份采样法的数据统计处理没有异常值判断的内容，建议对大于平均差值（不包括异常差值）3.5倍的差值应检查原因，必要时予以剔除，并补充试验。

三、煤炭机械化采样系统精密度的测定

煤炭机械化采样系统性能的好坏是决定所采煤样的代表性（采样精密度和偏倚）的重要因素，特别是对商品煤的采样，关系到贸易各方的结算。在采样系统性能试验中，采样偏倚和精密度核对试验是性能试验最重要的内容，其表征采样系统所采样品检测值的系统误差和随机误差。目前用采样精密度（P_L）作为衡量采样系统随机误差的指标。鉴于采样系统实测的 P_L 较大时，采样系统的性能不一定较差，因此应用目前的采样精密度评定指标将可能产生误判。为此，提出了代表采样系统自身性能的“采样系统精密度（P'_L）”的概念及其测定方法，并通过对比研究指出了其作为采样系统性能评价指标的科学性，完善了煤炭采制样理论和方法。

注：本小节内容根据参考文献［3］编写。

1. 采样系统精密度（P'_L）的推导

按照 GB/T 19494.3—2004 中规定的方法进行偏倚试验，但参比样品采取 2 个（参比样品的采取按 GB/T 19494.3 的规定进行），即每组样品由采样系统机采样品和 2 个参比样品构成。

设机采样品测定值为 x_i，同组的两个参比样品测定值分别为 $R1_i$ 和 $R2_i$，样品有效组数为 n，则：

$$R_i=\frac{R1_i+R2_i}{2}$$

$$D_i=R1_i-R2_i$$

$$d_i=x_i-R_i$$

$$\overline{d}=\frac{\sum d_i}{n}$$

$$V_{Ri}=\frac{\sum D_i^2}{2n}$$

$$V'_d=V_d-V_{Ri}\quad（当 V_d\leqslant V_{Ri} 时：V'_d=0）$$

$$S'_d=\sqrt{V'_d}$$

$$P'_L=t_{0.05,n-1}S'_d \tag{2-38}$$

式中　R_i——参比样品测定值的算术平均值；

D_i——参比样品测定值的差值；

d_i——机采样品测定值与参比样品平均值的差值；

$\overline{d}$——d_i 的算术平均值；

V_{Ri}——参比样品测定值的方差；

S'_d和V'_d——扣除参比方法误差后的d_i的标准差和方差；

$t_{0.05,n-1}$——95%置信概率下，自由度为$n-1$下的t分布临界值。

2. P'_L与P_L含义分析

P_L实为对于所采煤炭而言的包含采样系统操作参数在内的整个采样方案的采样精密度（95%置信范围内的最大随机误差），其表示所制订的采样方案的最大随机误差。P_L主要由煤质不均匀性和采样方案设定的技术参数所决定。采样系统的精密度性能对P_L影响有限，用P_L作为采样系统的性能指标是不适宜的。当采样系统的精密度性能符合要求，但采样方案设定的技术参数不合理时，若用P_L衡量采样系统精密度性能，将产生错误判断。P_L不能衡量采样系统实际存在的随机误差。

由于扣除了参比方法随机误差，P'_L可表征采样系统自身的随机误差，其由采样系统自身精密度性能所决定，不受试验用煤品质不均匀性和采样方案的影响。P'_L能确切表征采样系统实际存在的随机误差，作为衡量采样系统自身性能的指标是合适的。

3. P'_L与P_L的试验研究

进行P'_L的测定试验，同时按照GB/T 19494.3—2004进行P_L的测定试验，不同采样系统的精密度试验结果列在表2-12中。

表2-12 不同采样系统的精密度试验结果

序号	采样系统类型	P'_L试验用煤灰分/%	P_L试验用煤灰分/%	V'_d/%	P'_L/%	P_L/%
1	煤流	9	10	0.109	0.69	0.72
2	煤流	13	22	0.774	1.84	0.97
3	煤流	24	11	1.990	2.95	0.60
4	煤流	39	37	0.532	1.53	0.67
5	火车	13	25	0.176	0.88	0.97
6	火车	23	25	1.399	2.48	0.78
7	火车	39	35	4.856	4.61	1.52

注：试验用煤均为混煤，表中数据为干基灰分。

由表2-12可知：P'_L与P_L之间并没有必然的对应关系。当采样系统自身精密度性能较好（P'_L较小）时，若采样方案合理，P_L值较小（见表2-12中序号1结果）；若采样方案存在一定缺陷，P_L值仍可能较大（见表2-12中序号5结果）。当采样系统自身精密度性能较差（P'_L较大）时，若采样方案设计得很好，P_L值仍可能较小（见表2-12中序号3结果）。当采样系统自身精密度性能很差（P'_L非常大）时，即使采样方案设定的技术参数合理，P_L值仍会较大（见表2-12中序号7结果）。

第四节 煤炭采样偏倚的核验

一、偏倚试验原理

偏倚试验的原理，是对同一种煤采取一系列成对煤样，一个用被试验的采样系统采取，另一个用一参比方法采取，然后测定每对煤样的试验结果间的差值，并对这些差值进行统计分析，最后用 t 检验进行判定。

在对试验结果进行统计分析时，有三个假设条件：

a）变量正态分布；

b）测量误差有独立性；

c）数据有统计一致性。

这三个理想条件的实际接近程度，决定统计分析的有效性。

任何一个采样、制样及化验程序都不可能没有随机测量误差，因此没有任何一种统计试验可以确定这里没有偏倚，只能确定这里可能没有大于一定程度的偏倚，并将它作为实际测量中的最大允许偏倚。

对一统计试验程序，要求其显著性统计试验的灵敏度达到这样的水平：能检出的最小偏倚小于或等于最大允许偏倚 B。因此，在进行偏倚试验前应先决定 B 值。

进行最后判定的统计分析为 t 检验。t 检验时，假设两种方法观测值的差值的平均值来自平均差值为 B 的一个总体，如一试验表明观测值的差值显著小于 B，则可认为采样系统或其部件没有（实质性）偏倚。

偏倚试验时，在取得足够数量的观测对数以保证达到下述两个准则之前不能做最后的统计分析：

a）将存在的偏倚（相当于 B）判为不存在的危险性小于5%；

b）将不存在的偏倚（相当于0）判为存在的危险性小于5%。

二、采样偏倚试验程序

采样偏倚试验程序如下：

a）采样机械预检验；

b）决定参比采样方法；

c）选择试验参数；

d）选择试验煤炭；

e）决定最大允许偏倚；

f）选择煤样对的构成和煤样对数；

g）试验煤样的采取、制备和化验；

h）试验数据统计分析和结果评定。

参比采样方法、试验煤样的采取制备和化验、试验数据统计分析和结果评定，由于内容较多，另列条款讨论。

1. 采样机械预检验

预检验内容有：

a）审查设备规格和图纸，看其是否符合采样标准要求；

b）现场观察和测量整个系统和部件，看其性能是否与设备说明书相符；

c）开动设备，在其正常运转状态下进行负载和空载观察。该试验应由有经验的采样人员进行，并最好做几批不同均匀程度煤和大粒度煤的采样观察。

如果不是对采样系统或其部件的原本特性进行检验，则在已知的偏倚原因都消除之前，不要进行偏倚试验；如欲进行设备原本性能检验，则从预检验可获得试验设备状态的基本信息。

2. 试验参数选择

采样偏倚试验可以用灰分、水分或其他参数进行，但一般用灰分和水分就足够了。干基灰分偏倚通常由粒度分布误差造成。造成水分偏倚的因素很多，不仅粒度分布，其他诸如破碎时水分损失、采样系统内空气流动过大、采样系统各部件结合不严密、煤样在系统内停留时间过长等都会造成水分误差。因此，用水分作为试验参数时，应特别注意防止煤样水分的变化。

煤炭采样偏倚不宜用粒度分析进行，因为它可能由于以下原因而给出错误的结果：

a）在采取子样过程中或各采样点之间可能会产生煤块破碎；

b）其他参数（如灰分）的偏倚和粒度偏倚的关系可能较复杂而且彼此不相似，从而难以（用粒度分布）对这些参数做出有意义的解释或不可能解释。

3. 试验煤炭的选择

当被采煤为一种以上时，应选预计可使采样系统呈现偏倚的煤进行试验。应选择粒度组成范围较宽，各粒级灰分相差明显的煤进行试验。

偏倚试验最好用一个煤源的煤进行。如不可能用一种煤，则应对它们的结果进行统计检验，以保证偏倚统计试验的数据合并有效。

4. 最大允许偏倚的决定

最大允许偏倚用以下方法之一确定：

a）各有关方协商；

b）使最大允许偏倚（B）和可能产生的最大偏倚相匹配，例如取10%的最大颗粒被排斥时的偏倚为最大允许偏倚；

c）在没有其他资料可用的情况下，取值为0.20%～0.30%（灰分或全水分）。

贸易各方通常无法给出最大允许偏倚协议值；方法b）尚没有进行试验研究，其合理性有待确认；B值设定为0.2%～0.3%不适合我国煤炭品质的不均匀程度。因此目前尚没有适合我国煤炭不均匀程度的B参考值，使煤炭机械采样的偏倚性能评定没有统一的判据。

本书建议按照表2-13确定最大允许偏倚B值，具体理由详见本章第六节。

表2-13　机械化采样最大允许偏倚B值

<table>
<tr><th colspan="4">灰分(A_d)/%</th><th>水分(M_t)/%</th></tr>
<tr><td>精煤</td><td colspan="3">0.50%</td><td rowspan="7">0.8</td></tr>
<tr><td>其他洗煤</td><td colspan="3">0.80%</td></tr>
<tr><td rowspan="2">筛选煤</td><td>A_d<15%</td><td>A_d∈[15%,30%]</td><td>A_d>30%</td></tr>
<tr><td>0.80%</td><td>1.10%</td><td>1.50%</td></tr>
<tr><td rowspan="2">原煤</td><td>A_d<15%</td><td>A_d∈[15%,30%]</td><td>A_d>30%</td></tr>
<tr><td>1.00%</td><td>1.30%</td><td>1.80%</td></tr>
</table>

5. 煤样对的选择

煤样对的选择包括两部分内容：煤样的构成、煤样对的构成。

1）煤样的构成

每个煤样可以分别由一个或多个子样组成，因此对比可以用单个子样对或由多个子样构成的总样对进行。考虑到难易程度和采样精密度的影响，最好采用子样对进行偏倚试验；在无法采取相邻子样对时，可选择应用总样对。

当成对煤样由单个子样构成时，它们的采样点应尽可能靠近但不能彼此交叉；当成对煤样由多个子样构成时，两个煤样应从相同量的煤中采取。此外，还应很好地安排试验，以便在试验系统或部件不存在系统误差的条件下，成对结果差值的期望平均值为0。为此，在采取试验系统子样和参比子样期间，应尽可能保持煤的品质不发生变化。

如对比煤样由多个子样组成，则在整个试验过程中，构成系统煤样和参比煤样的子样数都应固定，而且两个煤样的子样数最好相等。

2）煤样对的构成

整系统试验：由检验系统的最后留样和从一次煤流中用停皮带法采取的参比煤样或从静止煤中用参比方法采取的参比煤样构成。

初级采样器试验：由初级采样器采取的煤样和从一次煤流中用停皮带法采取的参比煤样或从静止煤中用参比方法采取的参比煤样构成。

破碎设备试验：由破碎前和破碎后采取的煤样构成。

分系统和缩分器试验：由按下述方法之一采取的煤样对构成：

a）从入料流和出料流中采取的煤样对；

b）从出料流和弃料流中采取的煤样对；

c）收集全部出料和全部弃料所构成的煤样对。

注：在某些情况下，入料流的品质只能间接求得，如用缩分后留样和弃样的测定值加权平均求得。

6. 煤样对数

煤样对数取决于采样方法的精密度、煤的变异性和最大允许偏倚值。

煤样对数可以由以前同类煤炭的试验资料求得。如无资料借鉴，则可开始取20对，然后根据它们的标准差和预定的最大允许偏倚检验其是否足够，如不够，则再补充采取。但煤样对最好一次采足，以免由于两次采样间的操作条件和煤质变化而使两组数据失去一致性，不能合并。

为了避免煤样对数不满足要求，建议对于水分偏倚试验，煤样对数一次采取20对；对于灰分偏倚试验，煤样对数一次采取40对；对于灰分很高、品质不均匀的煤（如原煤），煤样对数还应更多，一般应一次采取50对以上。

三、 参比采样方法

参比采样方法因试验对象的不同分为全系统试验参比采样方法和分系统试验参比采样方法。

1. 全系统试验参比采样方法

1）移动煤流采样系统

移动煤流采样系统偏倚试验要求使用本质上无偏倚的参比方法，最理想的采样方法是停皮带采样法。它是从停止的皮带上取出一全横截段煤作为一子样，是唯一能够确保所有颗粒都能采到从而不存在偏倚的方法，是核对其他方法的参比方法。

由于皮带运输系统不能在负载下频繁地启动、停止，因此试验应与采样机正常运转协调安排，以最大限度地减小对正常运转的影响。为减小对正常运转的影响，可将煤转移到另外一个卸货点采样；为减小皮带启动时的负荷，可在采取停皮带试样前停止向皮带供煤，以在皮带局部负载下收集停皮带煤样和重新启动。

采取停皮带子样应使用采样框或其他相当的工具。如图2-2所示，采样框由两块平行的边板组成，板间距离至少为被采煤标称最大粒度的3倍且不小于30mm，边板底缘弧度与皮带弧度相近。采样时，将采样框放在静止皮带的煤流上，并使两边板与皮带中心线垂直。将边板插入煤流至底缘与皮带接触，然后将两边板间煤全部收集。阻挡边板插入的煤粒按左取右舍或者相反的方式处理，即将阻挡左边板插入的煤粒收入煤样，阻挡右边板插入的煤粒弃去，或者相反。开始采样怎样取舍，在整个采样过程中也怎样取舍。粘在采样框上的煤应刮入煤样中。

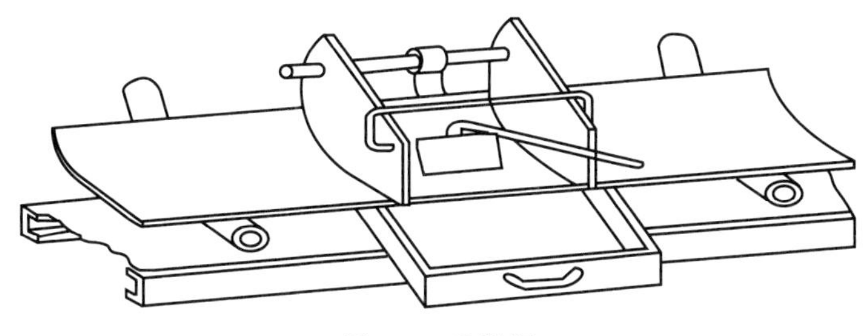

图 2-2 采样框

停皮带子样在预先选定的采样点采取，其位置应与系统初级子样采样点尽量靠近，但不得交叉；一般布置在系统初级子样采样点前面，如不能布置在前面，则可布置在初级采样器后、煤流未被扰乱的部位。

2）静止煤采样系统

静止煤采样系统试验的参比煤样可用下述两种方法之一采取。

a）停皮带采样　对于静止煤采样系统，停皮带采样有下述两种方式：

Ⅰ）在装车（船）皮带上采取停皮带总样（由整个采样单元的全部停皮带子样构成），与装车后用系统采样器（如螺旋杆）对该采样单元采取的总样组成一对煤样。构成总样的子样数分别按移动煤流采样和静止煤采样计算。

Ⅱ）先用系统采样器（如螺旋杆）在车上采样，然后将煤转到皮带运输机上、采取停皮带总样，两个总样组成一对试样。

b）人工钻孔法　在螺旋杆采样器取样点旁边（尽量靠近但不交叉）、煤的状态未被扰乱的部位，垂直插入一直径至少为被样煤标称最大粒度的 3 倍、且一般不小于系统采样器（如螺旋杆）直径的圆筒，将筒内煤取出作为参比煤样。取样时从上到下分几步插入圆筒，插入一定深度，取出一部分煤样，直到煤层底部。将全部煤样合成一子样。阻挡圆筒插入的煤粒，凡其表面积 1/2 以上在筒内者收入煤样，余者弃去。

2. 分系统试验参比采样方法

1）初级子样采样器

初级子样采样器偏倚试验的参比采样方法与全系统试验参比采样方法相同。

单独试验初级子样采样器比较麻烦，一是要在很短时间内处理大量煤样，二是须将初级子样单独卸到采样系统以外来处理。因此，在试验之前应权衡得失。

2）缩分器

在采样系统正常运行下（也可离线试验）从供料流或弃料流中采样（或收集全部弃料）作为参比。如从弃料流中采样或收集全部弃料流，则用缩分后留样测定结果和弃样测定结果按质量缩分比计算的加权平均值作为参比煤样的测定结果。

四、试验煤样的采取、制备和化验

1. 采样

1）子样间隔

关于子样间隔，如采取成对子样，则采样系统的子样间隔应大于采样系统能将相继的两个子样完全分开所需的时间，或者是用人工方法采取一个停皮带参比子样的时间，哪个时间长用哪个；如采取成对总样，则子样间隔取后者。采样间隔最好采用人工控制。

2）全系统采样

a）移动煤流采样系统　设定采样间隔，开动皮带运输机并供煤。启动采样系统，当初级采样器采取一子样后，立即停住输煤皮带（但制样系统继续运行），按参比采样方法，在初级子样点前或后、紧靠但不交叉、煤流未被扰乱处采取一参比子样，收入一容器中；如试验采用总样对对比，则将整个采样单元的参比子样装入同一容器中构成一参比总样。同时收集采样系统的最后缩分阶段的缩分后留样，或将整个采样单元的缩分后子样收入同一容器中构成一系统总样。两个子样或总样构成一煤样对。同法操作，直到采取了要求数量的煤样对为止。

b）静止煤采样系统　静止煤采样系统偏倚试验可按下述方法之一采取成对煤样：

Ⅰ）于载煤车厢中部煤炭粒度分布较均匀处，用系统采样器（如螺旋杆）采取一个全深度煤柱子样或深部分层子样并经其制样系统制成一定粒度的实验室煤样；当系统采样器钻至煤层底部时，不要提起，在其旁边紧邻但煤炭状态未被扰乱的部位，按参比采样方法，分数步插入一直径至少为被采煤标称最大粒度的 3 倍且一般不小于系统采样器（如螺旋杆）直径的圆筒，每插入一定深度，从筒内取出一部分煤样，直到圆筒插到煤层底部、筒内全部煤样取出为止。将全部煤样合并成一个参比煤样。两煤样构成一子样对。同法操作，直到采取了要求数量的子样对为止。

Ⅱ）在用皮带运输机往车内装煤时，以 1000t 或一发运批量为一个采样单元，按 GB/T 19494.1—2004 规定的时间基或质量基采样方法相应的子样质量、子样数目和子样点分布，从煤流中采取一停皮带参比总样。装车后，按 GB/T 19494.1—2004 规定的静止煤采样方法的子样质量、子样数目和子样点分布，用系统采样器（如螺旋杆）从车载煤中采取一个总样。两个总样组成一个煤样对。同法操作，直到采取了要求数量的总样对为止。

Ⅲ）第三种方法基本与Ⅱ）法相同，只是先在火车载煤中用系统采样器（如螺旋杆）采取一个总样，然后将煤转移到一个皮带运输机上，从移动煤流中采取停皮带参比总样。

3）分系统采样

a）初级子样采样器试验　初级子样采样器偏倚试验的煤样对采取方法与全系统采样方法基本相同，只是系统子样采取后不再通过制样系统，而是将之转移到系统外，用与参比子样相同的方法进行制备。

b）缩分器试验　缩分器试验依缩分器位置的不同采用不同的采样方法：

Ⅰ）中间缩分器：在采样系统正常运转时，用两个精密度和偏倚符合要求的同类采样器，分别对供入缩分器的每个子样或总样（或其缩分后弃样）和子样或总样留样，按时间基或质量基进行采样。采样时每一子样（或其弃样）和子样留样至少分别切取 4 次，且入料和出料的切割周期应错开。入料（或弃料）样和出料样构成一个煤样对。同法操作，直到取得要求数量的煤样对为止。

Ⅱ）最后阶段缩分器：在采样系统正常运转时，分别收集每个子样或总样的全部留样和弃样，并准确称量。两煤样构成一个煤样对。同法操作，直到收集到要求数量的煤样对为止。

c）破碎机试验　破碎机试验用下述方法之一采样：

Ⅰ）在采样系统正常运转时，用两个精密度和偏倚符合要求的同类采样器，分别对供入破碎机的每个子样（或总样）和子样（或总样）出样，按时间基或质量基进行采样。采样时每一子样以及留样至少分别切取 4 次，且入料和出料的切割周期应错开。入料样和出料样构成一个煤样对。同法操作，直到取得要求数量的试样对为止。

Ⅱ）在采样系统正常运转时，交替收集进入破碎机和从破碎机出来的相继子样，两样构成一个试样对。同法操作，直到取得要求数量的试样对为止。

d）制样系统整体试验　在采样系统正常运转时，全部收集每个子样（或总样）的最后留样和各阶段弃样并准确称量，留样和各阶段弃样的合并样构成一个煤样对。同法操作，直到取得要求数量的煤样对为止。

2. 制样

1）全系统试验制样

全系统试验的各参比子样或总样，按 GB/T 19494.2—2004《煤炭机械化采样　第 2 部分：煤样的制备》规定的程序，用经精密度和偏倚试验合格的同一制样系统或设备，制成粒度和被检采样系统最后煤样相同的实验室煤样。煤样缩分应使用二分器。

同次试验的全部实验室煤样对，用同一制样设备，在很短时间内制成试验参数测定所需要的煤样，如一般分析试验煤样、全水分煤样等。

2）分系统试验制样

初级采样器、缩分器、破碎机或制样系统整体试验的煤样对，按 GB/T

19494.2—2004 规定的程序，用经精密度和偏倚试验合格的同一制样系统或设备，分别制成粒度相同的实验室煤样。

同次试验的全部实验室煤样对，用同一制样设备，在很短时间内制成试验参数测定所需要的试样，如一般分析试样、全水分试样等。

3. 化验

按有关分析方法标准在尽可能短的时间内进行全水分、空气干燥煤样水分、灰分以及其他要求参数的测定。建议灰分应采用仲裁方法测定。

在对缩分器和制样系统进行试验并以留样和弃样构成煤样对的情况下，参比值根据缩分器或制样系统的质量缩分比加权平均而得：

$$\overline{x}=\frac{m_{留}x_{留}+m_{弃}x_{弃}}{m_{留}+m_{弃}} \tag{2-39}$$

式中 $x_{留}$，$m_{留}$——留样分析结果和质量；

$x_{弃}$，$m_{弃}$——弃样分析结果和质量。

五、 试验数据统计分析和结果评定

试验数据统计分析和结果评定程序如下：

a）离群值检验；

b）差值独立性检验；

c）试样对数符合性检查；

d）结果评定——t 检验。

1. 基本统计

在对起始试样对进行化验、获得化验结果后，进行以下基本统计。

设被试验系统或部件的测定值为 A_i，参比方法测定值为 R_i，$i=1, 2, 3, \cdots, n$，i 为煤样序数，n 为总对数。

计算每对结果间的差值 $d_i=A_i-R_i$（计正负），参比方法的平均值 $\overline{R}$，差值的平均值 $\overline{d}$，差值的方差 V 和标准差 S_d，计算公式如下：

$$\overline{R}=\frac{\sum R_i}{n} \tag{2-40}$$

$$\overline{d}=\frac{\sum d_i}{n} \tag{2-41}$$

$$V=\frac{\sum d^2-\frac{(\sum d)^2}{n}}{n-1} \tag{2-42}$$

$$S_d=\sqrt{\frac{\sum d^2-(\sum d)^2/n}{n-1}} \tag{2-43}$$

2. 离群值检验

离群值可能由以下原因造成：

a）数据中存在随机变化极值；

b）计算或记录误差；

c）偏离规定试验程序的过失偏离。

判别一离群值的统计准则不是舍弃该观测值的充分证据。当统计发现一观测值离群时，应查明其原因。只有在有直接的确凿证据证明离群值是对规定试验程序的过失偏差造成时，该观测值才被舍弃，舍弃值及舍弃原因应一并在报告中注明。

离群值判定采用科克伦（Cochran）方差检验法，首先计算最大方差准数 C：

$$C=\frac{d_{\max}^{2}}{\sum_{i=1}^{n} d_{i}^{2}} \tag{2-44}$$

式中　$d_{\max}$——一组差值中的最大差值。

表 2-14 给出 99%置信概率下 $n=20$ 到 $n=40$ 的科克伦（Cochran）最大方差检验临界值。如计算的 C 值大于表 2-14 中的相应值，则 $d_{\max}$ 可能为离群值；如计算的 C 值小于等于表 2-14 中的相应值，则 $d_{\max}$ 不应舍弃。

表 2-14　科克伦（Cochran）最大方差检验临界值

n	99%置信概率	n	99%置信概率
20	0.480	31	0.355
21	0.465	32	0.347
22	0.450	33	0.339
23	0.437	34	0.332
24	0.425	35	0.325
25	0.413	36	0.318
26	0.402	37	0.312
27	0.391	38	0.306
28	0.382	39	0.300
29	0.372	40	0.294
30	0.363		

3. 差值独立性检验

在对试验结果进行统计分析时，为了得出正确的采样偏倚的结论，煤样差值必须是独立的。下述独立性检验，是对试验结果差值中位值以上和以下的运算群数的随机性检验。所谓“运算群”是全部在中位值以上或以下的一列符号相同的值。

在进行独立性检验前，应先进行离群值检验。

差值总体运算群数 r 的测定方法如下：

剔除离群值后，将各差值按由小到大顺序排列，当观测值为奇数时，取中间值为中位值；当观测值为偶数时，取中间两数的平均值为中位值。

按采取煤样对的先后顺序列出各对差值，然后用差值减去中位值，得到正值的记为“+”号，得到负值的记为“-”号，数出符号变换的次数 r，但差值与中位值相等者不计入。

令 n_1 为最少相同符号数，n_2 为最多相同符号数。

从表 2-15 中查得与 n_1、n_2 相应的显著性下限值 L 和显著性上限值 U。

表 2-15 运算群数显著性值表

n_1	n_2	下限 L	上限 U	n_1	n_2	下限 L	上限 U
10	10	7	15	14	15	11	20
10	11	8	15	14	16	12	20
10	12	8	16	14	17	12	21
10	13	9	16	14	18	12	21
10	14	9	16	14	19	13	22
10	15	9	17	14	20	13	22
11	11	8	16	15	15	12	20
11	12	9	16	15	16	12	21
11	13	9	17	15	17	12	21
11	14	9	17	15	18	13	22
11	15	10	18	15	19	13	22
11	16	10	18	15	20	13	23
11	17	10	18	16	16	12	22
12	12	9	17	16	17	13	22
12	13	10	17	16	18	13	23
12	14	10	18	16	19	14	23
12	15	10	18	16	20	14	24
12	16	11	19	17	17	13	23
12	17	11	19	17	18	14	23
12	18	11	20	17	19	14	24
13	13	10	18	17	20	14	24
13	14	10	19	18	18	14	24
13	15	11	19	18	19	15	24
13	16	11	20	18	20	15	25
13	17	11	20	19	19	15	25
13	18	12	20	19	20	15	26
13	19	12	21	20	20	16	26
14	14	11	19				

如 $r<L$ 或 $r>U$，则独立性检验未通过。此时，在偏倚试验报告中应注明差值无独立性的原因（如果知道的话）并附上以下陈述："检验证明参比值和系统值的差值系列无独立性"。

4. 试样对数符合性检查

1）检查方法

a）用公式(2-45) 计算因数 g，然后从表 2-16 中查出相应的最少观测对数 n_p：

$$g=\frac{B}{S_d} \tag{2-45}$$

式中 B——预先确定的最大允许偏倚；

S_d——试样对的标准差。

由于在试验结束前不可能知道煤样对的 S_d值，此时，可根据以往的试验资料先暂定一个替代值。如果无资料可借鉴，则至少先取 20 对煤样。为避免再补充采样以及产生数据合并问题，可用一个比试验所得值大的 S_d值来计算出一个较小的 g 值，以期一次采足需要的煤样对数，如需要补充采取的煤样对数小于 10，至少应再采 10 对。

b）试验结束后，用实际得到的 S_d重新计算试样因数 g，并从表 2-16 中查得新的 n_{pR}值。

c）如 $n_p \geqslant n_{pR}$，则煤样对数已足够，可进行结果评定——t 检验。

d）如 $n_p<n_{pR}$，则可能要补充采样。

表 2-16　估算最少煤样对数的因数 g

n_p 或 n_{pR}	0	1	2	3	4	5	6	7	8	9
10	>1.295	1.218	1.154	1.099	1.051	1.009	0.971	0.938	0.907	0.880
20	0.855	0.832	0.810	0.790	0.772	0.755	0.739	0.724	0.710	0.696
30	0.684	0.672	0.660	0.649	0.639	0.629	0.620	0.611	0.602	0.594
40	0.586	0.579	0.571	0.564	0.558	0.551	0.545	0.539	0.533	0.527
50	0.521	0.516	0.511	0.506	0.501	0.496	0.491	0.487	0.483	0.478
60	0.474	0.470	0.466	0.463	0.459	0.455	0.451	0.448	0.445	0.441
70	0.438	0.435	0.432	0.429	0.426	0.423	0.420	0.417	0.414	0.411
80	0.409	0.406	0.404	0.401	0.399	0.396	0.394	0.392	0.389	0.387
90	0.385	0.383	0.380	0.378	0.376	0.374	0.372	0.370	0.368	0.366

如发现要求的煤样对数不切实际，则需做一些改进来减小组内方差，例如使成对子样采样点靠近和（或）减小制样误差。如果在这些方面已不可能再做改进，则应增加煤样的子样数。如果增加子样数后成对煤样数还过多的话，就要重新考虑最大允许偏倚值 B。此时，先用试验得到的 S_d值按下式求出 B'：

$$B'=gS_d \tag{2-46}$$

如B'可以代替B，则不用补充采样。

如要求的煤样对数在合理的范围内，则应补充采样，并在得到补充煤样数据后，计算其平均值、标准差及检查离群值，再检验原数据组和补充数据组的一致性。如结果满意，则将两组数据合并，然后从离群值开始继续检验。

2）一致性检验

a）方差一致性检验　按公式(2-47）计算新、旧数据方差比F_c：

$$F_c=\frac{V_1}{V_2} \tag{2-47}$$

式中　V_1——大方差组之方差；

V_2——小方差组之方差。

根据与V_1和V_2相应的观测数n_1和n_2，从F分布F临界值（95%置信概率）表中查出横排自由度为（n_1-1）和竖栏自由度为（n_2-1）的F值。

将F_c和F比较，如$F_c<F$，则认为两组数据来自一个具有共同方差的总体；如$F_c \geqslant F$，则认为两组数据方差不一致。

b）均值一致性检验　按公式(2-48）计算结合标准差$\overline{S_x}$：

$$\overline{S_x}=\sqrt{\frac{(n_1-1)S_1^2+(n_2-1)S_2^2}{n_1+n_2-2}} \tag{2-48}$$

式中　n_1和S_1——原数据的观测数和标准差；

n_2和S_2——新数据的观测数和标准差。

按公式(2-49）计算统计量t_m：

$$t_m=\frac{|\overline{x_1}-\overline{x_2}|}{\overline{S_x}\sqrt{\frac{1}{n_1}+\frac{1}{n_2}}} \tag{2-49}$$

式中　$\overline{x_1}$——原数据平均值；

$\overline{x_2}$——新数据平均值；

$\overline{S_x}$——由公式(2-48）计算出的结合标准差。

从t分布t临界值（95%置信概率）表中查出自由度为（n_1+n_2-2）的双侧t值t_α。如$t_m<t_\alpha$，则认为新旧两组数据来自一个具有共同均值的总体；如$t_m \geqslant t_\alpha$，则两组数据均值不一致。

c）数据合并　如方差和均值一致性检验均证实两组数据具有统计一致性（统计上无显著差异），则将两组数据合并，重新计算平均值、标准差和进行离群值统计检验。

如两组数据中任何一种试验未通过，则表明两组数据不一致。此时应舍弃两组数据，查找无统计一致性的原因，在确认这些原因已查明并予以排除后，重新进行试验。

5. 结果评定——t 检验

1）显著偏倚条件

对成对偏倚试验，差值平均值的期望值为 0。如 $\overline{d} \leqslant -B$ 或 $\overline{d} \geqslant +B$，则证明有偏倚，无须做进一步的统计分析。

2）与 B 有显著性差异检验

如 $-B < \overline{d} < +B$，则按公式(2-50) 计算 $\overline{d}$ 和 B 间差值的统计量 t_{nz}：

$$t_{n_z} = \frac{B - |\overline{d}|}{\left(\dfrac{S_d}{\sqrt{n_p}}\right)} \tag{2-50}$$

式中　B——最大允许偏倚；

$\overline{d}$——差值平均值；

S_d——差值标准差；

n_p——差值数。

从 t 分布 t 临界值（95%置信概率）表中查得自由度为（$n-1$）时的单侧 t 值（t_β），比较 t_{nz} 和 t_β。

如 $t_{nz} < t_\beta$，证明存在显著大于 0 且显著不小于 B 的偏倚，即试验结果证明存在实质性偏倚。

如 $t_{nz} \geqslant t_\beta$，证明偏倚显著小于 B，即试验结果证明不存在实质性偏倚。

3）与 0 有显著性差异检验

如 $-B < \overline{d} < +B$，且 $t_{nz} \geqslant t_\beta$，则按公式(2-51) 计算差值的统计量 t_z。

$$t_z = \frac{|\overline{d}|}{\left(\dfrac{S_d}{\sqrt{n_p}}\right)} \tag{2-51}$$

从 t 分布 t 临界值（95%置信概率）表中查得自由度（$n-1$）的双侧 t 值（t_α），比较 t_z 和 t_α。

如 $t_z < t_\alpha$，证明差值平均值与 0 无显著性差异，被检系统或部件可接受为无偏倚；如 $t_z \geqslant t_\alpha$，证明被检系统或部件存在小于 B 的偏倚。

六、 偏倚试验说明

正确度的估计实际上就是偏倚的估计，一个与“参比方法确定的参比值”无偏倚的方法被认为是正确的方法。

为了估计偏倚，需对批煤或同一煤源的若干批煤用两种方法（参比方法与被检验方法）分别进行采样、制样和化验，所得结果是一组差值（d_i）。假定这组差值是从一个正态分布总体中抽出的样本，该正态分布总体的均值就是真实偏倚；

该组差值的平均值（$\overline{d}$）就是真实偏倚的估计值，该组差值的标准差（S_d）就是该正态分布总体的标准差的估计值。

如真实偏倚为零，则 $\overline{d}$ 的期望就是以零为中心的正态分布，其95%概率的置信限是 $0 \pm tS_d/\sqrt{n}$，此处 n 是一组差值的数目。这是一个双测分布，t 值从 t 分布表中相应于97.5%的概率处查出。在一个通常的零假设（$\overline{d}=0$）检验中，如 $\overline{d}$ 在这个置信限之内，可得出零假设成立的结论，即偏倚与零没有显著性差异。如 $\overline{d}$ 在这个界限之外，则可认为零假设不成立，即偏倚与零有显著性差异。

如真实偏倚是 B，则 $\overline{d}$ 的期望将是以 B 为中心的正态分布，其置信下限是 $B-tS_d/\sqrt{n}$。这是一个单侧分布。t 值是从 t 分布表中相应于95%概率处查出的。在偏倚等于 B 的假设检验中，如 $\overline{d}$ 小于此下限，则可得出真实偏倚比 B 小的结论；如 $\overline{d}$ 大于等于此下限，偏倚等于 B 的假设检验不能被拒绝，应得出真实偏倚不小于 B 的结论。

如进行了几次分析，关于位置有3种可能。假定偏倚等于0分布时的置信上限是 z，偏倚等于 B 分布时的置信下限是 y，它们的位置可恰当表示如图2-3所示。

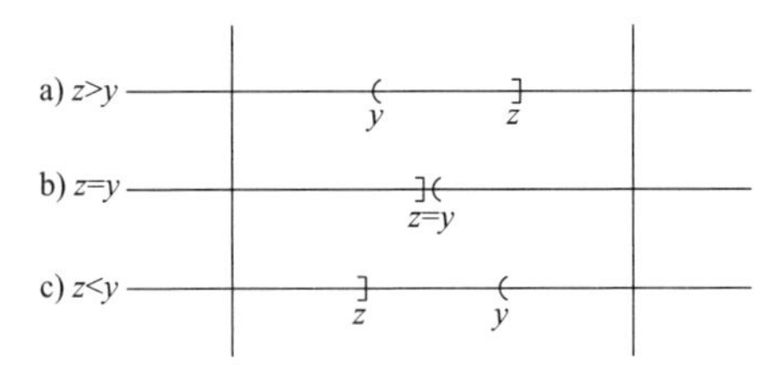

图2-3　偏倚位置

假设 S_d 保持不变，则随着 n 的增加，置信限的位置将从a）通过b）转移到c）；理想的情况是b），因为在这种情况下，无论 $\overline{d}$ 处于什么位置，结论都是明确的，即

1）如 $\overline{d}>z$（$=y$），偏倚显著比零大且不显著比 B 小；

2）如 $\overline{d}<z$（$=y$），偏倚显著比 B 小且不显著比零大。

当进行的试验组数不足时，情况a）存在。此时若 $\overline{d}$ 落在重叠区域内（$y<\overline{d}<z$），则将得出一个含糊不清、矛盾的结论，即偏倚不显著比零大（与零无显著性差异），也不显著比 B 小（偏倚大于等于 B），这个结论是不能令人满意的。

试验组数符合性检查通过统计量 g 可估计出为达到情况b）所需进行的试验组数。由于 S_d 将随试验组数的增加而改变，准确的情况b）多半达不到，但能逐渐达到情况c）。

在情况c）中，当 $\overline{d}$ 落在两个界限的间隙中时，一个不同的问题发生，即偏倚显著比零大（与零有显著性差异），但显著比 B 小。此时需要解决是零假设优先考虑还是偏倚等于 B 假设优先考虑的问题，此种情形通常认为不存在实质性偏倚。

七、煤炭机械化采样系统偏倚的测定

目前用最大允许偏倚（B）作为衡量采样系统性能是否合格的主要判据。由于采样系统存在的 B 值较大时，采样系统的性能不一定较差，因此应用目前的采样系统性能评定指标可能产生误判。为此，提出了代表采样系统自身性能的“采样系统偏倚（B'）”的概念及其测定方法，并通过对比研究指出了其作为采样系统性能评价指标的科学性，完善了煤炭采制样理论和方法。

1. 采样系统偏倚（B'）的推导

按照 GB/T 19494.3—2004 中规定的偏倚试验方法进行，但参比样品采取 2 个（参比样品的采取按 GB/T 19494.3—2004 的规定进行），即每组样品由采样系统机采样品和 2 个参比样品构成。

设机采样品测定值为 x_i，同组的两个参比样品测定值分别为 $R1_i$ 和 $R2_i$，样品有效组数为 n，则：

$$R_i=\frac{R1_i+R2_i}{2}$$

$$D_i=R1_i-R2_i$$

$$d_i=x_i-R_i$$

$$\overline{d}=\frac{\sum d_i}{n}$$

$$V_{Ri}=\frac{\sum D_i^2}{2n}$$

$$V_d=\frac{\sum d_i^2-\frac{(\sum d_i)^2}{n}}{n-1}$$

$$V'_d=V_d-V_{Ri}\quad（当\ V_d\ 小于等于\ V_{Ri}\ 时：V'_d=0）$$

$$S_d=\sqrt{V_d}$$

$$S'_d=\sqrt{V'_d}$$

$$B=\frac{t_{(\beta)}S_d}{\sqrt{n}}+|\overline{d}| \tag{2-52}$$

$$B'=\frac{t_{(\beta)}S'_d}{\sqrt{n}}+|\overline{d}| \tag{2-53}$$

式中　R_i——参比样品测定值的算术平均值；

D_i——参比样品测定值的差值；

d_i——机采样品测定值与参比样品平均值的差值；

$\overline{d}$——d_i的算术平均值；

V_{Ri}——参比样品测定值的方差；

S_d，V_d——d_i的标准差和方差；

S'_d，V'_d——扣除参比方法误差后的d_i的标准差和方差；

B，B'——最大允许偏倚和扣除参比方法误差后的最大允许偏倚；

$t_{(\beta)}$——在95%概率下的单尾分布的t值。

2. B'与B的含义分析

B实为包含参比方法误差在内的采样系统存在的最大偏倚。参比方法误差是客观存在的，尤其对于煤而言，参比方法误差并不小（这主要是由煤质不均匀性所致）。若用B衡量采样系统性能的优劣，将扩大采样系统实际存在的系统误差。当参比方法误差较大时，B与采样系统实际存在的系统误差相差较大，B不能真实反映采样系统实际存在的系统误差，可能对采样系统性能产生错误判断。

B'为扣除参比方法误差后的采样系统存在的最大偏倚（因参比方法认为是没有系统误差的，扣除的参比方法误差实为参比方法的随机误差）。B'更能确切代表采样系统实际存在的系统误差。用B'作为衡量采样系统性能的指标，将更科学、准确。

3. B'与B的试验研究

进行B'的测定试验，同时按GB/T 19494.3—2004的规定进行B的测定试验，不同采样系统的偏倚试验结果列在表2-17中。

表2-17 不同采样系统的偏倚试验结果

序号	采样系统类型	试验用煤灰分/%	V_{Ri}/%	V_d/%	V'_d/%	$\overline{d}$/%
1	煤流	9	0.105	0.214	0.109	−0.31
2	煤流	13	0.156	0.930	0.774	−0.01
3	煤流	24	0.706	2.696	1.990	+0.09
4	煤流	39	1.492	2.024	0.532	−1.16
5	火车	13	0.429	0.605	0.176	−0.33
6	火车	23	1.312	2.712	1.399	−1.06
7	火车	39	4.126	8.982	4.856	−2.05

序号	采样系统类型	试验用煤灰分/%	B/%	B'/%	$B-\vert\overline{d}\vert$/%	$B'-\vert\overline{d}\vert$/%	$B-B'$/%
1	煤流	9	0.49	0.44	0.18	0.13	0.05
2	煤流	13	0.37	0.34	0.36	0.33	0.03
3	煤流	24	0.74	0.65	0.65	0.56	0.09
4	煤流	39	1.70	1.44	0.54	0.28	0.26
5	火车	13	0.64	0.50	0.31	0.17	0.14
6	火车	23	1.74	1.55	0.68	0.49	0.19
7	火车	39	3.21	2.90	1.16	0.85	0.31

注：试验用煤均为混煤，表中数据为干基灰分。

1）V_{Ri}的影响因素分析

由表 2-17 可知：随试验用煤灰分的增加，V_{Ri}变大。

V_{Ri}表示参比方法的随机误差，通常试验用煤灰分越大，煤炭品质越不均匀。当煤质不均匀性增大时，参比方法的采样精密度将变差，即随机误差 V_{Ri} 增大。

2）B 和 V_d的影响因素分析

由表 2-17 可知：随试验用煤灰分的增加，V_d一般增大；随 V_d增大，（$B-|\bar{d}|$）增大。

V_d代表采样系统的随机误差和参比方法的随机误差之和，随着两者随机误差的变化而变化。除了受采样系统的随机误差影响外，参比方法的随机误差也显著影响 V_d值。

当 V_d值增大时，B 值也增大。同时 B 值也受 $\bar{d}$ 的影响，随 $\bar{d}$ 绝对值的增大而增大。

3）B'和 V_d'的影响因素分析

由表 2-17 可知：随 V_d'增大，（$B'-|\bar{d}|$）增大。

V_d'为扣除了参比方法随机误差的 V_d，由采样系统自身的随机误差所决定。

当 V_d'值增大时，B'值也增大。同时 B'值也受 $\bar{d}$ 的影响，随 $\bar{d}$ 绝对值的增大而增大。

4）（$B-B'$）的影响因素分析

根据 B 和 B'的计算公式，推导如下：

$$B-B'=\frac{t_{(\beta)}\sqrt{V_d}}{\sqrt{n}}\left(1-\sqrt{1-\frac{V_{Ri}}{V_d}}\right)$$

设 $\kappa=1-\sqrt{1-\frac{V_{Ri}}{V_d}}$，当$\frac{V_{Ri}}{V_d}\approx1$、$\frac{V_{Ri}}{V_d}\approx\frac{3}{4}$、$\frac{V_{Ri}}{V_d}\approx\frac{1}{2}$、$\frac{V_{Ri}}{V_d}\approx\frac{1}{3}$和$\frac{V_{Ri}}{V_d}\approx\frac{1}{4}$时，$\kappa$ 分别是 1.00、0.50、0.30、0.18 和 0.14。

由此可见：（$B-B'$）主要受 V_d和$\frac{V_{Ri}}{V_d}$的影响，且随$\frac{V_{Ri}}{V_d}$的减小，（$B-B'$）也减小。

当$\frac{V_{Ri}}{V_d}$较小时，V_{Ri}占 V_d的比例较小，即参比方法的随机误差占总误差（参比方法随机误差与采样系统随机误差之和）比例较小，由扣除参比方法随机误差带来的 B 与 B'之间的差值也相应较小。

由表 2-17 可知：（$B-B'$）的波动范围在 0.03%～0.31%之间，当 V_d和$\frac{V_{Ri}}{V_d}$较大时，（$B-B'$）也较大，B'与 B 之间有不可忽略的差异。

第五节 霍特林（Hotelling）T^2检验在煤炭采样偏倚核验中的应用

本章第四节介绍的煤炭采样偏倚核验方法采用两次 t 检验得出核验结论。该统计方法的不足之处在于：最大允许偏倚（B）包含采样随机误差的影响因素，不适合作为采样偏倚的判断指标；此外，t 检验作为单变量显著性检验方法，用于二维分布显著性检验有其局限性。为此，引入霍特林（Hotelling）T^2 检验统计方法进行二元变量统计判断。

一、霍特林（Hotelling）T^2检验的程序

霍特林（Hotelling）T^2 检验程序如下：

a）离群值检验；

b）结果评定——T^2 检验；

c）置信区域的评价。

1. 基本统计

设被试验系统或部件的干燥基灰分和全水分测定值分别为 A_i 和 M_i，参比方法测定值分别为 A_{Ri} 和 M_{Ri}，$i=1，2，3，\cdots，n$，i 为煤样序数，n 为煤样对数，不少于 30。

计算每对结果间的差值 d_{ai} 和 d_{mi}（计正负），差值的平均值 $\overline{d}_a$ 和 $\overline{d}_m$，差值的方差 S_{aa}、S_{mm} 和 S_{am}，计算公式如下：

$$d_{ai}=A_i-A_{Ri} \tag{2-54}$$

$$d_{mi}=M_i-M_{Ri} \tag{2-55}$$

$$\overline{d}_a=\frac{1}{n}\sum_{n=1}^{n} d_{ai} \tag{2-56}$$

$$\overline{d}_m=\frac{1}{n}\sum_{n=1}^{n} d_{mi} \tag{2-57}$$

$$S_{aa}=\frac{1}{n-1}\sum_{n=1}^{n}(d_{ai}-\overline{d}_a)^2 \tag{2-58}$$

$$S_{mm}=\frac{1}{n-1}\sum_{n=1}^{n}(d_{mi}-\overline{d}_m)^2 \tag{2-59}$$

$$S_{am}=\frac{1}{n-1}\sum_{n=1}^{n}(d_{mi}-\overline{d}_m)(d_{ai}-\overline{d}_a) \tag{2-60}$$

2. 离群值检验

离群值判定采用科克伦（Cochran）方差检验法，与本章第四节介绍的科克伦（Cochran）方差检验法相同。

3. 结果评定——T^2检验

对于两个参数（$p=2$）的采样偏倚核验，按公式(2-61）计算统计量T^2：

$$T^2=\frac{n}{S_{aa}S_{mm}-S_{am}^2}(\bar{d}_a^2S_{mm}-2\bar{d}_a\bar{d}_mS_{am}+\bar{d}_m^2S_{aa}) \tag{2-61}$$

对于一个参数（$p=1$）的采样偏倚核验，按公式(2-62）计算统计量T^2：

$$T^2=\frac{n\bar{d}_x^2}{S_{xx}} \tag{2-62}$$

式中　x——煤炭品质参数，全水分或灰分等。

从临界值表中查得自由度（p，$n-1$）的T_0^2值，比较T^2和T_0^2。

如$T^2<T_0^2$，被检系统或部件可接受为无偏倚；如$T^2\geqslant T_0^2$，被检系统或部件存在偏倚。

4. 95%置信水平下的置信区域

对于两个参数（灰分和全水分）的采样偏倚核验，干燥基灰分和全水分置信区间如下：

$$\bar{d}_a\pm\sqrt{\frac{T_0^2}{n}\times\frac{S_{mm}S_{aa}-S_{am}^2}{S_{mm}-S_{am}^2/S_{aa}}} \tag{2-63}$$

$$\bar{d}_m\pm\sqrt{\frac{T_0^2}{n}\times\frac{S_{mm}S_{aa}-S_{am}^2}{S_{aa}-S_{am}^2/S_{mm}}} \tag{2-64}$$

对于一个参数的采样偏倚核验，该参数的置信区间如下：

$$\bar{d}_x\pm\sqrt{\frac{T_0^2S_{xx}}{n}} \tag{2-65}$$

应检查偏倚的置信区域，并判断其范围是否包含了经济上显著的偏倚（类似于最大允许偏倚B）。偏倚的置信区域覆盖了最大允许偏倚分为两种情况：

a）$\bar{d}_x<B$，可考虑增采煤样对数、减小置信区域。增采后置信区域的大小可用原置信区域乘以$\sqrt{n/n'}$来估算，n'为增采后总的煤样对数。

b）$\bar{d}_x\geqslant B$，此时被检系统或部件存在偏倚。

5. 置信椭圆（尧敦图）

计算两个参数的变量：

$$z_a=(d_a-\bar{d}_a)/\sqrt{S_{aa}} \tag{2-66}$$

$$z_m=(d_m-\bar{d}_m)/\sqrt{S_{mm}} \tag{2-67}$$

置信椭圆方程可用两个参数的变量和霍特林（Hotelling）T_0^2来表示：

$$z_a^2 - 2\hat{\rho} z_a z_m + z_m^2 = (1 - \hat{\rho}^2) T_0^2 \tag{2-68}$$

式中　$\hat{\rho}^2$——d_a 和 d_m 间的相关系数。

置信椭圆绘制在横坐标为 z_a、纵坐标为 z_m 的坐标系中，可按下式画出：

$$z_m = \hat{\rho} z_a \pm \sqrt{(1-\hat{\rho}^2)(T_0^2 - z_a^2)}, -T_0 \leqslant z_a \leqslant T_0 \tag{2-69}$$

二、霍特林（Hotelling）T^2 检验与 t 检验的比较

1. 两类 t 检验均不显著

与 B 值的 t 检验和与 0 的 t 检验均不显著时（见表 2-18 的情形 A），T^2 检验也不显著，两者的检验结果是相同的。

2. 与 B 值的 t 检验显著而与 0 的 t 检验不显著

此时，T^2 检验不显著，T^2 检验结果与后者的 t 检验结果相同（见表 2-18 的情形 B）。由于包含了随机因素的影响，与 B 值的 t 检验不适合作为偏倚统计量。因而，即使与 B 值的 t 检验显著，T^2 检验仍可能不显著，且受与 0 的 t 检验结果的影响。与 0 的 t 检验不显著，T^2 检验往往也不显著。

3. 与 0 的 t 检验不显著且 t 值接近于临界值 t_z

此时，T^2 检验不显著且 T^2 值接近于临界值 T_0^2（见表 2-18 的情形 C）。这说明 T^2 检验与 t 检验存在联系，T^2 检验通常看作 t 检验在二元变量领域的延伸和推广。根据文献，除了 t 检验结果外，T^2 检验还受两参数间相关性的影响，一般有如下结论：当两参数 t 检验均（不）显著时，T^2 检验常常（不）显著；随着两参数相关性的增强，T^2 检验结果趋向于与 t 检验结果相反。

4. 两参数与 0 的 t 检验结果不同

当一个参数与 0 的 t 检验结果显著，而另一个参数不显著时，T^2 检验结果可能显著、也可能不显著（见表 2-18 的情形 D 和情形 E）。

表 2-18　霍特林（Hotelling）T^2 与 t 检验的比较

序号	情形 A		情形 B		情形 C		情形 D		情形 E	
	$d(A_d)$/%	$d(M_t)$/%	$d(A_d)$/%	$d(M_t)$/%	$d(A_d)$/%	$d(M_t)$/%	$d(A_d)$/%	$d(M_t)$/%	$d(A_d)$/%	$d(M_t)$/%
1	0.83	0.4	1.83	0.9	0.82	0.4	0.93	0.3	0.73	0.4
2	−0.39	−0.1	−0.92	−1.2	−0.40	−0.1	−0.29	−0.2	−0.49	−0.1
3	−0.10	−0.5	−0.10	−0.5	−0.11	−0.5	0.00	−0.6	−0.20	−0.5
4	0.90	−0.3	2.90	−0.3	0.89	−0.3	1.00	−0.4	0.80	−0.3

续表

序号	情形 A		情形 B		情形 C		情形 D		情形 E	
	$d(A_d)$ /%	$d(M_t)$ /%	$d(A_d)$ /%	$d(M_t)$ /%	$d(A_d)$ /%	$d(M_t)$ /%	$d(A_d)$ /%	$d(M_t)$ /%	$d(A_d)$ /%	$d(M_t)$ /%
5	0.04	0.4	0.04	0.4	0.03	0.4	0.14	0.4	−0.06	0.4
6	0.43	0.0	0.43	0.0	0.42	0.0	0.53	−0.1	0.33	0.0
7	0.67	0.3	0.67	0.3	0.66	0.3	0.77	0.3	0.57	0.3
8	1.27	−0.1	3.27	−1.6	1.26	−0.1	1.37	−0.2	1.17	−0.1
9	0.12	−0.4	0.12	−0.9	0.11	−0.4	0.22	−0.4	0.02	−0.4
10	−0.64	−0.6	−3.64	−0.6	−0.65	−0.6	−0.54	−0.7	−0.74	−0.6
11	−1.07	−0.1	−1.07	−0.7	−1.08	−0.1	−0.97	−0.1	−1.17	−0.1
12	−0.71	0.0	−0.71	0.0	−0.72	0.0	−0.61	−0.1	−0.81	0.0
13	0.01	1.1	0.01	1.1	0.00	1.1	0.11	1.1	−0.09	1.1
14	0.60	0.2	0.60	0.8	0.59	0.2	0.70	0.2	0.50	0.2
15	−0.70	0.3	−0.70	1.3	−0.71	0.3	−0.60	0.3	−0.80	0.3
16	−0.57	−0.6	−0.57	−0.6	−0.58	−0.6	−0.47	−0.7	−0.67	−0.6
17	−1.05	−0.3	−2.25	−1.3	−1.06	−0.3	−0.95	−0.3	−1.15	−0.3
18	0.21	0.1	0.21	0.1	0.20	0.1	0.31	0.0	0.11	0.1
19	0.00	−0.8	0.00	−0.8	−0.01	−0.8	0.10	−0.8	−0.10	−0.8
20	0.54	0.1	0.54	1.1	0.53	0.1	0.64	0.1	0.44	0.1
21	0.21	0.3	2.27	0.3	0.20	0.3	0.31	0.3	0.11	0.3
22	−0.94	−0.4	−0.94	−1.4	−0.95	−0.4	−0.84	−0.5	−1.04	−0.4
23	−1.08	0.0	−1.08	0.0	−1.09	0.0	−0.98	−0.1	−1.18	0.0
24	−0.64	0.5	−0.64	0.5	−0.65	0.5	−0.54	0.5	−0.74	0.5
25	−1.13	−0.4	−1.13	−0.4	−1.14	−0.4	−1.03	−0.5	−1.23	−0.4
26	−0.22	0.0	−1.71	0.0	−0.23	0.0	−0.12	−0.1	−0.32	0.0
27	−0.11	−0.2	−0.11	−1.2	−0.12	−0.2	−0.01	−0.2	−0.21	−0.2
28	−0.87	−0.3	−0.87	−1.8	−0.88	−0.3	−0.77	−0.4	−0.97	−0.3
29	0.07	−0.2	1.12	−1.6	0.06	−0.2	0.17	−0.2	−0.03	−0.2
30	0.17	−0.5	0.17	−0.5	0.16	−0.5	0.27	−0.6	0.07	−0.5
31	−0.77	−0.5	−0.77	−0.5	−0.78	−0.5	−0.67	−0.6	−0.87	−0.5
32	0.54	−0.2	3.47	−0.2	0.53	−0.2	0.64	−0.3	0.44	−0.2
33	−1.18	−0.5	−1.18	−1.3	−1.19	−0.5	−1.08	−0.6	−1.28	−0.5

续表

序号	情形 A		情形 B		情形 C		情形 D		情形 E	
	$d(A_d)$ /%	$d(M_t)$ /%	$d(A_d)$ /%	$d(M_t)$ /%	$d(A_d)$ /%	$d(M_t)$ /%	$d(A_d)$ /%	$d(M_t)$ /%	$d(A_d)$ /%	$d(M_t)$ /%
34	0.09	0.1	0.09	1.1	0.08	0.1	0.19	0.0	−0.01	0.1
35	−0.19	−0.4	−0.19	−0.4	−0.20	−0.4	−0.09	−0.5	−0.29	−0.4
36	−0.20	−0.1	−1.63	−1.3	−0.21	−0.1	−0.10	−0.2	−0.30	−0.1
37	−1.17	0.2	−1.17	1.8	−1.18	0.2	−1.07	0.2	−1.27	0.2
38	−0.56	−0.1	−2.56	−1.1	−0.57	−0.1	−0.46	−0.2	−0.66	−0.1
$\overline{d}$	−0.20	−0.09	−0.16	−0.28	−0.21	−0.12	−0.10	−0.14	−0.30	−0.09
S_{aa}或S_{mm}	0.426	0.142	2.242	0.839	0.426	0.142	0.426	0.142	0.426	0.142
S_{am}	0.0586		0.207		0.0586		0.0586		0.0586	
B	0.50%									
t_{nz}	2.834	6.704	1.400	1.480	2.740	6.213	3.779	5.886	1.889	6.704
t_β	1.687									
t_z	1.889	1.472	0.659	1.884	1.984	1.962	0.945	2.289	2.834	1.472
t_α	2.027									
T^2	4.843		3.614		6.532		5.753		8.829	
T_0^2	6.700									

三、 应用示例

以表 2-18 中情形 A 为例，$\overline{d}_a$的置信区间为：

$$\overline{d}_a \pm \sqrt{\frac{T_0^2}{n} \times \frac{S_{mm}S_{aa}-S_{am}^2}{S_{mm}-\frac{S_{am}^2}{S_{aa}}}} = -0.20 \pm \sqrt{\frac{6.700}{38} \times \frac{0.142 \times 0.426 - 0.0586^2}{0.142 - \frac{0.0586^2}{0.426}}}$$

$$= (-0.20 \pm 0.27)\%$$

$\overline{d}_m$的置信区间为：

$$\overline{d}_m \pm \sqrt{\frac{T_0^2}{n} \times \frac{S_{mm}S_{aa}-S_{am}^2}{S_{aa}-S_{am}^2/S_{mm}}} = -0.09 \pm \sqrt{\frac{6.700}{38} \times \frac{0.142 \times 0.426 - 0.0586^2}{0.426 - \frac{0.0586^2}{0.142}}}$$

$$= (-0.09 \pm 0.16)\%$$

95%置信水平的尧敦图如图 2-4 所示。

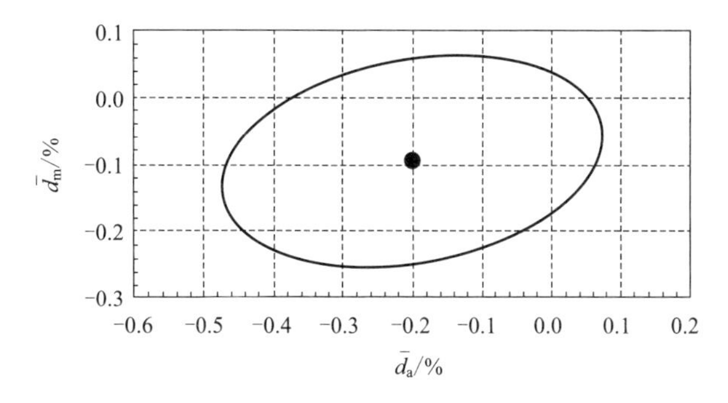

图 2-4　水分和灰分偏倚的置信区域

第六节　煤炭机械化采样系统的检查

煤炭机械化采样系统的检查包括外部评审、内部审核和运行检查。

外部评审（audit external）：由与被评审采样系统管理无直接关系的、有相当资格和独立地位的人员，对采样系统是否符合相应采样标准的规定及系统适用性进行的检查和评定。

内部审核（audit internal）：由有相当资格的、非本系统例行操作人员，对采样系统是否满足规定的运行条件及设计标准的检查和评定。

运行检查（operational inspection）：由操作人员在采样过程中进行的运行工况的观察和检查。

一、外部评审

外部评审每年至少应进行一次。当新机械化采样系统正式投入使用前或系统进行大修后应进行外部评审。

机械化采样系统运行条件（如输送带容量、带速或物料最大粒度）可能被改变，这些变化及其潜在影响示例如下：

——输送带流量的增加可导致过多的初级子样量，使初级采样切割器不再能将之全部容纳。

——输送带速度的变化可影响煤在切割点的轨道，导致部分煤流被采样切割器漏过。

——煤的标称最大粒度的变化可导致原切割器开口尺寸不再满足标准要求（即标称最大粒度的 3 倍）。

外部评审至少应包括下列内容：

a）确认采样现场的安全需求是否符合要求。

b）检查原始的和现在的运行参数。

c）检查采样程序的选择是否合理。

d）检查设备的状况，包括溜槽和切割器中物料的堆积或堵塞、试样损失或污染。要注意能导致采样系统产生空气流而造成水分损失的设备磨损或腐蚀。

e）输煤皮带于不同流量和最大流量下，进行切割器子样质量的设计值与实际值的比较和确认。

f）检查切割器、切割器开口和切割器前缘的状况，外来物质如木头、破布、石头及可能堵塞切割器开口的物质的检查。

g）检查系统与GB/T 19494—2004的符合性，特别是下列内容：

Ⅰ）偏倚最小化；

Ⅱ）试样切割器的正确设计和运行；

Ⅲ）批或采样单元需要的初级子样数目；

Ⅳ）采取初级、次级或终级子样的方法，子样、总样的缩分方法。

h）检查破碎机的状况，包括锤头或辊及筛子是否磨损和失效，进行破碎机入料粒度和出料粒度的测定。

i）对人员培训和程序文件的评估。

j）对以往的内部审核和运行检查的核查。

二、 内部审核

内部审核应从初级切割器开始，直到最后的在线试样收集点，顺着整个系统进行检查。内部审核应在系统空载和负载两种情况下进行。审核频次应比外部评审多。对于日常使用的机械化采样系统，由该系统的管理者和非本系统的直接操作人员进行内部审核，且至少每月进行一次内部审核。

内部审核至少应包括下列内容：

a）检查切割器开口，以确定其是否符合标准和设计要求。

b）检查切割器的速度。对于时间基采样，检查速度是否恒定；对于质量基采样，检查速度是否与流量成正比，以保证子样的质量恒定。

c）检查切割器是否能切割到煤流的完整横截段。

d）检查采取的子样数目是否符合标准要求。

e）检查切割器的静止位置是否都在煤流之外，且煤不会进入切割器开口。

f）检查切割器的子样质量，以确认其是否符合标准要求。

g）检查切割器（包括缩分器）的切割时间周期是否与前一缩分阶段的切割时间周期完全相同。

h）检查皮带给料器（试样传送带）和振动给料器是否状态良好，恰当的输送带轨迹、皮带状况、外罩橡皮和皮带刮板对于试样完整性都有重大影响。检查输送带刮板和外罩是否进行了适当调节，以避免煤样泄漏。检查振动给料器的流量设定值。

i）检查破碎机的一般状况和出料粒度，出料粒度的改变表示需要对筛子、锤式破碎机的锤头、辊式破碎机的辊和间隙进行维护和调节。破碎机和溜槽不应漏煤。

j）检查试样收集器的状况，保证试样完整性不因污染、试样损失或全水损失而受到损害。

k）查阅以往的运行和检查记录。

三、运行检查

运行检查应当在每一次采样运行前、过程中和运行后立即进行，在换工作班时、煤炭品种变化时或每一批煤采样完时结束。运行检查的重点应当是确保机械化采样系统按正确的设置运行及在采样期间可靠运行。运行检查由系统的直接操作者进行。

运行检查至少应包括下列内容：

a）检查运行设定是否正确，检查批量，采样单元量，初级、次级和终级子样的数目，缩分比和试样采取间隔；

b）检查全部设备和样品溜槽中是否堆煤或堵塞，溜槽是否损坏；

c）检查全部设备和样品溜槽中是否有外来物品，如木头、纸、破布、石头或金属；

d）检查所有的驱动器是否正常运转，注意试样切割器的平稳运转，是否有不正常的噪声或振动；

e）在开始采样前，检查是否已用一个或多个初级子样“冲洗”采样系统，在“冲洗”中采取的任何煤样都应丢弃；

f）检查采样比控制图或提取比控制图的制作。

四、采样比控制图

1. 概述

采样比是采样系统最终保留试样的实际质量除以样品代表的煤量。按公式(2-70)计算采样比：

$$F_{SR}=\frac{m_1}{m_2}\times 1000 \tag{2-70}$$

式中 F_{SR}——采样比，kg/kt；

m_1——样品质量，kg；

m_2——样品代表的煤的质量，t。

只能对相似系统设置（相同的切割器开口、采样间隔、采样单元大小及煤的流量）进行采样比的比较。因此，对每一套系统设置参数都需要单独绘制采样比控制图。

采样比控制图可用来监控通用机械化采样系统在相同控制参数设定值下获得的采样比的符合性，控制参数设定包括切割器运行间隔、切割器开口、切割器速度（对落流采样器）和带速（对横过皮带采样器）。当出现采样比超出控制限或变异过大的情况时，表明系统存在潜在问题，应当调查。

2. 数据收集与制图

1）对使用共同采样方案的各采样单元，称取并记录机械化采样系统最后阶段（离线制样前）收取的样品质量。质量应精确到所记录质量的0.5%以内。

2）用皮带秤或其他用于测量物料质量的装置，准确获取并记录采样单元煤量。

3）按公式(2-70）计算采样单元的采样比。

4）按公式(2-71）计算平均采样比 $\overline{r}$：

$$\overline{r}=\frac{1}{n}\sum_{i=1}^{n}r_i \tag{2-71}$$

式中 n——用于计算的采样比数目；

r_i——$1\sim n$ 的一系列采样比中的第 i 个采样比。

5）用两个相邻采样比差值的绝对值按公式(2-72）计算采样比平均移动范围 $\overline{R}$：

$$\overline{R}=\frac{1}{n-1}\sum_{i=2}^{n}|r_i-r_{i-1}| \tag{2-72}$$

6）用公式(2-73）和公式(2-74）分别计算下控制限 LCL 和上控制限 UCL：

$$LCL=\overline{r}-2.66\overline{R} \tag{2-73}$$

$$UCL=\overline{r}+2.66\overline{R} \tag{2-74}$$

控制限的置信概率为99%，即，对于一台随机变化（不存在特殊偏倚）的机械化采样系统，在100次中仅有1次采样比数值低于下限 LCL 或高于上限 UCL。

常数2.66与制图用采样比数量（n）无关。

7）绘制采样比折线图，纵坐标为采样比数值，横坐标为采样单元序数（如果适用，包含日期和时间）。采样比按时间顺序绘出。在图中画出采样比中心线、下控制限 LCL 线和上控制限 UCL 线。

3. 失控状态的判断

1）当出现下列现象之一时，就表明采样系统处于失控状态：

a）有1个或1个以上的数据高于上限或低于下限；

b）至少有7个连续数值位于中心线的一边；

c）在11个连续数值中至少有10个位于中心线的一边；

d）在14个连续数值中至少有12个位于中心线的一边；

e）7个或更多个连续点持续上升或降低。

2）如果没有出现失控状态的现象，则表明采样系统稳定且受控。

4. 变异系数的监控

1）当至少有20个采样比用于制图且系统稳定时，按公式(2-75)计算采样比变异系数 F_{CV}：

$$F_{CV}=\frac{S_r}{\bar{r}}\times 100 \tag{2-75}$$

式中　S_r——按公式(2-76)得到的采样比标准偏差：

$$S_r=\sqrt{\frac{1}{n-1}\sum_{i=1}^{n}(r_i-\bar{r})^2} \tag{2-76}$$

2）变异系数（F_{CV}）大于15%时，表明系统应进行检查和改进。采样系统应检查以下各项内容：

——采样系统切割器速度的一致性；

——油和过滤器的清洁；

——液压油温度变化；

——各种阀门、气缸和泵是否正常；

——各计时器运行协调一致性；

——样品质量是否准确。

5. 平均采样比的监控

1）用公式(2-77)计算落流或横过皮带采样器的缩分比 d：

$$d=\frac{W}{tv} \tag{2-77}$$

式中　W——切割器开口宽度尺寸，mm；

t——切割间隔时间，s；

v——切割器速度（对落流采样器）或皮带速度（对横过皮带切割器），mm/s。

2）对由 n 个缩分阶段构成的采样系统，按公式(2-78)计算采样系统缩分比 d_{sys}：

$$d_{sys}=d_1d_2\cdots d_n \tag{2-78}$$

式中　d_1——第1个阶段的缩分比；

d_2——第2个阶段的缩分比；

d_n——第 n 个阶段的缩分比。

3）采样比的预期值为设计采样比（或称为理论采样比）r_D。按公式(2-79)

计算设计采样比：

$$r_{D}=d_{sys}K \tag{2-79}$$

式中 r_D——设计采样比，kg/kt；

K——1000000。

设计采样比意为由每个采样阶段特定操作参数（W、t、v）决定的设计中预期的采样比。如果在采样的任一阶段的一个或多个操作参数改变了，则设计采样比也改变。

K 是将缩分比从分数转化为千克每千吨的系数。

表 2-19 举例说明了采样系统设计采样比的计算。

表 2-19 采样系统设计采样比的计算

阶段	参数				
	W/mm	t/s	v/(m/s)	d	r_D/(kg/kt)
第一级	150	190	2.54	0.0003108	—
第二级	50	21	0.35	0.0068027	—
系统	—	—	—	2.114×10^{-6}	2.11

4）当采样比个数为 20 以上、无失控状态出现，且按照公式(2-75）计算出的采样比变异系数（F_{CV}）不大于 15%时，比较平均采样比和计算的设计采样比。如果两者差值超过了设计采样比的 10%，则需要进行调查。此时可能存在以下原因：

a）在采样的一个或多个阶段中，W、t、v 中的某个参数存在明显的错误；

b）采样系统存在机械问题。

6. 示例

在一台移动煤流机械化采样系统上测定的采样比/提取比的概要如下：

采样地点	装船输送皮带
批量	74624t
流量	3000t/h
采样单元数	25
采样单元设计煤样质量	20kg

机械化采样系统采样比与提取比的试验数据见表 2-20。

表 2-20 机械化采样系统采样比与提取比的试验数据

采样单元序数	采样单元样品质量/kg	采样单元设计样品质量/kg	采样单元煤量/t	采样比/(kg/kt)	提取比
1	20.0	20.4	3 060	6.54	0.98
2	20.0	20.3	3 050	6.56	0.98

续表

采样单元序数	采样单元样品质量/kg	采样单元设计样品质量/kg	采样单元煤量/t	采样比/(kg/kt)	提取比
3	18.5	19.6	2 938	6.30	0.94
4	20.2	20.1	3 020	6.69	1.00
5	21.0	20.1	3 018	6.96	1.04
6	18.2	19.3	2 898	6.28	0.94
7	18.4	20.6	3 090	5.95	0.89
8	19.0	19.8	2 974	6.39	0.96
9	18.4	19.4	2 904	6.34	0.95
10	19.0	20.3	3 043	6.24	0.94
11	18.2	19.4	2 917	6.24	0.94
12	20.4	20.0	3 005	6.79	1.02
13	20.0	20.7	3 109	6.43	0.96
14	18.6	20.7	3 098	6.00	0.90
15	18.0	18.7	2 800	6.43	0.96
16	20.2	20.1	3 010	6.71	1.01
17	20.0	20.1	3 010	6.64	1.00
18	20.8	19.9	2 980	6.98	1.05
19	19.4	20.3	3 040	6.38	0.96
20	20.6	19.3	2 890	7.13	1.07
21	20.6	20.1	3 010	6.84	1.03
22	20.0	19.3	2 900	6.90	1.03
23	19.2	20.1	3 020	6.36	0.95
24	20.6	19.6	2 940	7.01	1.05
25	18.8	19.3	2 900	6.48	0.97
平均采样比/提取比				6.54	0.98
上控制限(UCL)				7.47	1.12
目标/设计比				6.66	1.0
下控制限(LCL)				5.62	0.84
变异系数				4.79	—

由试验数据绘制的采样比控制图见图 2-5。当采样机处于控制状态时，所有的点在采样比中心线上下均匀分布。任一点低于下控制限（LCL）或高于上控制限（UCL），则指示可能存在严重问题，需要进行采样设备检查。

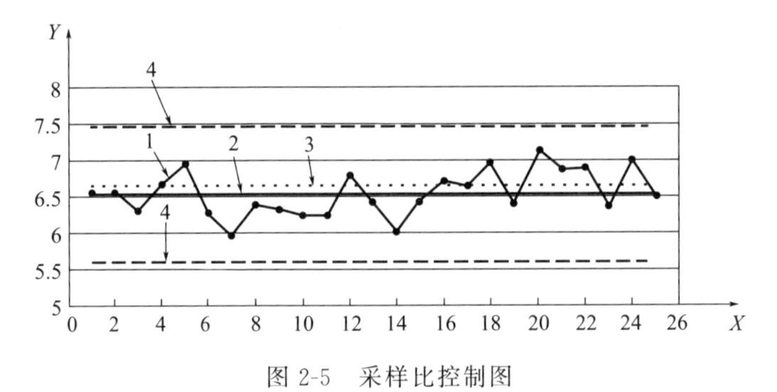

图 2-5 采样比控制图

X—采样单元序数；Y—采样比；1—采样比；2—采样比中心线；3—目标/设计采样比；4—上、下控制限

五、 提取比控制图

1. 概述

提取比是试样的实际质量除以试样的预计质量。预计质量由煤流流量、切割频率、切割器开口尺寸和切割器速度计算。按公式(2-80) 计算提取比：

$$F_{ER}=\frac{m_1}{m_0} \tag{2-80}$$

式中 F_{ER}——提取比；

m_1——煤样的实际质量，kg；

m_0——煤样的预计质量，kg。

2. 数据收集与制图

1）对使用共同采样方案的各采样单元，称取并记录机械化采样系统最后阶段(离线制样前）收取的煤样质量。质量应精确到所记录质量的0.5%以内。

2）根据煤流流量、切割频率、切割器开口尺寸、切割器速度和子样数目计算采样单元的设计煤样质量。

3）按公式(2-80）计算采样单元的提取比。

4）按公式(2-71）计算平均提取比 $\bar{r}$。

$$\bar{r}=\frac{1}{n}\sum_{i=1}^{n}r_i$$

式中 n——用于计算的提取比数目；

r_i——1～n 的一系列提取比中的第 i 个提取比。

5）用两个相邻提取比差值的绝对值按公式(2-72）计算提取比平均移动范围 $\overline{R}$：

$$\widetilde{R}=\frac{1}{n-1}\sum_{i=2}^{n}|r_i-r_{i-1}|$$

6）用公式(2-73）和公式(2-74）分别计算下控制限 LCL 和上控制限 UCL：

$$LCL=\overline{r}-2.66\overline{R}$$

$$UCL=\overline{r}+2.66\overline{R}$$

控制限的置信概率为 99%，即，对于一套随机变化（不存在特殊偏倚）的机械化采样系统，在 100 次中仅有 1 次提取比数值低于下限 LCL 或高于上限 UCL。

常数 2.66 与制图用提取比数量（n）无关。

7）绘制提取比折线图，纵坐标为提取比数值，横坐标为采样单元序数（如果适用，包含日期和时间)。提取比按时间顺序绘出。在图中画出提取比中心线、下控制限 LCL 线和上控制限 UCL 线。

3. 示例

根据表 2-20 的试验数据，提取比控制图见图 2-5。当采样机处于控制状态时，所有的点在提取比中心线上下均匀分布。任一点低于下控制限 LCL 或高于上控制限 UCL，则指示可能存在严重问题，需要进行采样设备检查。

图 2-6 为用一批煤绘制的提取比控制图，在实际操作中，提取比控制图通常用多批煤绘制。因此，提取比控制图上的每一点代表一个被采样批或数个采样单元的平均值，图中数据是多批煤数据，它可以监督所用采样系统状态的长期趋势。提取比的目标值应当设定为 1，当平均提取比与 1 有显著差异时，应对采样系统进行审核和调查。

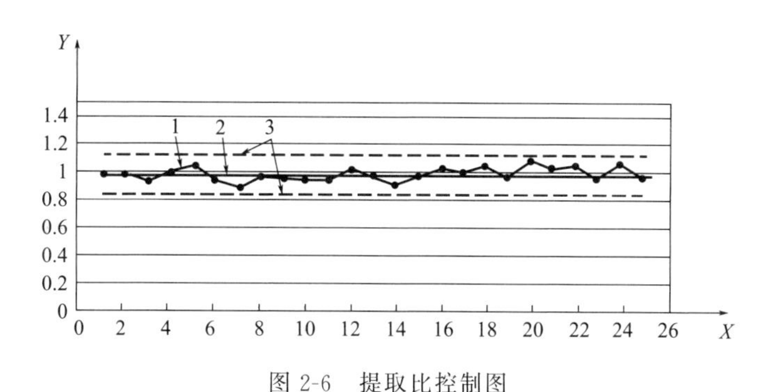

图 2-6　提取比控制图

X—采样单元序数；Y—提取比；1—提取比；2—提取比中心线；3—上、下控制限

4. 其他

提取比控制图失控状态的判断与采样比控制图相同。提取比变异系数和平均值的监控可参照采样比的方法进行。

提取比在判定一个特定系统是否存在长期问题时很有用。例如，由于驱动故障使切割器速度在过去的几个星期内减小了，系统的试样质量将增加，长期提取比数据将会指出采样系统存在问题。当采样系统设定值改变时，提取比与采样比相比变化要小，因此它在比较不同采样系统的效果上更有用。

第七节 煤炭采样要素的技术要求

煤炭采样要素包括：人员、设备或工具、采样方案、被采样批煤、采样环境、煤样包装和标识、煤质信息管理系统。采样方案已在本章第一节和第二节中讲述，本节不再重复。

一、 采样人员

为了保证煤炭采样过程的质量，采样人员应经过专业知识的培训，培训合格后经确认后上岗。对于用于计价的批煤采样，采样人员应不少于 2 人。采样人员应恪守职业道德，特别是对于第三方公正检测，不参加可能影响贸易各方利益的活动，维护采样公正性，尽职尽责。

采样技术人员应有制订采样方案和不断优化采样方案的能力。由于采样条件的复杂性，采样技术人员应根据现场情况灵活运用采样知识来设计采样方案，避免生搬硬套采样标准。

二、 采样设备或工具

煤炭采样分为机械化采样和人工采样。机械化采样使用采样设备进行采样，而人工采样使用简单的采样工具进行采样。机械化采样设备分为移动煤流采样设备和静止煤采样设备两种，前者又可分为落流采样设备和横过皮带采样设备。

1. 人工采样工具

人工采样工具应满足一定的要求，不然可导致采样偏倚，并影响采样精密度。

具体要求如下：

a) 采样器具的开口端截面的最小宽度应满足公式(2-81) 的要求且不小于 30mm：

$$W \geqslant 3d \tag{2-81}$$

式中 W——采样工具开口端横截面的最小宽度，mm；

d——煤的标称最大粒度，mm。

b) 采样工具的容量应至少能容纳 1 个子样的煤量，且不被煤样充满，煤不会从工具中溢出或泄漏；

c) 如果用于落流采样，采样工具开口的长度大于截取煤流的全宽度（前后移动截取时）或全厚度（左右移动截取时）；

d) 子样抽取过程中，不会将大块的煤或矸石等推到一旁；

e）黏附在工具上的湿煤应尽量少且易除去。

2. 采样设备基本条件和基本要求

1）基本条件

机械化采样设备的基本条件是：

a）能无实质性偏倚地收集子样并被权威性的试验所证明；

b）能在规定条件下保持工作能力。

条款a）规定采样设备采样时应无实质性偏倚。人工采样时收取煤样主要由人工控制（采用采样器的除外），采样方法的设计中已考虑到采样偏倚源，并尽量避免采样偏倚的产生，所以对于人工采样除非人为因素或采样方案的问题，采样偏倚显得“不重要”。而对于机械采样，收取煤样由设备完成，设备的性能决定子样进而总样的代表性，所以采样偏倚的重要性突显出来，列在第一条款做出规定，并经试验证明无实质性偏倚，采样设备才可使用。

条款b）规定采样设备应能可靠地运转。目前有相当数量的采样机由于各种原因无法正常运转，投运率很低。无法投运的主要原因有：破碎机堵煤、部件不匹配造成堵煤、缩分器堵煤。其中最难解决的是破碎机对于湿煤无法正常运转而堵煤。现在许多厂家已认识到问题的严重性，正抓紧进行技术攻关，力图攻克破碎机堵煤技术难题。

值得注意的是，采样设备的采样精密度没有做出规定。其实采样精密度是采样方案的采样精密度，采样设备是采样方案需考虑的影响采样精密度的一个因素，采样单元数、子样数目、总样和子样质量对采样精密度有同样重要的影响。另外，机械化采样通常子样质量和子样数比人工采样都较大和较多，采样精密度通常优于人工采样，换句话说，对于机械化采样，采样精密度常常是有保障的。

2）基本要求

为达到上述基本条件，采样机械的设计和生产应满足以下基本要求：

a）足够牢靠，能在可预期到的最坏的条件下工作；

b）有足够的容量以收集整个子样或让其全部通过，子样不损失、不溢出；

c）能自我清洗，无障碍，运转时只需极少量的维修；

d）能避免样品污染，如停机时杂质进入，更换煤种时原先采样的煤滞留；

e）被采煤的物理化学特性变化，如水分和粉煤损失、粒度分析样的粒度破损降至最低程度。

条款a）对采样机械正常投运提出了具体要求。“最坏的条件下”指能预期到的最大子样质量、最大处理量、最大载荷的条件，有时也应考虑恶劣的气候条件，避免因机械“能力”不够造成损坏而停运。

条款b）重点在子样不损失、不溢出，否则采样精密度将变差和造成采样偏倚。

条款 c）对采样机械维修做出了要求。“能自我清洗”保证样品不交叉污染；采样机械系统复杂，许多部位人工很难清洗到。运转时故障少，减少维修量，保证采样机械正常投运。

条款 d）进一步强调了避免样品污染的问题，隐含着采样机械应封闭，避免杂质进入。

条款 e）实则是对采样偏倚的要求，应避免被采煤的物理化学特性变化，特别是水分和煤粉损失。

3. 落流采样设备

图 2-7 为几种落流采样设备，其他的符合基本条件、基本要求和设计要求且被试验证明无实质性偏倚的采样设备也可使用。

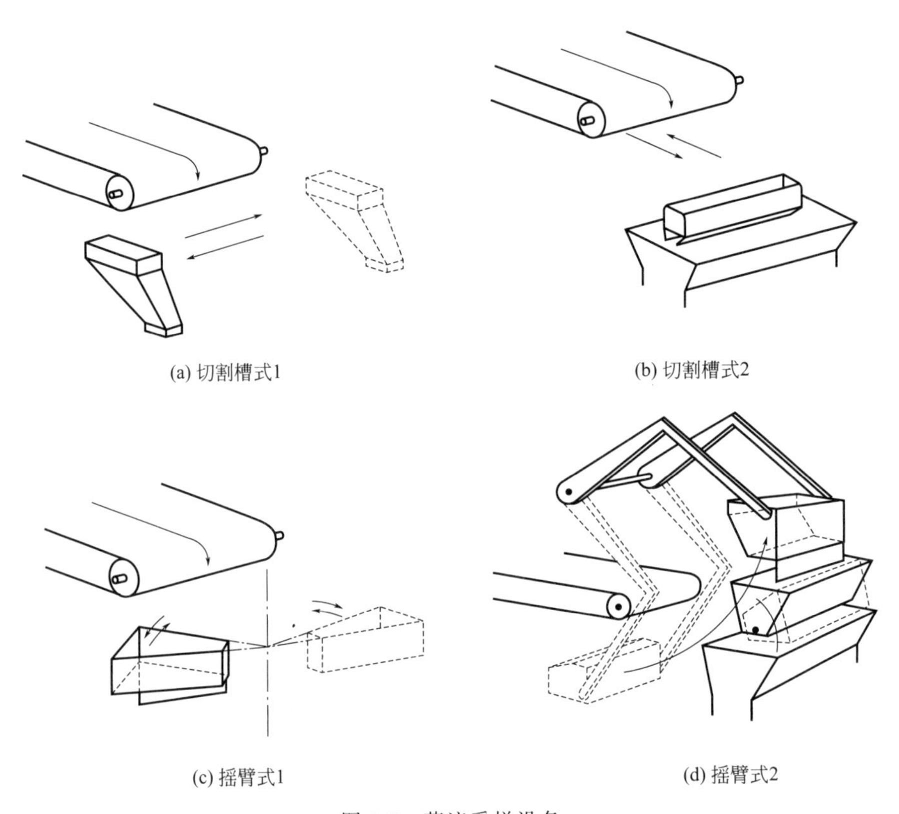

(a) 切割槽式1　(b) 切割槽式2　(c) 摇臂式1　(d) 摇臂式2

图 2-7　落流采样设备

1）设计要求

落流采样设备的设计应满足以下要求：

a）采样器能截取一完整的煤流横截段；

b）采样器的前缘和后缘应在同一平面或同一圆柱面上，该平面或圆柱面最好能垂直于煤流平均轨迹；

c）采样器应以均匀的速度通过煤流，任一点的切割速度变化不超过预定基准速度的5%；

d）采样器的开口应设计得使煤流的各部分通过开口的时间相等；

e）采样器的有效开口宽度至少应为被采煤标称最大粒度的3倍，且不小于30mm。如果采样器为锥形，如图2-7所示类型的摇臂采样器，则其最窄截取煤流处的宽度应满足前述要求；

f）采样器的容量应能容纳整个子样或使其全部通过，子样不损失、不溢出，任何部位不发生阻塞；

g）采样器的开口应设计得使煤流的各部分通过开口的宽度一致。

条款a）是落流采样器正确采取子样应具备的性能，如只截取部分煤流横截段，将影响采样精密度性能，很可能引起采样偏倚。

条款b）保证采样器的运行轨迹在一个平面或圆柱面上，以保证采样器“公平对待”被采煤的每一部分，即采样时，每一颗粒都有相等的概率被采取到煤样中。

条款c）保证采样器不因其运动速度变化导致采样时对被采煤有选择性，且提出了具体要求。

条款d）避免采样有选择性，但条款d）只从采样时间上进行约束并不全面，还应保证“采样器的开口应设计得使煤流的各部分通过开口的宽度一致”，这样才能保证被采煤各部分采取的煤量仅与该部分的质量成比例，所以增加了条款g）。

条款e）保证采样器的开口尺寸足够大，采样时使大小颗粒煤都能顺利采入，不产生选采。落流采样器的有效开口宽度（W_e）的计算如下：

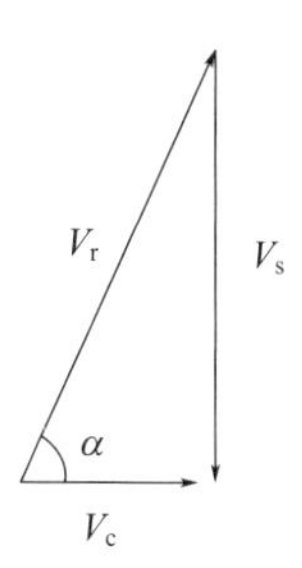

图2-8　落流采样器有效开口宽度（垂直切割煤流）

如图2-8所示：

$$W_e = W\sin\alpha \tag{2-82}$$

$$\tan\alpha = \frac{V_s}{V_c} \tag{2-83}$$

式中 W_e——落流采样器的有效开口宽度，mm；

W——落流采样器的开口宽度，mm；

V_s——煤流速度，m/s；

V_c——采样器速度，m/s。

条款 f）是采样精密度和采样偏倚的保证，也是保证采样设备投运的条件。

2）采样器的速度

采样器的速度是采样器设计中的重要因素，因为随着切割速度的增加，煤颗粒进入切割器的倾斜角增大，从而使采样器的有效宽度减小。

实际经验证明，对粒度分布范围较宽，物流密度较高的大容量煤流采样时，如切割器开口尺寸为煤标称最大粒度的 3 倍以上，则采样器速度在 1.5m/s 以下不会导致实质性偏倚。

无论切割器开口尺寸和运行速度是多少，都应经试验证明它没有实质性偏倚。

4. 横过皮带采样设备

横过皮带采样设备有两种类型，一种为固定式，即采样时采样设备不随煤流移动；另一种为移动式，即采样时采样设备沿皮带运行方向与煤流同步移动。

两种采样器的工作原理都是切割器沿一与皮带中心线平行的轴旋转，当采样器旋转横过皮带全宽度时，其边板前缘切割煤流，后板将煤样推出。

图 2-9 为两种横过皮带采样设备，其他符合基本条件、基本要求和设计要求且被试验证明无实质性偏倚的采样设备也可使用。

1）设计要求

横过皮带采样设备的设计应满足以下要求：

a）采样器应沿与皮带中心线相垂直的平面切取煤流；

b）采样器应切取一完整的煤流横截段，截段横断面可以垂直于皮带中心线，也可与之成一定的倾角；

c）采样器应以均匀的速度（各点速度差不大于 10%）通过煤流；

d）采样器的有效开口尺寸至少应为被采样煤标称最大粒度的 3 倍，且不小于 30mm；

e）采样器应有足够的容量，足以容纳于最大煤流量下切取的整个子样，或让其通过，子样不损失、不溢出，任何部位不发生阻塞；

f）采样器边板的弧度应与皮带的曲率相匹配，边板和后板与皮带表面应保持一最小距离，不直接与皮带接触，后板上配有扫煤刷子或弹性刮板。

条款 a）要求采样器沿与煤流移动垂直的方向转动截取煤样。如不垂直，有两种情况：一种是顺流转动，一种是逆流转动。当顺流转动时，煤流将击打采样器，很难进入采样器中，即采样器很难截取煤流，且采样器易损坏。当逆流转动时，采样器运转时将阻挡煤流，给采样器的运转造成困难，且煤流中的采样轨迹是一条长长的斜线。这两种情况都应该避免。

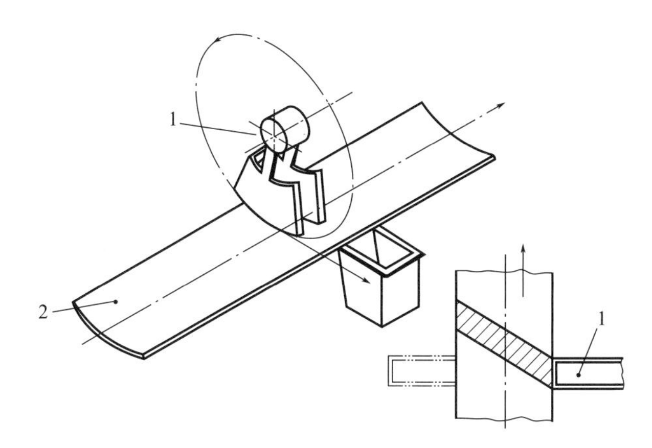

(a) 固定式(倾斜切割)

1—采样器；2—皮带

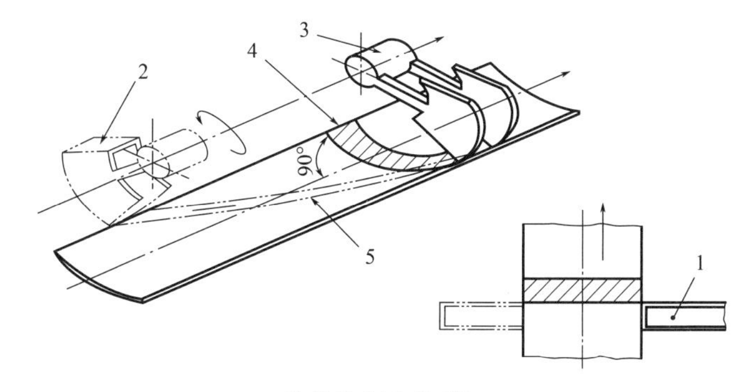

(b) 移动式(垂直切割)

1—采样器；2—切割器停止部位；3—切割器采样结束部位；4—切取的煤流断面；5—切割器运行轨迹

图 2-9　横过皮带采样设备

对于移动式采样器，煤流中的截段横断面垂直于皮带中心线，对于固定式采样器，则与皮带中心线成一定的倾角。

横过皮带采样器的有效开口宽度（W_e）计算如下：

如图 2-10 所示：

$$W_e = W\sin\alpha \tag{2-84}$$

$$\tan\alpha = \frac{V_c}{V_b} \tag{2-85}$$

式中　W_e——横过皮带采样器的有效开口宽度，mm；

W——横过皮带采样器的开口宽度，mm；

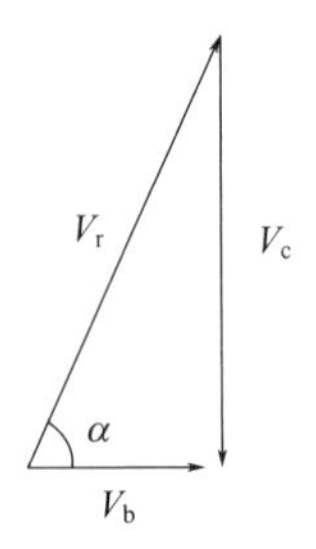

图 2-10　横过皮带采样器有效开口宽度

V_c——采样器速度，m/s；

V_b——皮带速度，m/s。

条款 f）是保证横过皮带采样器无采样偏倚的重要条件。目前该种采样器在皮带上采样后在采样位置常常留有存煤，是产生采样偏倚的重要根源。若减少存煤或基本消除，可采取如下措施：将在采样器皮带下方的托滚换成与采样器边板弧度相匹配的整形托滚；在采样器后板上装配扫煤刷子或弹性刮板。

2）采样器的转度

横过皮带采样器的速度应不低于输煤皮带运行速度，一般情况下，采样器对皮带的速度比越大，采样器的有效开口尺寸也越大，阻挡煤流的时间也越短，也越利于采样。

5. 静止煤采样设备

适用于静止煤采样的商品化采样设备，目前国内外使用较多的一种为机械螺杆采样设备，见图 2-11。图 2-11(a) 所示为螺杆采样后须提出煤表面卸样，图 2-11(b) 所示为螺杆一般可在采样过程中将煤样从其顶部排出。

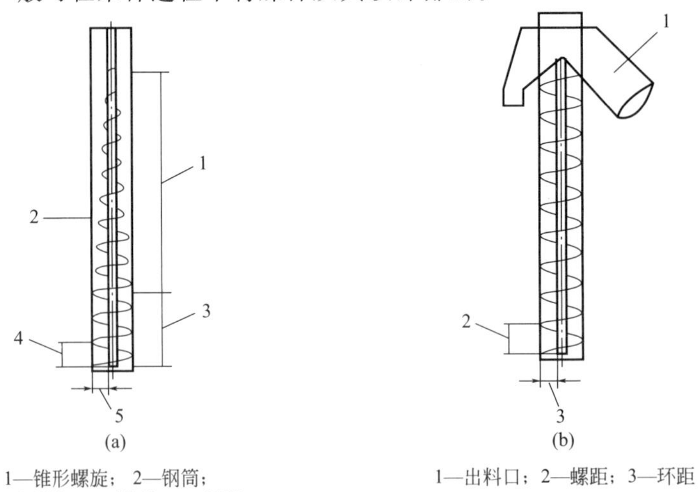

图 2-11　机械螺杆采样设备

凡满足采样器的 2 个基本条件和 5 条基本要求的静止煤采样设备都可使用。

机械螺杆采样器见图 2-11，为一钢筒，筒内有一轴，轴上或有一阿基米德(Archimedian）螺旋［如图 2-11(a)］，或有一全螺旋［如图 2-11(b)］。螺旋的螺距和环距（轴与筒壁的距离）一般不小于被采煤标称最大粒度的 3 倍。有的底部有切割或破碎装置。

应用机械螺杆进行静止煤采样时，可能产生的主要问题是排挤大粒度煤和漏煤，二者均可能引起采样偏倚。机械螺杆通常不适用于原煤采样，由于原煤粒度不均匀，其中有些煤的粒度在 150mm 以上，而受各种因素的限制，目前机械螺杆的螺距和环距尚不能满足要求，导致粒级排斥。

三、被采样批煤

煤的品质不均匀性是其基本属性之一。不同品质和不同粒度的煤品质相差很大，加工程度也影响着煤的品质均匀性。同一采样方案对不同煤种所采取的煤样代表性是不同的，因此采样方案应写明适用煤种的范围。

煤的粒度不仅与品质不均匀性相关，而且决定所采煤样的质量，包括总样质量和子样质量。

批煤量是采样中考虑的另一重要参数。理论上讲，子样数目与批煤量无关；但由于煤炭品质往往存在一定的序列相关性，即相距较近的煤趋向有相似的组成，而相距较远的煤趋向有相异的组成，通俗地说，随着煤量的增加，煤的品质不均匀性增大。也就是说，随着煤量的增加，子样数目也应增多以达到相同的采样精密度。

四、采样环境

煤炭采样所处的外部环境影响着煤样的代表性。不同天气状况，特别是雨雪天气可能会造成煤中水分的增加，应记录采样时的天气状况。

采样环境与采样地点有关。煤样地点分为煤流采样、火车或汽车煤采样和煤堆采样。对于不同采样地点，所采取的煤样代表性是不同的。通常认为，煤流采样代表性较好，煤堆采样代表件较差。

为了防止采样作弊，也为了证明采样的公正性，对采样过程进行摄像是有效的方法。人工采样应拍摄采样的全过程，特别是子样的采取。机械化采样应记录进出采样设备煤样的影像。

五、煤样包装和标识

煤样应装在无吸附、无腐蚀的气密容器中，并有永久性的唯一识别标识。

煤样标签应有以下信息：

a）煤样编号；

b）煤的种类、级别和标称最大粒度以及批的名称（船或火车名及班次）；

c）煤样类型（一般分析煤样、全水分煤样等）；

d）采样地点、日期和时间。

煤样标签类型主要有：手写标签、条形码、电子标签。为了防止作弊，煤样标签最好使用电子标签。根据文献[6]，射频卡是一类可供选择的电子标签。与传统的条形码、磁卡及IC卡相比，射频卡具有非接触、阅读速度快、无磨损、适应环境能力强、抗干扰能力强等特点，且具有防冲突功能，能同时处理多张卡片。

六、煤质信息管理系统

煤质信息管理系统是基于信息识别技术和网络通信技术的煤炭及运输车辆（或船舶）管理系统。

运输车辆（或船舶）信息手工录入系统，在条件允许时，尽量使用信息技术识别运输车辆并自动将车辆信息传送至系统。

采样部位全程摄像并在系统中留存视频文件。

该系统能生成电子标签、写入卡片用来标识煤样。为了有效地制约违章行为，电子标签具有屏蔽功能，即编写标签信息的人看不到煤样编号。采用固定式或手持读卡器来识别和读取电子标签信息。

该系统与仪器设备相连，检测结果实时上传至信息系统，该系统具有统计和计算功能，检测报告自动生成。

该系统具有信息可追溯性，即修改前的信息不能删除，可查阅信息修改原因。

注：资料部分来源于参考文献[6]。

参考文献

[1] 中华人民共和国国家质量监督检验检疫总局，中国国家标准化管理委员会．商品煤样人工采取方法：GB 475—2008 [S]．北京：中国标准出版社，2009.

[2] 中华人民共和国国家质量监督检验检疫总局，中国国家标准化管理委员会．煤炭机械化采样：GB/T 19494—2004 [S]．北京：中国标准出版社，2004.

[3] 孙刚．煤炭采样机性能指标的研究[J]．煤炭学报，2009，34（6）：836-839.

[4] ISO. Hard coal and coke. Mechanical sampling Part 8：Methods of testing for bias：ISO 13909：2016 [S]．2016.

[5] ISO. Hard coal and coke. Guidance to the inspection of mechanical sampling systems：ISO 21398：2007 [S]．2007.

[6] 江秀梅．射频识别技术在电厂燃料管理中的应用[D]．北京：华北电力大学，2012.

第三章

煤炭制样技术要求

对于煤炭采样和制样，两者操作不同，但却有相同的方法原理，煤炭制样可看作是第二次采样。煤炭制样操作有其特殊要求，直接影响着所制备煤样的代表性。此外，影响煤炭采样的许多因素同样也影响着煤炭制样。煤炭制样技术要求关注的问题如下：

a）煤炭制样基本操作；

b）煤炭制样程序的设计；

c）煤炭制样精密度的核验；

d）煤炭制样偏倚的核验；

e）煤炭制样要素的技术要求。

第一节　煤炭制样基本操作

煤样制备基本操作（又称制样工序）有以下五种：破碎、筛分、混合、缩分和干燥。所采取的煤样（反复）经过各种制样基本操作制备成化验项目所需的分析用试样，即为制样。本节讲述制样的五种基本操作。

一、 破碎

1. 概述

煤样破碎（sample ruduction）：用破碎或研磨的方法减小煤样粒度的制样过程。

破碎的目的是减小煤样粒度，增加煤样颗粒数，减小缩分误差。显然同样质量的煤样，粒度越小，颗粒数越多，缩分误差越小。

破碎需要对煤样施加能量，使其颗粒碎裂成较多较小的颗粒。目前多采用机械破碎方法。破碎机破碎煤样应解决的突出问题是防止堵煤和避免样品交叉污染。对于颚式破碎机和对辊破碎机较不宜堵煤，但处理煤样慢、破碎效率低；在保证破碎效率的前提下，防止堵煤的有效方式是改变传统破碎方式，目前已有新型破碎机面世，可有效防止堵煤。使破碎腔内的煤排净在设计破碎机时应格外关注。首先应保证无积煤死角，其次对于易积煤的腔壁可设计移动刮板。

对于较湿、量少的煤，也可进行人工破碎。人工破碎工具有钢辊和钢碾（图 3-1）。应用机械破碎时，允许用人工方法将大块煤样破碎到破碎机第 1 阶段的最大供料粒度。人工破碎时，应在钢板上操作，避免煤样散失；破碎时间应尽可能短，减少水分损失。

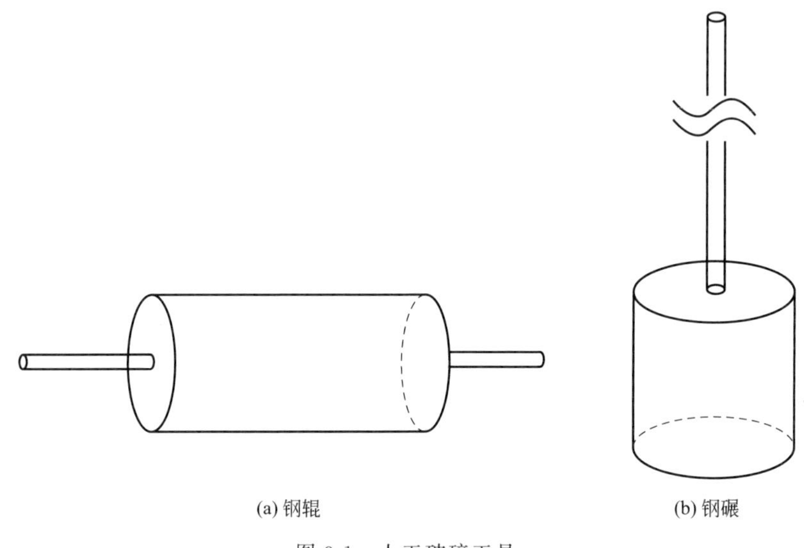

图 3-1　人工破碎工具

2. 破碎的类型

根据破碎后煤样的粒度大小，破碎可分为三种类型，列在表 3-1 中。

表 3-1　破碎类型

序号	类型	破碎至粒度
1	粗碎	＜25mm 或＜13mm 或＜6mm
2	中碎	＜3mm 或＜1mm
3	细碎	＜0.2mm

3. 注意事项

a）有些试验对试样的粒度有特殊要求，如烟煤胶质层指数测定用试样粒度要求小于 1.5mm（圆孔筛），煤的二氧化碳反应性测定用试样粒度要求为 3～6mm，煤的哈氏可磨性指数测定用试样粒度要求为 0.63～1.25mm，对于这些有粒度范围要求的特殊试样，应采用逐级破碎方法，主要通过对辊破碎机来实现。逐级破碎是指尽可能地只破碎大于要求粒度的煤粒，而使符合和小于要求粒度的煤粒不被破碎。

b）不宜使用圆盘磨、转速大于950r/min的锤式破碎机和频率大于20Hz的高速球磨机。使用上述设备宜造成煤样氧化和水分损失，对于需测定全水分、发热量和黏结性等指标的煤样更不能使用。

c）煤样破碎前应将破碎机清理干净，对于不宜清理的破碎机可用同种煤清洗。对于制备固定煤源煤样的制样室可将破碎机固定用于某类品质相近煤源煤样的制备，以避免煤样间的交叉污染。

d）对于很湿的煤，可使用颚式破碎机或专用的湿煤破碎机破碎；如无此设备，可将煤样先筛分，再将筛块入破碎机破碎。

二、筛分

1. 概述

破碎后煤样的颗粒大小是否达到规定要求，需要筛分检查。把未被破碎到规定粒度的煤粒分离出来再破碎，使煤样全部达到所要求的粒度，因此筛分的目的是检查破碎后煤样的粒度是否满足预期要求，保证煤样粒度要求。

筛分可看作是破碎的“延伸”操作，是为了保证破碎操作质量的环节。有了破碎和筛分，煤样的粒度要求就可实现。

2. 筛孔尺寸

筛孔尺寸列在表3-2中。

表3-2　筛孔尺寸

类型	粗碎	中碎	细碎
孔径/mm	25、13、6	3、1	0.2

筛孔应为方孔，3mm筛应既有方孔筛又有圆孔筛。3mm方孔筛用于筛分操作，3mm圆孔筛用于特定的制样操作。

3. 注意事项

a）筛分时应避免煤样损失，需计算粒度组成时，应准确称量各粒级的质量。

b）过筛时，切勿弃去少量筛上物。经破碎的煤样，不同粒级煤品质差异很大，通常较难破碎的煤样灰分较高，筛分后的少量筛上物主要是这部分煤。

c）孔径为0.2mm的筛子应进行检定/校准，其他孔径的筛子最好也进行检定/校准。检定/校准合格后筛子方可使用。

三、混合

1. 概述

混合的目的是使煤样尽可能均匀，理论上讲，缩分前进行混合会减小缩分误差。混合可看作缩分的“预操作”，是为了减少煤样数量（质量）而进行缩分操作的组成部分，因而具体混合操作是与缩分方法联系在一起的。

2. 混合方法

常用的混合方法有四种：

a）堆锥混合法　这是目前人工混合最常用的方法。具体操作为：将煤样堆成堆，从煤堆底部对角逐锹铲起，堆成另一个煤堆，如此反复，直至粒度离析分布比较均匀为止。在利用堆锥四分法缩分煤样时，只需反复三遍。

b）二分器法　这是目前混合效果较好的方法。具体操作为：使煤样多次（至少 3 次）通过二分器，每次通过后把煤样收集起来，再供入二分器。该方法不适用于大量煤样的混合。

c）平铺混合法　具体操作为：将煤样逐锹铲起铺成长方形或方形的扁平块。铺块时应两人对面操作，并分层铺散。一人操作时，可铺散一层交换一次位置。每锹铲起的煤样不应过多，并应分 2～3 次依次铺散。全部煤样铺成的扁平块至少要 3 层，每铺成一个完整的扁平块即为混合一次。扁平块各部厚度应一致，且不大于煤样标称最大粒度的 3 倍。第二次混合时应从第一个扁平块侧面贴底依次逐锹铲起煤样，用同样方法再铺成一个新的扁平块。如此反复（通常混合三次），直至混合均匀为止。

d）转鼓法　具体操作为：将煤样放于内置挡板的转鼓中，转动转鼓，煤样随挡板起落而达到混合的目的。

四、缩分

1. 概述

煤样缩分（sample division）：将煤样分成有代表性的、分离的部分的制样过程。

缩分的目的是减少煤样量。缩分是制样的最关键操作，是制样误差的主要来源。可认为缩分是在保证煤样具有代表性的前提下，逐步减少煤样的数量，以最终获得满足要求的一定量的分析用试样。

2. 缩分后总样最小质量与煤样粒度的关系

缩分后总样的质量取决于煤样的标称最大粒度、煤样品质不均匀性、所要求的制样精密度。煤样粒度越小，对于相同质量的煤样颗粒数越多，可认为煤质越均匀，缩分后的煤样量可相应地减小。对于粒度小于 0.2mm 的煤样，只要充分混合，缩分误差通常可忽略。煤样灰分越小，可认为煤质越均匀，缩分后的煤样量可越小。所要求的制样精密度越高，缩分后的煤样量越大。缩分后总样最小质量见表 3-3。

表 3-3 缩分后总样最小质量

标称最大粒度/mm	一般分析和共用煤样/kg	全水分煤样/kg	粒度分析煤样/kg	
			精密度为 1%	精密度为 2%
150	2600	500	6750	1700
100	1025	190	2215	570
80	565	105	1070	275
50	170	35	280	70
25	40	8	36	9
13	15	3	5	1.25
6	3.75	1.25	0.65	0.25
3	0.7	0.65	0.25	0.25
1.0	0.10	—	—	—

各个制样阶段的总样质量是影响制样精密度的主要因素。总样质量大，总样中煤粒数多，各个粒级质量分数（某一粒级质量与总质量之比）相对稳定，总样品质波动性相对小。因而，为了满足一定的制样精密度要求，在不同粒度下总样质量应有特定的最小质量。

GB 474—2008《煤样的制备方法》和 GB/T 19494.2—2004 对表 3-3 有如下说明：表 3-3 第 2 列所列的一般分析和共用煤样的缩分后总样最小质量，可使由于颗粒特性导致的灰分方差减小到 0.01，相当于 0.2%的灰分精密度。这句话的含义为：假使有一煤样，缩分成相等的四部分，每一部分均可代表该煤样。实际上四个缩分后煤样的品质并不完全相同，品质间的波动可用缩分精密度表示，灰分方差是表示缩分精密度的一种方法，而造成缩分后煤样品质波动的主要原因是粒度特性。换句话说，对同一个煤样缩分后留在总样中的各粒级的颗粒数不同，而对于大小不同的颗粒其品质大多是不相同的，导致了缩分后总样的品质的波动。这里没有考虑大小相同的颗粒品质也有可能不同，这也是构成灰分方差的原因。但该原因与粒度特性导致的灰分方差相比要小得多。

在其他制样精密度水平下的缩分后总样最小质量 m_s 可按公式(3-1) 计算：

$$m_s = m_{s,o}\left(\frac{0.2}{P_R}\right)^2 \tag{3-1}$$

式中 $m_{s,o}$——表 3-3 规定的给定标称最大粒度下的缩分后总样最小质量，kg；

P_R——给定缩分阶段要求的精密度。

由表 3-3 可知，全水分煤样缩分后最小质量约为一般分析煤样的 20%，但不能少于 0.65kg。这说明对于大部分煤而言（除了精煤和全水分很高、灰分较低的煤），煤中全水分比灰分要均匀得多，因此全水分试样的制备方法可适当降低要求，如可用九点取样法缩取全水分试样，但不能缩取一般分析煤样。

另外，粒度分析总样的最小质量是根据筛上物测定的精密度计算出来的。如按照表 3-3 规定的质量采取粒度分析煤样，对其他粒度组分测定的精密度会更好；或者按其他粒度组分测定精密度且采用表 3-3 规定的精密度值，采取的粒度分析总样质量一般比表 3-3 的规定值少。

表 3-3 的规定值应为灰分较大煤（较不均匀煤）的总样最小质量。如对于精煤，总样最小质量应可减小，但按表 3-3 的要求，制样精密度应更好。如对于极不均匀的煤，表 3-3 的规定值可能不满足制样精密度的要求，此时应加大总样最小质量，并进行制样精密度的核验。

3. 人工缩分方法

常用的人工缩分方法有：二分器法、九点取样法、堆锥四分法。此外 GB 474—2008 和 GB/T 19494—2004 推荐的缩分方法还有棋盘法和条带截取法。

1）二分器法

二分器是一种简单而有效的缩分器（结构如图 3-2 所示）。它由两组相对交叉排列的格槽及接收器组成，其结构要求如下：

a）两侧格槽数相等，每侧至少 8 个；

b）格槽开口尺寸至少为煤样标称最大粒度的 3 倍，但不能小于 5mm；

c）格槽对水平面的倾斜度至少为 60°；

d）为防止粉煤和水分损失，接收器与二分器主体应配合严密，最好是封闭式。

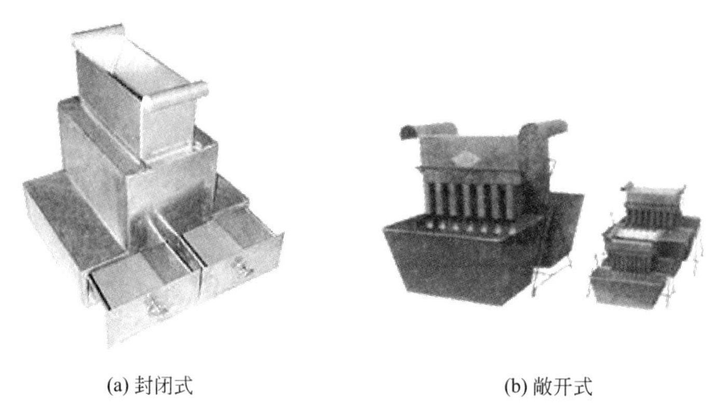

(a) 封闭式　　(b) 敞开式

图 3-2　二分器

二分器法是一种煤粒被随机选择缩分的方法。煤样沿格槽长度多次往复入料时，煤粒将随机落入两个接收器中的任一个，每一粒级的煤样都有一半的概率落入其中一个接收器中，因而理论上讲两个接收器中的煤样品质是相同的，均可代表入料品质。

条款 a）决定着煤样被切割的次数，格槽数越多，煤样被切割的次数越多，煤粒随机选择性越强，缩分精度越高。

为了避免煤样堵塞格槽，条款 b）的要求是必要的。同时条款 b）影响着缩分精密度，如格槽很宽，缩分煤样时切割数减少，缩分精密度将变差。GB 475—1996 规定的格槽宽度为入料标称最大粒度的 2.5～3 倍，既兼顾煤样不堵格槽，又保证缩分精密度。建议二分器格槽宽度在满足要求的前提下不宜太宽。因此，二分器是“专用的”，用于标称最大粒度不同的煤样的缩分所使用的二分器格槽宽度是不一样的。此外，二分器各格槽宽度应一致。

为了使煤样顺利落入接收器中，格槽不宜过于倾斜，否则煤样滞留在格槽中无法下落，对此条款 c）给出了具体的要求。

条款 d）指出了封闭式二分器的优点，但目前应用较多的是敞开式二分器。敞开式二分器操作较为方便，对于湿度适中的煤样，快速缩分，具有优势。

二分器的操作要点如下：

a）使用二分器缩分煤样，缩分前可不混合。

b）缩分时，应使煤样呈柱状沿二分器长度来回摆动供入格槽。

c）供料要均匀并控制供料速度，勿使试样集中于某一端，勿发生格槽阻塞。

d）当缩分需分几步或几次通过二分器时，各步或各次通过后应交替地从两侧接收器中收取留样。

由于二分器法的缩分原理，缩分前混合煤样没有多大必要。ISO 13909-4：2001 并没有要求煤样呈柱状来回摆动供入二分器，仅说明沿着二分器整个长度供入煤样。在制定 GB 474—1996 时试验表明在煤样呈柱状来回摆动供入二分器下缩分精密度更好。二分器的缩分精密度很高，理论上讲应没有缩分偏倚（系统误差）。但二分器各格槽宽度多少有些差异，操作时偶尔也会有些偏颇，这都会带来较小的缩分偏倚。当煤样多次通过二分器缩分时从两侧交替收取留样可最大限度消除缩分偏倚。此外，二分器缩分时两侧煤样质量变化在 3%以内（用于缩分粒度小于 13mm 的二分器在 5%以内）。

2）九点取样法

九点取样法的操作要点如下：

用堆锥法将煤样掺合一次后摊开成厚度不大于标称最大粒度 3 倍的圆饼状，然后用与棋盘缩分法类似的取样铲从图 3-3 所示的 9 点中取 9 个子样，合成一全水分试样。

九点取样法从上述 9 点中取样合成全水分试样。对于灰分而言，上述试样因取样点数过少并不能保证代表缩分前的煤样；但煤样中全水分比灰分均匀，采取的试样对全水分具有充分的代表性。因而九点取样法仅用于抽取全水分试样。同理，九点取样法抽取全水分试样后的余样对于灰分而言，并不能保证其对缩分前的全部煤样具有代表性。

为了尽量减少水分损失，煤样仅需稍加混合，即用堆锥法掺合一次，即可摊

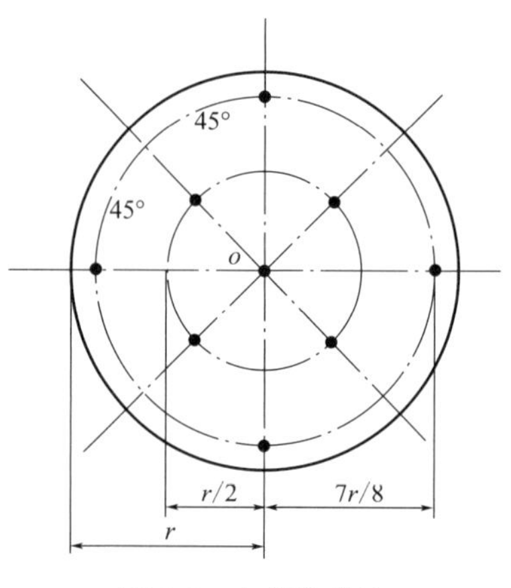

图 3-3　九点取样法

平取样（稍加混合已能保证 9 个点位的全水分已有代表性）；抽取全水分试样的操作应迅速。

用九点取样法抽取全水分试样时，各点取样量应一致，最好一次抽取的煤量即足够，否则各点应均匀补采。

当煤样摊成扁平体时，煤样有粒度离析，而大小颗粒的水分值是不同的。如以扁平体的顶圆半径确定点位，则大颗粒抽取得少；当以扁平体的底圆半径划分点位时，大小颗粒均能相应抽取，故图 3-3 中的 r 应为扁平体的底圆半径。

GB 474—1996 中并没有对扁平体的厚度作出具体约束，实际操作中以“厚度适中”来把握，通常控制 $7r/8$ 的点位在扁平体的顶圆圆周上。GB 474—2008 规定扁平体的厚度应不大于标称最大粒度的 3 倍。此规定使九点取样法的（除水分外的）抽样代表性提高，但其合理性值得商榷。无疑按此要求，扁平体的表面积增大，当煤样量较大时，煤样将摊成很薄的一个扁平体，操作时间加长，水分损失加大。故应用此扁平体厚度要求时应格外谨慎。

在 9 个点位的采样深度应予以关注。建议不要铲到扁平体底面（与钢板接触的面），由于底面与外界的直接接触而受到沾染或污染，底面水分不能代表煤样整体的水分，因此抽取除底面以外全厚度煤样更为合理。

九点取样法点位推导如下：将煤饼分成面积相等的九部分，如图 3-4 所示，以 or_1 为半径的圆为其中一部分，以 or_2 为半径的圆（不包括圆 or_1）分为四部分，以 or 为半径的圆（不包括圆 or_2）分为四部分。

$$\pi r_1^2=\frac{\pi r^2}{9}\Rightarrow r_1=\frac{r}{3}$$

$$\pi r_2^2=\frac{5\pi r^2}{9}\Rightarrow r_2=\frac{\sqrt{5}\,r}{3}$$

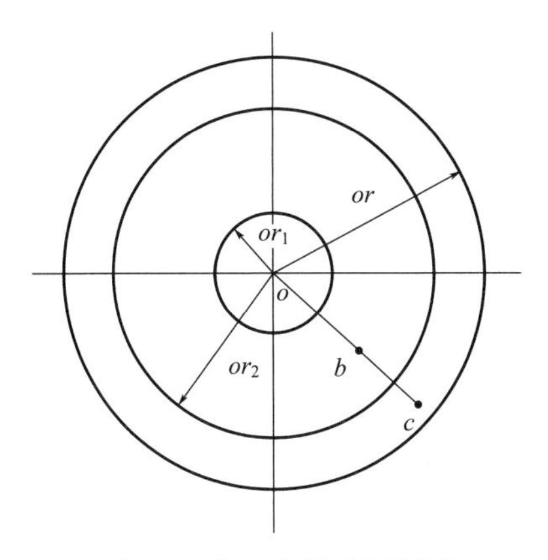

图 3-4 九点取样法原理图

$$ob = r_1 + \frac{r_2 - r_1}{2} = \frac{1+\sqrt{5}}{6} r \approx \frac{r}{2}$$

$$oc = r_2 + \frac{r - r_2}{2} = \frac{3+\sqrt{5}}{6} r \approx \frac{7}{8} r$$

3）堆锥四分法

堆锥四分法操作要点（图 3-5）如下：

堆锥时，应将煤样一小份、一小份地从煤样堆顶部撒下，使之从顶到底、从中心到外缘形成有规律的粒度分布，并至少堆掺 3 次，摊饼时，应从上到下逐渐拍平或摊平成厚度适当的扁平体。分样时，将十字分样板放在扁平体的正中间，向下压至底部，煤样被分成四个相等的扇形体。将相对的两个扇形体弃去，另两个扇形体留下继续下一步制样。

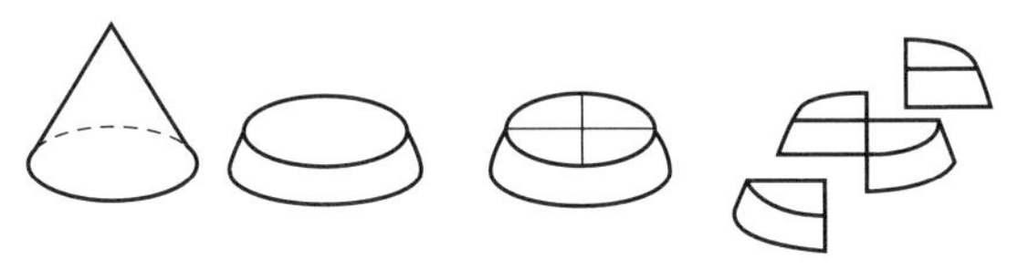

图 3-5 堆锥四分法

堆锥四分法是一种比较方便的方法，其操作关键在堆锥环节。堆锥环节是粒度离析的过程，从煤样堆顶部到底部形成有规则的粒度分布，煤样堆粒度分布的均匀性是堆锥缩分精密度的主要影响因素。如操作不当，使煤样堆不同方向的粒级有所偏颇，则会引起缩分偏倚。

堆锥四分法适用于一般分析煤样的缩分和全水分煤样的缩分。当进行全水分煤样缩分时，仅需堆锥一次，但由于缩分后的煤样量只减小了一半，通常需要多次应用堆锥四分法缩取出全水分试样。这势必导致操作时间较长，水分损失较大，因而很少采用堆锥四分法缩分全水分煤样。

堆锥四分法的留样量为缩分前煤样量的一半，可否留样为其他质量缩分比的煤样量（如四分之一）是值得讨论的问题。若煤样混合（堆锥环节）得非常均匀，摊平后切取一定比例的煤样作为留样也应可行（如只留取一个扇形体）。但需要注意的是堆锥混合是粒度离析的过程，不能达到煤样充分混合，只切取少量煤样作为留样将降低缩分精密度，加大缩分偏倚产生的风险，故此为了保险起见，留取相对的两个扇形体作为留样。

此外，堆锥四分法缩分时留样和弃样质量变化在8%以内。

4）棋盘法

棋盘法缩分操作要点（图 3-6）如下：

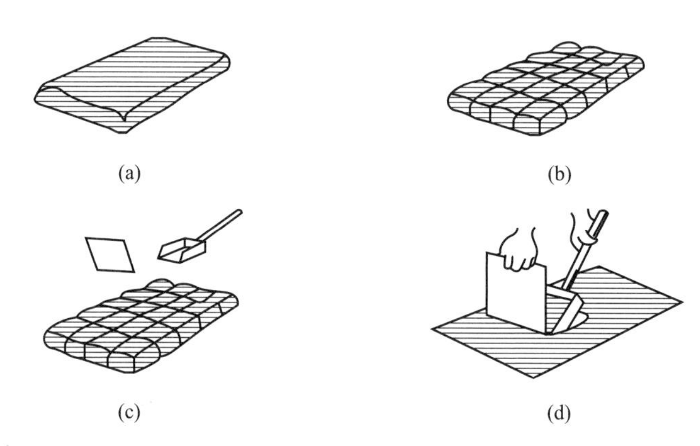

图 3-6　棋盘法

将煤样充分混合后，铺成一厚度不大于煤样标称最大粒度 3 倍且均匀的长方块［图 3-6(a)］。如煤样量大，铺成的长方块大于 2m×2.5m，则应铺 2 个或 2 个以上质量相等的长方块，并将各长方块分成 20 个以上的小块［图 3-6(b)］，再从各小块中分别取样。

取样应使用平底取样小铲和插板［图 3-6(c)］。小铲的开口尺寸至少为煤样标称最大粒度的 3 倍，边高应大于煤样堆厚度。取样时，先将插板垂直插入煤样层至底部，再插入铲至样层底部。将铲向插板方向水平移动至二者合拢，提起取样铲和插板，取出煤样［图 3-6(d)］。将所有煤样合并成缩分后留样。

棋盘法的操作关键是混合和铺块。操作中没有说明混合的方法，建议采用平铺混合法，如需制备全水分试样，混合次数应尽可能地少（建议 1～2 次）。为了保证缩分精密度，铺块时厚度应严格控制。取样时避免煤样散落，且从各小方块中取出的样量应相等。为了防止取样时大颗粒煤的滚落，应使用插板。

在共用煤样制样时，采用棋盘法缩取全水分试样后，余下的煤样可用于制备一般分析试验煤样。

5）条带截取法

条带截取法的操作要点（图 3-7）如下：

将煤样充分混合后，顺着一个方向随机铺放成一长带，带长至少为带宽的 10 倍。铺带时，在带的两端堵上挡板，使粒度离析只在带的两侧产生。然后用一宽度至少为煤样标称最大粒度的 3 倍、边高大于煤样带厚度的取样框，沿样带长度，每隔一定距离截取一段煤样，且每一煤样一般截取 20 次。将所有煤样合并为缩分后留样。

条带截取法的操作关键是铺带。实际上铺带过程也能起到样品混合的作用。如需制备全水分煤样，建议最多堆锥混合一遍即可铺带。铺带时应将煤样逐铲铲起，分数次散落堆成条带状。

对于品质均匀煤样的缩分，从条带上截取煤样的次数可减少，但最少为 10 次，且应预先已经证实能够达到所需精密度，尤其对于大量同种煤样的制备可减小劳动量。

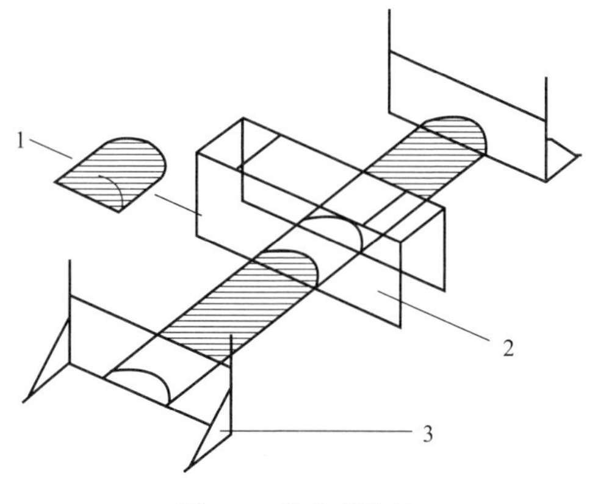

图 3-7　条带截取法

1—子样；2—取样框；3—边板

4. 机械缩分方法

1）概述

机械缩分可对未经破碎的单个子样、多个子样或总样进行。机械缩分可采用定质量缩分或定比缩分方式。

定质量缩分（fixed mass division）：保留的煤样质量一定，并与被缩分煤样质量无关的缩分方法。

定比缩分（fixed ratio division）：以一定的缩分比，即保留的煤样量和被缩分的煤样量成一定比例的缩分方法。

人工缩分通常对总样进行，而机械缩分则有所不同。当在线制样时，机械缩分通常对单个子样进行，有时也对多个子样进行。

人工缩分通常对破碎后的煤样进行，煤样量不大；当煤样量很大时，通常采用机械缩分，机械缩分可在煤样破碎前或破碎后进行，只要缩分后煤样量满足要求即可。

人工缩分法中的二分器法和堆锥四分法属定比缩分方式，而九点法、棋盘法和条带截取法归入定质量缩分方式更为恰当。机械缩分中，定比缩分设备应用最多。

2）切割间隔

机械缩分时第1次切割应在第1切割间隔内随机进行，后面的切割器的切割周期不要正好和前一切割器周期重合，以最大限度地减小偏倚。

对定比缩分，切割间隔应固定，使缩分后煤样的质量与被缩分煤样的质量成正比。

对定质量缩分，切割间隔应随被缩分煤的质量成比例变化，以使缩分后的煤样质量一定。

缩分时间一定时，切割间隔决定切割数。切割间隔越短，切割数则越多，切割样也越多。

切割样（cut）：煤样缩分器切取的子样。

切割器（cutter）：切取子样的机械设备。

定比缩分的原理是切割间隔固定，而定质量缩分的原理是切割间隔变化而使缩分后的煤样质量固定。对于定质量缩分，同一被缩分煤样（子样或总样）的各切割样应均匀分布在被缩分煤样的供料煤流中。

调整切割间隔的目的在于保证切割数和改变切割样的分布。

3）切割数

对于单个子样缩分，切割数如下：

a）对定质量缩分，初级子样的最少切割次数为4，且同一采样单元的各初级子样的切割数应相等。

b）对定比缩分，一平均质量初级子样的最少切割次数为4。

c）缩分后的初级子样进一步缩分时，每一切割样至少应再切割1次。

d）缩分后子样的切割样合并后再缩分时至少应切割10次。

切割数是影响缩分精密度的最主要因素。切割数越多，缩分精密度越好。

对于定质量缩分，由于缩分后煤样的质量固定，且同一采样单元的初级子样的切割数相同，则每个切割样需等质量。由于初级子样的质量不尽相同，因而每个初级子样的切割间隔有所不同。

对于定比缩分，由于切割间隔固定，切割数随初级子样的质量成正比例变化，即初级子样的质量越大，切割数越多。对于一平均质量初级子样，最少切割次数为4。

当供料煤流通过缩分器期间，如切割数已达到要求，此种情况对于定质量缩分需检查切割间隔是否合适、切割样分布是否均匀，对于定比缩分需继续按切割间隔缩分，直至全部供料煤流通过缩分器。

初级子样（破碎）缩分后，若需二次（破碎）缩分，有两种情况：

a）初级子样缩分后的切割样依次进行二次缩分，每一切割样至少应再切割 1 次［图 3-8(a)］；

b）初级子样缩分后的切割样合并，之后再缩分，合并后的子样至少应再切割 10 次［图 3-8(b)］。

切割样合并后，为了保证每一切割样都被切割，合并后的子样规定了较多的切割数。

对于煤样的缩分，切割数规定如下：

全部子样或缩分后子样的合成煤样缩分的最少切割数为 60 次。

机械缩分时如切割数不满足此要求，可使用二分器人工缩分。

ISO 18283：2006 中指出，如在制样过程中，合成煤样经充分混合并可证明能够达到所需精密度，切割数可减少到 20 次。对于经常制备的特定煤种的煤样，不妨进行切割数为 20 次的制样精密度试验，如满足要求，则切割数可减少。

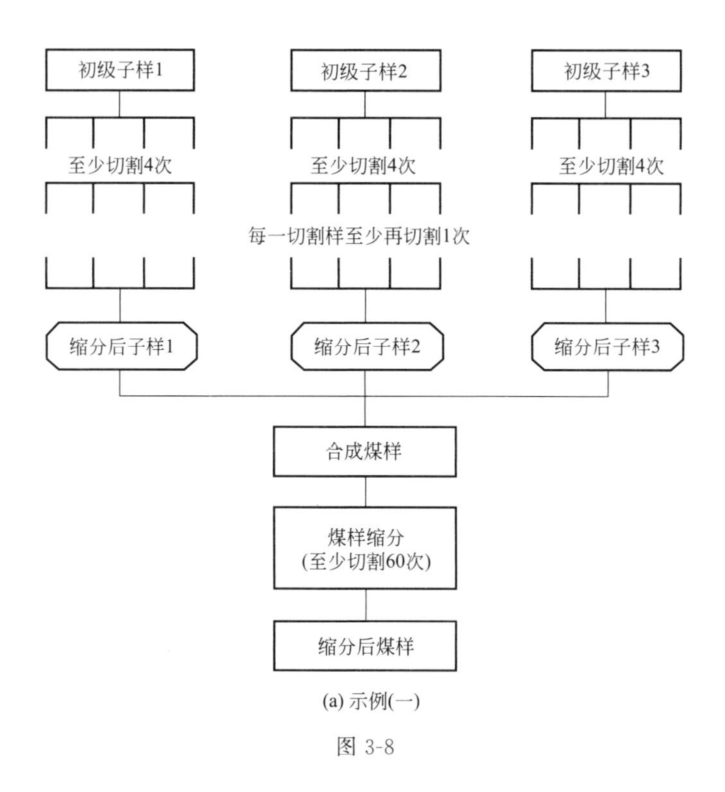

(a) 示例(一)

图 3-8

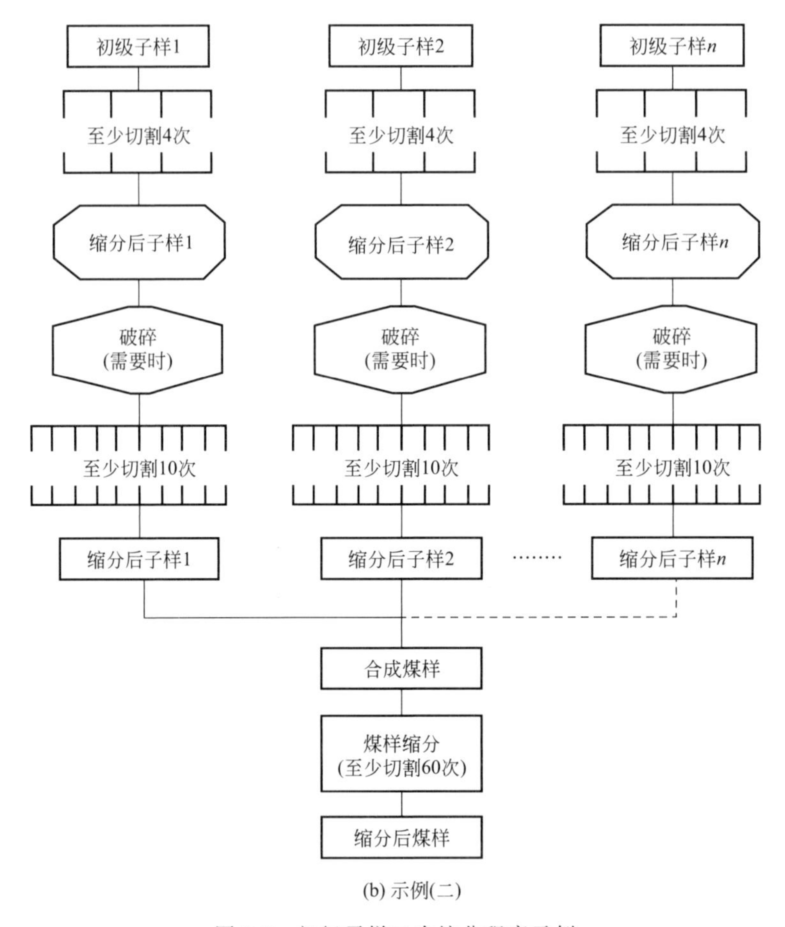

(b) 示例(二)

图 3-8 初级子样二次缩分程序示例

4）缩分后煤样最小质量

缩分后子样的质量不少于公式(3-2）的要求；如子样质量太少，不能满足要求，则应将其进一步破碎后再缩分。

$$m = d^2 \times 10^{-3} \tag{3-2}$$

式中 m ——子样质量，kg；

d ——煤样的标称最大粒度，mm。

（缩分后）子样质量显著影响制样精密度。子样质量过小将降低制样精密度，且加大产生偏倚的风险。对于与机械化采样系统结成一体的在线制样缩分，子样质量应有更严格的要求。对于标称最大粒度 6mm 或更小粒度的在线制样缩分，建议其子样质量不小于 100g。

GB 474－2008 中应用公式(3-3）作为缩分后子样最小质量，对于标称最大粒度小于 60mm 的煤，公式(3-3）的数值大于公式(3-2)，因而采用公式(3-3）似乎更可靠，但目前在线缩分的子样质量通常小于公式(3-3)的要求，如按照公式(3-3)缩分，部分煤炭采样系统经在线制样后的总样量过多，且无多大必要。

$$m=0.06d \tag{3-3}$$

每一缩分阶段的全部缩分后子样合并的总样的质量，应不小于表3-3规定的相应采样目的和标称最大粒度下的质量。

机械缩分通常质量缩分比大，如缩分后煤样质量不满足要求，可改为用人工缩分方法，为了达到较高的缩分精密度，可采用二分器缩分。粒度小于13mm的煤样应用二分器缩分。

五、干燥

1. 概述

干燥的目的是使煤样畅通地进行破碎和缩分，因此干燥不是必经的操作，也无固定的次序，视具体情况而定。通常煤样在粉碎至小于0.2mm之前需要进行干燥。如试样需达到空气干燥状态，即使干燥后煤样也需放在环境温度下与大气湿度达到平衡。

空气干燥（air-drying）：使煤样或试样的水分与其破碎或缩分区域的大气达到接近平衡的过程。

2. 干燥

GB 474—2008规定：干燥的温度应低于50℃，以防煤样氧化。在下列情况下，不能在高于40℃的温度下干燥：

a）易氧化煤；

b）受煤的氧化影响较大的测定指标（如黏结性和膨胀性）用试样；

c）干燥作为全水分测定的一部分。

干燥可在带空气循环装置的干燥室或干燥箱中进行。干燥室或干燥箱最好每分钟换气1次，且应有空气过滤装置，避免灰尘污染煤样。煤层厚度不能超过煤样标称最大粒度的1.5倍或表面负荷为1g/cm²（哪个厚用哪个）。

当用两步法测定全水分时，如在50℃下测定外在水分，将蒸发出部分内在水分，但随后的空气干燥无法回复这部分内在水分，导致测定的外在水分值偏大；而破碎到较小粒度测定内在水分时，试样重新达到湿度平衡，即上述损失的内在水分重新被吸收回来，测定的内在水分值并没有减少，最终导致测定的全水分值偏大。

对于无烟煤，建议可适当提高干燥温度，如在小于70℃的温度下干燥，以缩短干燥时间。

3. 空气干燥

空气干燥是将煤样铺成均匀的薄层，在环境温度下使之与大气湿度达到平衡。煤层厚度不能超过煤样标称最大粒度的 1.5 倍或表面负荷为 $1g/cm^2$（哪个厚用哪个）。

空气干燥状态可定量地表示为：煤样在空气中连续干燥 1h 后，煤样的质量变化不超过 0.1%（对于褐煤为 0.15%）。具体操作如下：将煤样置于已知质量（m_1，称准至 0.05%）的干燥托盘中，称重（m_2）后摊平，连续空气干燥 1h 后再称重（m_3），直至连续空气干燥 1h 煤样质量的损失不超过最初煤样质量（m_2-m_1）的 0.1%（对于褐煤为 0.15%）。

至于空气干燥时的煤层厚度，若哪个薄用哪个，则缩短干燥时间；若哪个厚选哪个，则增加器皿的盛样量。上述厚度要求已能把干燥时间控制在可接受范围内，故采用“哪个厚选哪个”。

表 3-4 给出了在环境温度小于 40℃时，使煤样与空气达到平衡所需的时间。这只是推荐性的，在一般情况下已足够。如果需要的话，可以适当延长，但延长的时间应尽可能短，特别是对易氧化煤。

表 3-4 环境温度与空气干燥时间推荐表

环境温度/℃	空气干燥时间/h
20	不超过 24
30	不超过 6
40	不超过 4

对于部分分析试验（如哈氏可磨性指数测定、粒度测定等），试样的空气干燥是试验方法的要求，这部分试验需严格进行空气干燥；而大部分分析试验的空气干燥目的在于分析测试时能够准确称量样品，若称量精度要求不高，则试样在室温下稍加放置即可，若要求称量到 0.0001g，则试样至少应接近达到空气干燥状态。

第二节 煤炭制样程序的设计

煤炭制样程序是指应用各种制样操作将（采取的）煤样制备成煤质分析所需试样的过程。

一、煤样的种类

（采取的）煤样可分为以下几种：

a）全水分煤样：为测定全水分而专门采取的煤样。

b）一般分析煤样：为制备一般分析试验煤样而专门采取的煤样。

c）共用煤样：为进行多个试验而采取的煤样。共用煤样可用于制备全水分试样、一般分析试样以及其他试验如哈氏可磨指数测定、二氧化碳化学反应性测定等试样。

d）粒度分析煤样：为进行粒度分析而专门采取的煤样。

二、 全水分煤样的制备

1. 制样程序

全水分试样应满足 GB/T 211—2017《煤中全水分的测定方法》的要求，全水分煤样的一般制样程序如图 3-9 所示。

图 3-9 所示程序仅为示例，实际制样中可根据具体情况予以调整。当煤样水分较低而且使用没有实质性偏倚的破碎缩分机械时，可一次破碎到 6mm，然后用二分器缩分出 1.25kg；当煤样量和粒度过大时，也可在破碎到 13mm 前，增加一个制样阶段。但各阶段的粒度和缩分后煤样质量应符合表 3-4 的要求。

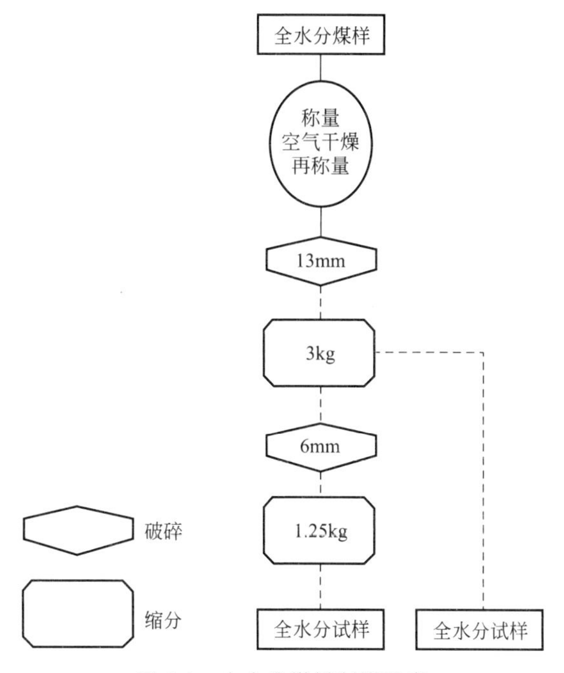

图 3-9　全水分煤样制样程序

GB/T 211－2017 中规定，全水分试样的粒度为小于 13mm 或小于 6mm；小于 13mm 的全水分试样量为不小于 3kg，小于 6mm 的全水分试样量为不小于 1.25kg。GB/T 211—2017 还规定，粒度小于 13mm 的全水分试样按照 GB 474—

2008 或 GB/T 19494.2—2004 的规定制备，粒度小于 6mm 的全水分试样的制备采用机械破碎方法一次破碎到粒度小于 6mm，用二分器迅速缩分出不少于 1.25kg 煤样作为全水分试样。建议粒度小于 6mm 的全水分试样也按照 GB 474—2008 或 GB/T 19494.2—2004 的规定制备。

全水分试样粒度根据选用的全水分分析方法而确定。

为了减少水分损失，通常一次破碎到全水分试样所需粒度，特殊情况下可按照上述要求增加一个制样阶段。

2. 制样操作

1）空气干燥

空气干燥的目的主要是测定外在水分和在随后的制样过程中尽可能减少水分损失，因此空气干燥一般应在煤样破碎和缩分之前进行。目前制备全水分试样，对于无法破碎到小于 13mm 的极湿的煤，在破碎前增加空气干燥的制样阶段；在其他情况通常没有此制样操作，当然前提条件为破碎缩分过程没有水分实质性偏倚。GB 474—2008 和 GB 19494.2—2004 中给出了可不预先进行空气干燥的三种情况，供参考：

a）煤样水分较低，制样过程中不产生水分实质性偏倚；

b）煤样量过大，难以全部进行空气干燥时，可先破碎-缩分到一定阶段，再进行空气干燥，但破碎-缩分过程应经检验确认无水分实质性偏倚；

c）煤样粒度过大，难以进行空气干燥，可先破碎到一定粒度再干燥，但破碎过程中应不产生水分实质性偏倚。

对于需进行空气干燥的极湿煤样，称量煤样和容器（包括盖）的质量（m_2，称准至 0.1%），称重后将煤样置于已知质量的干燥托盘中摊平，称量煤样和托盘的质量，然后将容器（包括盖）和煤样进行空气干燥，将黏附在容器表面的已干燥的煤刷至另一个托盘，称量空容器的质量（m_1），托盘中的煤样达到空气干燥状态后，将煤样重新移入容器内称量（m_3）。按公式(3-4）计算空气干燥时煤样的质量损失率（%）。

$$X=\frac{m_2-m_3}{m_2-m_1}\times 100 \tag{3-4}$$

将空气干燥时煤样的质量损失作为其外在水分，计入全水分中，按公式(3-5)计算：

$$M_t=X+M\left(1-\frac{X}{100}\right) \tag{3-5}$$

式中 X——湿煤样空气干燥时的质量损失率，用质量分数表示，%；

M——按照 GB/T 211—2017 测定的空气干燥后煤样的全水分，用质量分数表示，%；

M_t——校正煤样空气干燥时质量损失的全水分，用质量分数表示，%。

2）破碎

破碎应使用不明显生热、机内空气流动很小的设备进行，以免破碎过程中有水分损失。破碎设备应经试验证明不会产生水分实质性偏倚，试验方法参见本章第四节。

通常使用颚式破碎机制备全水分试样，因其破碎煤样时的水分损失小于锤式破碎机。制样室最好配有湿煤破碎机，对于较湿的煤也能顺利破碎。

3）缩分

对全水分试样的缩取，可采用二分器缩分，也可采用九点取样法等其他人工缩分方法。

有些缩分设备可直接缩取全水分试样，该全水分试样需经试验证明无水分实质性偏倚。

对于较湿的煤样，可能会堵塞缩分设备，此时可采用人工缩分方法，如九点取样法。

3. 储存

全水分煤样在制备之前、制备之后以及制备过程中的任何中间阶段都应储存在不吸水、不透气的密封容器中并放在阴凉处。

当采样过程很长导致煤样放置时间太久时，应增加采样单元数，以缩短煤样放置时间。

全水分煤样采取完毕后，应尽快制样。

制备完毕的全水分试样应储存在不吸水、不透气的密封容器中，装样量不得超过容器容积的3/4，并准确称量。试样制备后应尽快进行全水分测定。

为了确认分析化验前试样中全水分没有变化，制备完毕的全水分试样连同容器应准确称量。为了全水分化验时混匀试样，装样量不得超过容器容积的3/4。

4. 水分损失的最小化

煤样水分损失的根源及相应对策如下：

a）制样过程过长导致煤样水分显著损失。

检查制样程序是否过于冗杂，并保证快速制备全水分试样。

b）煤样容器不密封，且没有存放在阴凉干燥处。

全水分煤样无论在制样前后均应储存在密封容器中，且存放在阴凉干燥处。

c）破碎机破碎导致的煤样水分损失应尽量少。

应使用无实质性水分损失的破碎机。对于很湿而无法破碎的煤样，可采取两步法测定全水分。一种可行的减少水分损失的方法是在制样前用同种煤“冲洗”破碎机以调节破碎接触面的湿度，从而减少煤样破碎时的水分损失。

d）煤样缩分时的水分损失。

应尽量迅速地缩分煤样，对于很湿的煤样可人工缩取全水分试样。

三、 一般分析煤样的制备

1. 制样程序

一般分析煤样应满足一般物理化学特性参数测定有关的国家标准要求，通常制样程序如图 3-10 所示。

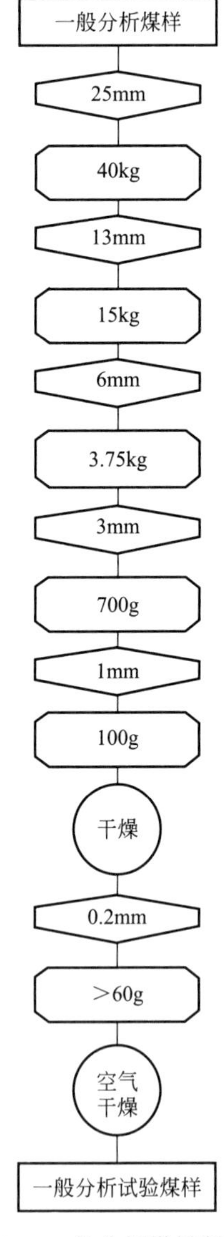

图 3-10 一般分析煤样制样程序

图 3-10 所示程序仅为示例，包括所有基本制样阶段，可根据实际制样条件选择 3～4 阶段进行，每阶段由干燥（需要时）、破碎、混合（需要时）和缩分构成。每阶段的煤样粒度和缩分后煤样质量应符合表 3-3 的要求。如试样粒度有特殊要求，可适当增加制样阶段。

质量符合要求的粒度小于 3mm 的煤样，如使之全部通过 3mm 圆孔筛，则可用二分器直接缩分出不少于 100g 用于制备一般分析试验煤样，而省去了小于 1mm 的制样阶段。粒度小于 13mm 或小于 6mm（质量均符合要求）的煤样也可按此方法处理。若煤样量不多，如小于 40kg，则不必经过小于 25mm 的制样阶段。若煤样粒度较小，如小于 6mm，则进行小于 6mm 及以下制样阶段即可。

在粉碎成小于 0.2mm 的煤样之前，应用磁铁将煤样中铁屑吸去，再粉碎到全部通过孔径为 0.2mm 的筛子，在煤样达到空气干燥状态后，装入煤样瓶中，放在阴凉干燥处。装入煤样的量应不超过煤样瓶容积的 3/4，以便使用时混合。

2. 制样操作

1）干燥

干燥的目的是为了使煤样顺利通过破碎和缩分设备，而最后制样阶段的空气干燥是为了避免分析试验过程中煤样水分发生变化。

干燥可在任一制样阶段进行。最后制样阶段前的干燥不要求达到湿度平衡状态。如煤样能顺利通过破碎和缩分设备也可不进行干燥。但最后制样阶段的煤样应进行空气干燥并达到空气干燥状态。通常煤样在粉碎至小于 0.2mm 之前需进行干燥。

2）破碎和缩分

破碎应使用机械方法，如煤样原始粒度太大，则允许使用人工方法将大块煤样破碎到破碎机最大供料粒度以下。

理论上讲，制样阶段越少，制样误差越小；或者为了达到相同制样精密度的要求，对于较多阶段的制样程序，不同制样阶段的留样量应较大。为此，最好在第一阶段就将煤样破碎到较小粒度，以减小制样误差。

缩分应使用机械方法，如用人工方法，则粒度小于 13mm 时，最好使用二分器。

四、 共用煤样的制备

1. 制样程序

在多数情况下，为方便起见，采样时都同时采取全水分测定和一般分析试验用的共用煤样。制备共用煤样时，应同时满足 GB/T 211—2017 和一般物理化学特性参数测定国家标准的要求，其制样程序如图 3-11 所示。如煤样明显干燥，可按图 3-12 所示程序制样。

图 3-11 和图 3-12 所示程序仅为示例，包括所有基本制样阶段，可根据实际制样条件选择 3～4 阶段进行。

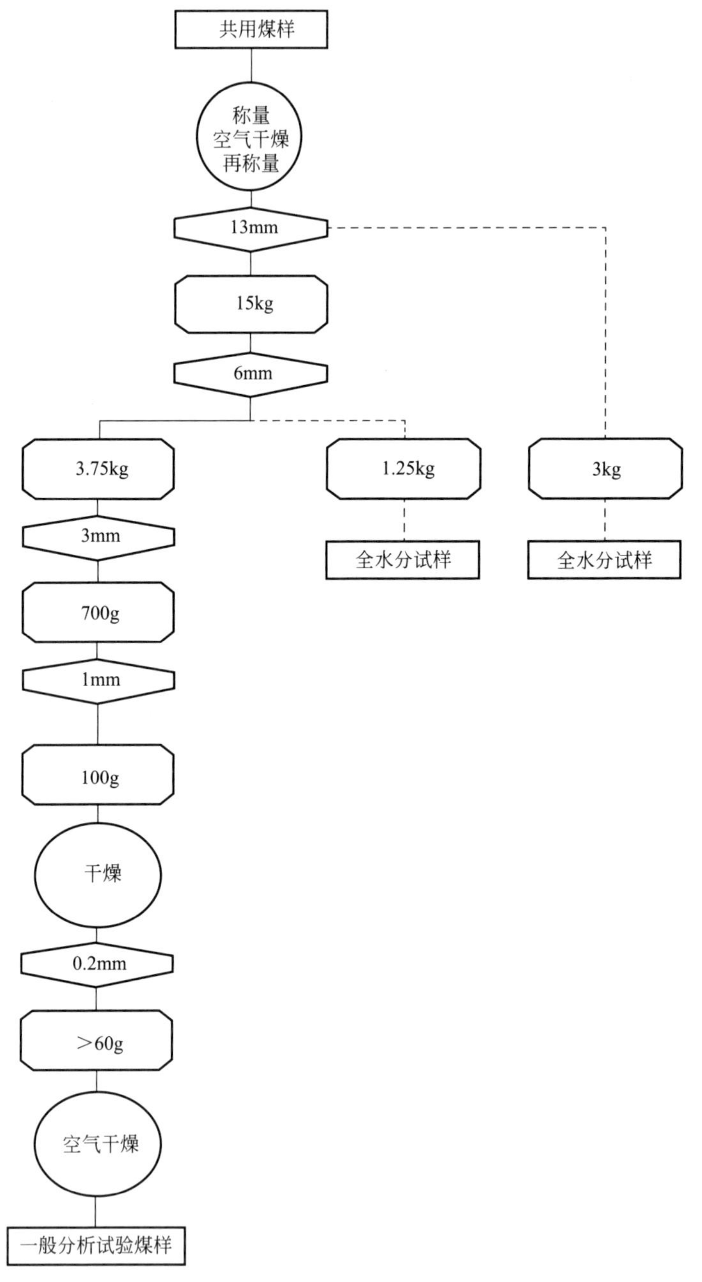

图 3-11 共用煤样制样程序

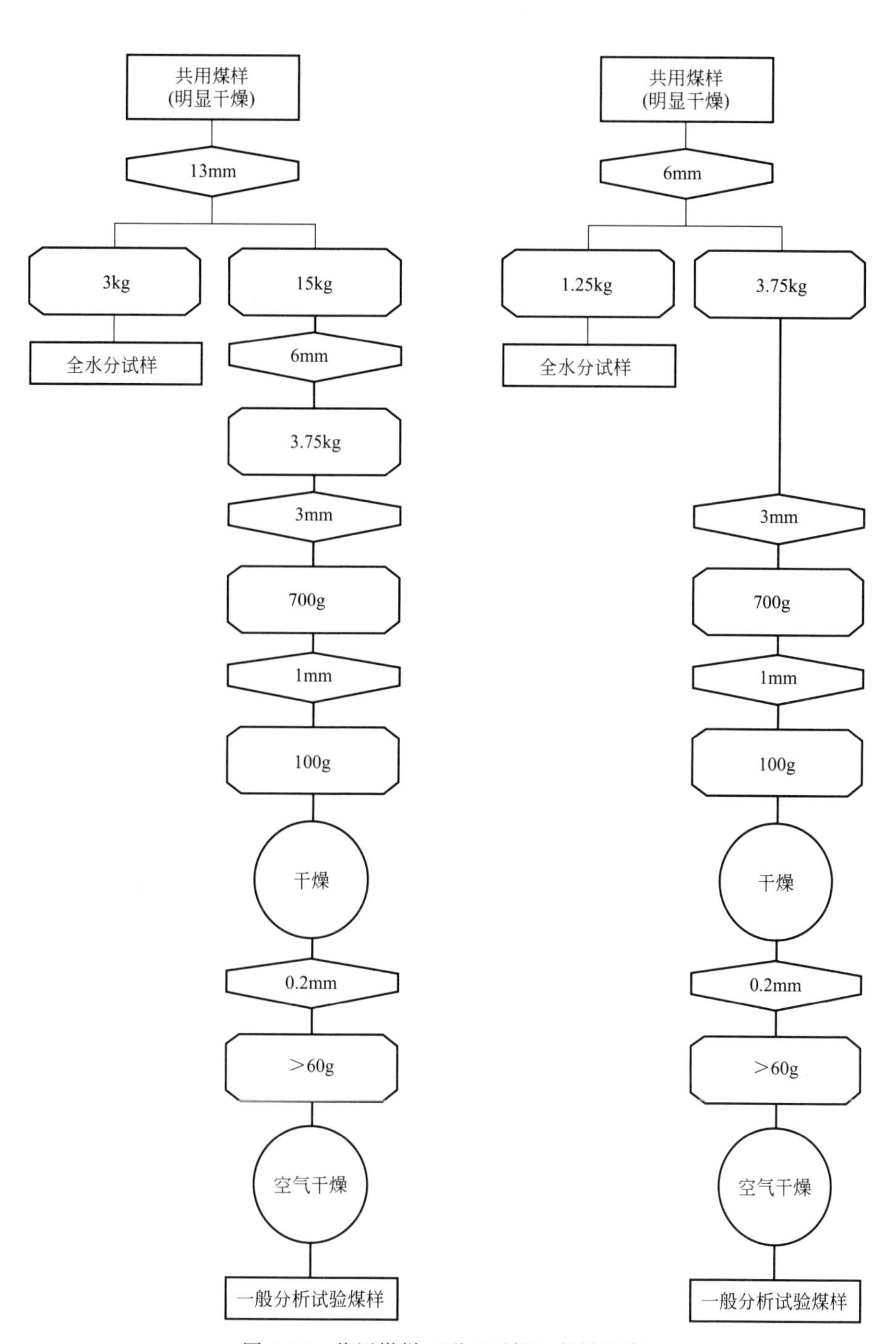

图 3-12　共用煤样（明显干燥）制样程序

2. 制样操作

1）干燥

为了测定外在水分和在随后的制样过程中尽可能减少水分损失，共用煤样应首先进行空气干燥。对于明显干燥的煤样可略去此制样阶段。如试样证明破碎设备不会产生水分实质性偏倚，也可不进行空气干燥而直接破碎煤样。

用于制备一般分析试样的部分煤样在最后制样阶段前不必达到空气干燥状态，通常在粉碎至小于 0.2mm 之前应进行干燥，在最后制样阶段需进行空气干燥。

2）破碎

为了减少水分损失，通常在煤样第一制样阶段破碎至全水分试样所需粒度，破碎机应经试验证明不会产生水分实质性偏倚。如在小于 13mm 的煤样中抽取全水分试样，通常需破碎的粒度有：＜13mm、＜6mm、＜3mm（圆孔筛）和＜0.2mm；如在小于 6mm 的煤样中抽取全水分试样，通常需破碎的粒度有：＜6mm、＜3mm（圆孔筛）和＜0.2mm。

3）缩分

全水分试样可用棋盘法、条带法、二分器法和九点法采取。采取全水分试样后余下的煤样，除九点法取样后的余样外，可用以制备一般分析试验煤样。如用九点法抽取全水分煤样，则应先将之分成两部分（每份煤样量应满足表 3-3 的要求），一部分制备全水分试样，另一部分制备一般分析试验煤样。有些缩分设备可直接缩取全水分试样，该全水分试样需经试验证明无水分实质性偏倚。

在全水分试样分取前，共用煤样缩分后煤样量应同时考虑一般分析煤样量和全水分煤样量的要求，留样量应大于表 3-3 的要求。例如，用九点法缩分全水分试样，共用煤样的留样量应为表 3-3 的两倍。

五、 粒度分析煤样的制备

图 3-13 为粒度分析和其他物理试验煤样制备程序示例。

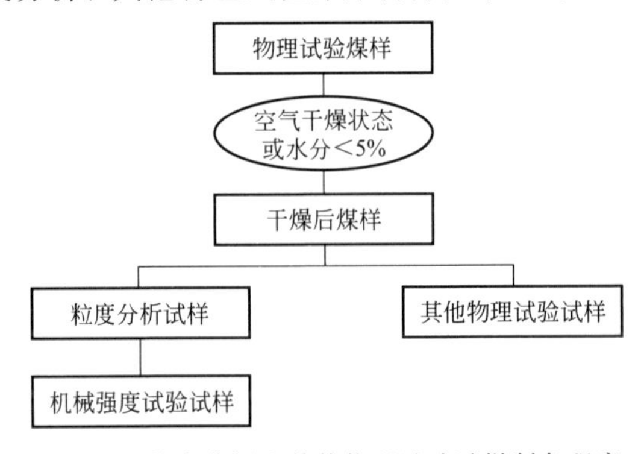

图 3-13　粒度分析和其他物理试验试样制备程序

粒度分析煤样量最好按照表 3-3 规定质量采取。若采取的煤样量过多，将增加后续处理难度，倘若缩分则易引起煤粒破碎。

如需进行煤样缩分，且煤样的标称最大粒度大于切割器开口尺寸的 1/3，则应筛分出粒度大于切割器开口 1/3 的这部分单独进行粒度分析，然后将筛下物缩分到质量不少于表 3-3 规定量再进行粒度分析。取筛上和筛下物粒度分析的加权平均值为最后结果。

六、 其他试验用煤样的制备

其他试验用煤样通常在共用煤样中制备。试样的粒度、数量和状态应符合相关分析试验国家标准的要求。制样时，在合适的制样阶段分取，各份留样质量应满足表 3-3 的要求。如无合适制样阶段，可增加新制样阶段（新粒度）。对于有粒度范围要求的试样的制备，应采用逐级破碎的方法。具体制样程序可参见图 3-11 和图 3-12，如无需制备全水分试样，可按照图 3-10 所示程序制样。

七、 存查煤样

存查煤样在原始煤样制备的同时，用相同的程序于一定的制样阶段分取。

对于分析试样，一般可以标称最大粒度 3mm 的煤样 700g 作为存查煤样。对于全水分试样，根据粒度情况分取符合要求数量的煤样作为存查煤样。

存查煤样应尽可能少缩分，缩分到最大可储存量即可；也不要过多破碎，破碎到从表 3-3 查到的与最大储存质量相应的标称最大粒度即可。

存查煤样的保存时间可根据需要确定。商品煤存查煤样（除全水分外），从报出结果之日起一般应保存 2 个月，以备复查。全水分存查煤样一般可保存 7 天。

第三节　煤炭制样精密度的核验

一、 概述

如第二章所述，批煤（单采样单元）的检测结果的精密度估算值 P_L 在 95% 的置信水平下为：

$$P_L = 2\sqrt{\frac{V_I}{n} + V_{PT}}$$

式中　P_L——采样、制样和化验总精密度；

V_I——初级子样方差；

V_{PT}——制样和化验方差；

n——总样中初级子样数。

此处的 V_{PT} 即代表制样和化验精密度，以方差表示。

制样和化验误差几乎全产生于缩分和从分析试样中抽取出少量煤样的过程中。影响制样精密度的最主要的因素是缩分前煤样的均匀性和缩分后的煤样留量。

商品煤采样、制样和化验的最终目的是得到准确的检测结果以代表批煤品质。制样和化验是其中的两个环节，只有和采样环节结合起来才能完整地反映检测结果的准确与否。因而制样和化验精密度通常以方差表示，以方便与采样方差加和统计采制化总精密度。如制样和化验精密度采用两倍的标准差来表示，可反映制样和化验随机误差极限值，由于没有包含采样随机误差，其实用意义不大。

在下列情况下应对制样程序和设备进行精密度核验：

a）首次采用或改变制样程序时；

b）新的缩分机和制样系统投入使用时；

c）对制样精密度产生怀疑时；

d）其他认为须检验制样精密度时。

制样和化验精密度（即方差）的核验方法为：确定制样和化验方差目标值，然后将制样和化验方差的实际测定值与其进行比较，进而判断制样和化验精密度是否满足目标值的要求。

二、 制样和化验方差目标值

1. GB 474—2008 有关规定

GB 474—2008 规定制样和化验方差目标值 V_{PT}^0 为 $0.05P_L^2$。此目标值可看作是制样和化验最差允许精密度。依据此规定，对于不同煤种和灰分的煤，制样和化验方差目标值在 0.03～0.2 之间。

$0.05P_L^2$ 推导如下：设采样方差（V_S）占采制化总方差（V_{SPT}）的 80%，制样方差（V_P）占 16%，化验方差（V_T）占 4%（按照 GB 475—2008 规定的基本采样方案采样和 GB 474－2008 的规定制样可满足此假设），则：

$$P_L=2\sqrt{V_{SPT}}\Rightarrow V_{SPT}=\frac{P_L^2}{4}$$

$$V_S=\frac{80V_{SPT}}{100};\ V_P=\frac{16V_{SPT}}{100};\ V_T=\frac{4V_{SPT}}{100}$$

$$V_{PT}=V_P+V_T=\frac{20V_{SPT}}{100}=\frac{20}{100}\times\frac{P_L^2}{4}=0.05P_L^2$$

2. GB/T 19494.2—2004 有关规定

GB/T 19494.2—2004 规定制样和化验方差目标值粗略估计为一个制样阶段

(包括缩分操作）的方差一般为化验方差的两倍，因此一个 3 阶段制样一化验程序的方差目标值 V_{PT}^0 可按 2∶2∶1 分配为 2 个制样阶段方差和 1 个化验方差。

煤样粗碎阶段的缩分误差较大，建议标称最大粒度 50mm 及以上煤样的制样阶段方差为化验方差的四倍，标称最大粒度 6mm、13mm 和 25mm 煤样的制样阶段方差为化验方差的三倍，而标称最大粒度小于 6mm 的制样阶段方差为化验方差的两倍。如对于标称最大粒度分别为 6mm、3mm、0.2mm 的 3 个制样阶段和 1 个化验阶段的 V_{PT}^0 可按 3∶2∶2∶1 分配。

化验阶段方差目标值 V_T^0 可按公式(3-6) 从有关分析试验方法标准求得：

$$V_T^0 = \frac{r^2}{8} \tag{3-6}$$

式中　r——分析试验方法的重复性限。

对煤而言，单个制样阶段的最大方差约为 0.08。

三、 制样和化验方差整体核验

1. 核验程序

核验程序如下：

a）于煤样第一缩分阶段缩分出一对双份煤样，然后分别制成试样，并测定有关参数（一般为灰分)。按此法缩取、制备和化验 10 对双份煤样。

b）按公式(3-7) 计算各对结果差值的标准差 S：

$$S = \sqrt{\frac{\sum d_i^2}{2n}} \tag{3-7}$$

式中　d_i——双份煤样测定结果的差值；

　　n——双份煤样对数，这里 $n=10$。

或由 10 对双份煤样测定结果绝对差值的平均值 y，计算出标准差近似值：

$$S = 0.8862y \tag{3-8}$$

c）将标准差 S 与方差目标值 V_{PT}^0 进行比较：

如 $0.70\sqrt{V_{PT}^0} < S < 1.75\sqrt{V_{PT}^0}$，则可认为制样和化验精密度符合要求；

如 $S < 0.70\sqrt{V_{PT}^0}$，则可认为精密度优于目标值；

如 $S > 1.75\sqrt{V_{PT}^0}$，则可认为精密度达不到目标值。

如连续两组 10 对双份煤样的标准差都落在目标值范围内或优于目标值，才能认为制样和化验精密度符合要求；如标准差大于 $1.75\sqrt{V_{PT}^0}$，则证明方差太大，各制样阶段的留样量可能不够，此时，应对每一制样阶段方差进行估算，然后采取必要的措施去改进制样程序。

建议对大于平均差值（不包括异常差值）3.5 倍的差值检查原因，必要时予以剔除，并补充试验。

2. 采取双份煤样的方法

用不同缩分方式于煤样第一缩分阶段采取双份煤样的方法如下：

1）二分器缩分

按二分器操作程序先缩分出一个煤样，然后将全部弃样收集起来，重新用二分器缩分出另一个煤样。操作时应注意：

a）供料时应使煤流呈柱状沿二分器整个长度来回摆动供入；

b）双份煤样不得分别从第一次缩分得的两半煤样中采取。

2）机械缩分

a）调整缩分器，使它同时能缩分出两个煤样。

b）或者先取一个煤样，然后将全部弃样返回缩分器，再取一个煤样。

3）其他方法

按相应操作程序先缩分出一个煤样，然后用全部弃样按同样的操作方法再缩分出一个煤样。

第四节　煤炭制样偏倚的核验

一、 偏倚核验方法

采样偏倚核验方法为：对同一种煤采取一系列成对煤样，一个用被核验的采样程序或设备采取，另一个用一参比方法采取，然后测定每对煤样的试验结果间的差值，并对这些差值进行统计分析，最后用 t 检验进行判定。

应用于制样程序或设备的偏倚核验方法与采样程序或机械有所不同。制样程序或设备在进行偏倚试验时首先应采取一系列无偏倚的成对煤样，一个用被核验的制样程序或设备制备，另一个用已证明无偏倚的制样方案制备，构成一系列成对煤样，然后测定每对煤样的试验结果间的差值，并对这些差值进行统计分析，最后用 t 检验进行判定。也就是说，制样偏倚核验方法的要点在于如何采取无偏倚的成对煤样，且制样偏倚核验方法并无特定的参比制样方法。

二、 制样偏倚核验程序

制样偏倚核验程序如下：

a）制样设备的预检验；

b）试验参数的确定；

c）试验煤炭的选择；

d）制样和化验最大允许偏倚 B_{PT} 的确定；

e）无偏倚的制样方案；

f）煤样对的构成和参比值的获得；

g）煤样对数的确定；

h）煤样的采取；

i）试验煤样的制备和化验；

j）试验数据统计分析和结果评定。

制样设备的预检验、试验参数的确定、试验煤炭的选择、试验煤样的化验、试验数据统计分析和结果评定等内容与采样偏倚核验方法内容相同或相似（见第二章第四节），本节不再重复。

1. 制样和化验最大允许偏倚的确定

目前关于制样和化验最大允许偏倚（B_{PT}）值尚没有进行相关研究，建议根据制样和化验方差（V_{PT}）进行估算。按照 GB 474—2008 以及 GB/T 19494.2—2004 进行制样，V_{PT} 值在 0.2 以下，则制样和化验标准差（S_{PT}）应小于 0.45。如 B_{PT} 不显著大于 S_{PT}，此偏倚值一般可接受。

由此，对于不同均匀度的煤，制样和化验最大允许偏倚（B_{PT}）值列在表 3-5 中，供参考。对于质量缩分比在 1/15 以上的制样设备，制样和化验最大允许偏倚值与表 3-5 中 B_{PT} 值相比可稍放大。

表 3-5 制样和化验最大允许偏倚（B_{PT}）值

试验用煤灰分(A_d)/%	试验用煤水分(M_t)/%	B_{PT}(M_t 或 A_d)/%
≤10	≤8	0.25
10～20	8～15	0.35
≥20	≥15	0.45

2. 无偏倚的制样方案

由于无专用的参比制样方法，用于比较制样（设备）偏倚的“另一制样方案”的无偏倚性尤其重要。

1）水分偏倚试验

对于水分偏倚试验，无明显水分损失的破碎机是无偏倚制样方案的关键。严格地讲，煤样的破碎过程多少都会有水分损失。水分损失最小的破碎机可认为无明显水分损失。破碎机的水分损失可通过下述试验取得：将煤样破碎至小于 13mm，缩分成两部分，一部分用九点取样法抽取全水分试样，另一部分供入破碎机破碎后抽取全水分试样，构成一全水分试样对；如此操作，至少进行 10 个煤样的制备；计算试样对结果差值的平均值，作为破碎机的水分损失。

一般认为颚式破碎机的水分损失较小，可将其作为无明显水分损失的破碎机，用以检查其他类型破碎机是否有水分损失。

抽取全水分试样按 GB 474—2008 或 GB/T 19494—2004 的规定进行，且保证以最少的制样阶段、最快的方式进行。

2）灰分偏倚试验

对于灰分偏倚试验，通常应用于机械缩分器。如可把缩分后的煤样和弃样均收取，按其质量加权平均值作为参比值，每个煤样严格按 GB 474—2008 或 GB/T 19494—2004 制备出一般分析试验煤样，且采用二分器进行缩分，可认为是一种无偏倚的制样方案。

3. 煤样对的构成和参比值的获得

对于机械缩分器偏倚试验，由缩分后的煤样和弃样构成一对煤样。缩分后的煤样和弃样的质量加权平均作为参比值。

对于其他类型的偏倚试验，均由经被试验的制样设备或程序制备的煤样和无偏倚制样方案制备的煤样构成一对煤样。煤样经无偏倚制样后的检测值作为参比值。

4. 煤样对数

对于水分偏倚试验，建议煤样对数为 20；对于灰分偏倚试验，建议煤样对数为 20～30。

5. 煤样的采取

a）对于破碎机（主要进行水分偏倚试验），采样时将水分较大的同种煤充分混匀，然后在紧邻的位置（粒级相同）采取两个煤样，构成一对煤样，每个煤样的煤样量根据实际制样工况确定，通常不少于 10kg。如此操作，直至采取足够的煤样对数。

b）对于机械缩分器（主要进行灰分偏倚试验），采样时可不采取成对煤样，仅对较不均匀的同种煤（通常灰分较大）采取单个煤样，煤样量根据煤样粒度和实际制样工况确定。如此操作，直至单个煤样的个数不少于煤样对数的要求（每个煤样通过缩分器，其留样和弃样构成一对煤样）。

c）对于破碎缩分联合制样机（既进行水分偏倚试验，又进行灰分偏倚试验），采样时将较不均匀的同种煤（水分较大、灰分较大）充分混匀，然后在紧邻的位置（在同一粒级层）采取两个煤样，构成一对煤样，每个煤样的煤样量根据实际制样工况确定，通常不少于 20kg。如此操作，直至采取足够的煤样对数。

6. 试验煤样的制备

a）对于破碎机水分偏倚试验采取的成对煤样，其中一个用被试验的破碎机破碎至一定粒度，另一个用无明显水分损失的破碎机破碎。如仅进行破碎机水分偏倚试验，破碎后的煤样均按无偏倚制样方案抽取全水分试样；如进行包含破碎机在内的制样程序的水分偏倚试验，经被试验破碎机破碎后的煤样应按被试验制样程序制备出全水分试样，另一破碎后煤样按无偏倚制样方案制备出全水分试样。

b）如仅对机械缩分器进行灰分偏倚试验，则采取的煤样均按无偏倚制样方案制备出一般分析试验煤样。

c）对于破碎缩分联合制样机或制样程序进行的水分和灰分偏倚试验而采取的成对煤样，其中一个用被试验的制样机破碎至一定粒度，另一个用无明显水分损失的破碎机破碎。如仅进行制样机偏倚试验，破碎后的煤样均按无偏倚制样方案制备全水分试样和一般分析试样；如进行包含制样机在内的制样程序的偏倚试验，经被试验制样机破碎后的煤样应按被试验制样程序制备出全水分试样和一般分析试样；另一破碎后煤样按无偏倚制样方案制备出全水分试样和一般分析试样。

第五节　煤炭制样要素的技术要求

煤炭制样要素包括：制样人员、制样设备或工具、制样程序、制备的煤样、制样环境。制样程序已在本章第二节中讲述，本节不再重复。经机械化采样系统采取的煤样通常进行离线制样，煤样离线制备的技术要求在本节中叙述。

一、 制样人员

与采样人员要求一样，制样人员也应经过专业知识的培训，培训合格经资格确认后上岗。对同一煤样，制样人员不应是相同的采样人员。由于对煤样进行了盲码编号，制样时没有人数的要求。制样人员应恪守职业道德，特别是对于第三方公正检测，不参加可能影响贸易各方利益的活动，维护制样公正性，尽职尽责。

根据煤样量和化验项目要求，制样技术人员应有制订制样程序和不断优化制样程序的能力。制样技术人员应熟悉制样程序，掌握制样操作的要点，能指导制样工作人员操作。

二、 制样设备或工具

煤样制备过程使用的设备或工具很多，包括破碎机、缩分器、筛子、干燥箱、磁铁、铲、天平等，其中破碎机、缩分器对所制备煤样的代表性影响较大；使用全自动制样系统近年成为煤炭制样的发展趋势，全自动制样系统的质量监控受到越来越多的关注。本部分对破碎机、缩分器和全自动制样系统的技术要求进行讲解。

1. 破碎机

1）破碎机的类型

破碎机主要有四种类型：锤式破碎机、颚式破碎机、对辊破碎机和振环式粉碎机。各类型破碎机的特点如下：

a）锤式破碎机　锤式破碎机是由电机带动锤头在破碎腔内旋转击碎进入破碎腔内的煤样进行工作的，分为横轴式和竖轴式两种。煤炭制样室使用的多为横轴式锤式破碎机。

锤式破碎机的特点为：破碎效率高，破碎比大（即入料粒度与出料粒度之比大），密封性好，出料粒度范围宽（小于 13mm 到小于 1mm 均可）；但对于湿煤易堵，空气流动强易造成水分损失，在破碎腔中可能有残留煤样，不适用于逐级破碎煤样。竖轴式锤式破碎机比横轴式在湿煤破碎方面有优势。

b）颚式破碎机　颚式破碎机由电机带动动颚板自上而下向固定颚板移动，进入颚板间的煤样被挤压并排出。

颚式破碎机的特点为：不堵煤，煤样无残留，可逐级破碎煤样，水分损失小；但破碎效率不高，主要用于煤样的粗碎（出料粒度小于 25mm、小于 13mm 或小于 6mm）。

c）对辊破碎机　对辊破碎机由电机带动可调间隙的相向旋转的两根辗辊转动，进入间隙内的煤样被挤压并向下排出。

对辊破碎机的特点为：煤样无残留，可逐级破碎煤样；但破碎效率不高，主要用于煤样的中碎（出料粒度小于 6mm、小于 3mm 或小于 1mm），煤样如太湿则破碎机打滑或煤样黏结成饼状。

d）振环式粉碎机　振环式粉碎机由电机带动偏心块旋转使磨钵晃动，放在磨钵中的煤样受到击环、击块的撞击而粉碎。

振环式粉碎机的特点为：粉碎时间短（通常在 1min 左右），密封性好；粉碎前应为干燥煤样。

2）对破碎机的设计要求

a）破碎粒度准确，应用筛分法检查出料标称最大粒度。以往破碎时，通常要求破碎后煤样粒度全部小于标称值，如破碎机出料粒度为小于 6mm，则要求破碎后的煤样全部通过 6mm 筛。现在已明确出料粒度按标称最大粒度检查，即只要超过标称值的煤量不大于 5％就认为出料粒度满足标称值的规定。需要注意的是这里没有明确筛孔的形状，除特殊情况外建议应采用方孔筛检查出料粒度。

b）破碎时要求煤样损失和残留少。破碎机密封性要好，把煤粉损失降低到最小。如有煤粉损失，则造成制样偏倚（通常煤粉灰分低，热值高）。少量煤样残留在破碎机中是破碎机破碎煤样的常见问题，导致样品完整性的缺失和可能的交叉污染。因此破碎完煤样后，应检查清理破碎腔，保证所有煤样破碎完全并被收集。对于不易清理破碎腔的破碎设备应改进设计，增加此项功能以方便检查清理。

c）破碎时水分损失应尽可能地小。破碎操作是煤样水分损失的重要环节。破碎机应密封性好、空气流动小以尽量减少水分损失。

3）破碎机的水分损失试验

目前使用较多的是锤式破碎机，如何证明锤式破碎机无实质性水分损失？GB 474—2008 和 GB/T 19494.2—2004 规定，水分偏倚试验可采用下述方式之一进行：

Ⅰ）与未被破碎的煤样的水分测定值进行对比，但该法只适用于粒度在13mm 以下的煤样；

Ⅱ）与人工多阶段制样程序全水分测定值进行对比（即先空气干燥测定外在水分，再破碎到适当粒度测定内在水分，计算全水分值，再进行对比）。但应使用密封式、空气流动小的破碎机和二分器制样。

方法Ⅰ）的适用范围有限；方法Ⅱ）的应用较烦琐，且测定外在水分后的煤样再破碎使用的破碎机也应无水分实质性偏倚。这里建议采用另一种水分偏倚试验方法，试验方案如下：

a）选取水分较高的煤，混匀。

b）在相邻部位收集两份煤样。

c）其中一份煤样用被试验的锤式破碎机破碎到小于 13mm 或小于 6mm，缩取出一份全水分试样；另一份煤样用颚式破碎机破碎到相同的粒度，缩取出另一份全水分试验。

d）两份全水分试验构成一对，重复上述操作，至少采取 20 对全水分试样。

e）每个全水分试样测定全水分。

f）按照 GB/T 19494.3—2004 的规定进行数据统计和结果评定。

颚式破碎机是目前水分损失最小（或很小）的破碎设备，锤式破碎机与之相比，如破碎后的煤样无实质性水分损失，可认为锤式破碎机的水分损失是可接受的。

2. 缩分器

1）缩分器的基本要求

a）不产生实质性偏倚，例如不会选择性地收集（或弃去）颗粒煤或失去水分。必要时应为全封闭式，以防水分损失；

b）切割器开口尺寸至少应为被切割煤标称最大粒度的 3 倍；

c）有足够的容量，能完全保留煤样或使其完全通过，煤样无损失、无溢出、不堵塞；

d）供料方式应使粒度离析达到最小；

e）每一缩分阶段供入设备的煤流应均匀；

f）对于定比缩分，被缩分煤样完全通过缩分器后切割器才能停止运转。

条款 a）是对缩分器性能的最重要要求。对于落流缩分器，任何颗粒煤都有相等的概率被缩取入切割器中；对于横过皮带缩分器，完整煤流应被截取。缩分器应为全封闭式，这不但可减少水分损失，更为重要的是避免煤样被粉尘污染。

条款 b）是为了避免切割器排斥大颗粒煤而导致偏倚的产生。如切割器开口尺寸过小，仅为被切割煤标称最大粒度的 2 倍，则缩取的煤样中大颗粒煤的比例减少；如切割器开口尺寸较大，为被切割煤标称最大粒度的 4 倍，则缩取的煤样中大小颗粒煤均不被排斥，但缩分精密度是否将降低值得考虑。如切割数保持恒定，大开口切割器缩分煤样时留样量增多，缩分精密度更好。

在缩分过程中应保证煤样的完整性。煤样的完整性影响着缩分精密度，也影响着制样偏倚。有时煤样的损失是有规律的，即损失大颗粒煤多或损失小颗粒煤多，这造成制样偏倚。对于横过皮带缩分器，刮板容量需引起重视。

缩分前的混合可使粒度离析达到最小，对机械缩分有一定的作用，在缩分间隔不合理或供料煤流不均匀的情况下，也不致产生较大的偏倚。

供料煤流均匀是指煤流厚度基本一致且煤流流速恒定。如供料煤流厚度不均匀，切割样的质量忽大忽小，不同品质的煤缩取的比例难于把握，易产生偏倚。

条款 f）是目前定比缩分器产生偏倚的常见原因之一。当切割数多于 4 次但仍有部分煤流通过定比缩分器时，切割器需按既定切割间隔缩取煤样，直至煤流全部通过缩分器。

此外，缩分器切割煤样时各切割样的质量应稳定，其质量波动在 10％范围内。

2）落流缩分器

落流缩分器类型较多，见图 3-14。

图 3-14 为几种落流缩分切割器示例，其他的符合基本要求和设计要求且被试验证明无实质性偏倚的缩分器也可使用。

a）设计要求　落流缩分切割器的设计应满足以下要求：

Ⅰ）切割器能截取一完整的煤流横截段；

Ⅱ）切割器的前缘和后缘应在同一平面或同一圆柱面上，该平面或圆柱面最好能垂直于煤流平均轨迹；

Ⅲ）切割器应以均匀的速度通过煤流，任一点的切割速度变化不应超过预定基准速度的 5％；

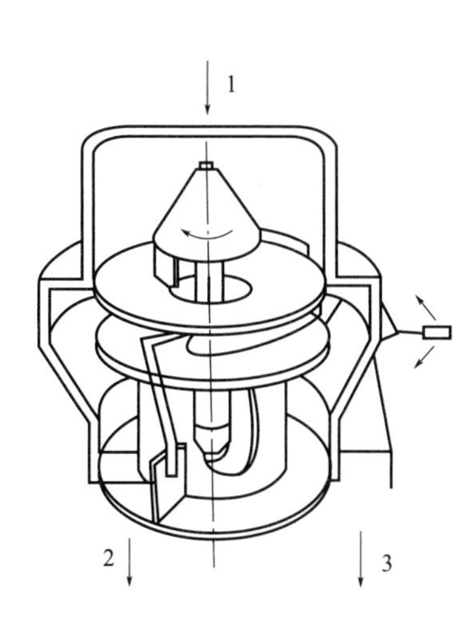

(a) 旋转盘型

1—供料；2—弃样；3—缩分后煤样

煤样从一混合容器供到缩分盘中央顶部，然后通过特殊的清扫臂分散到整个盘上，留样经过若干可调口进入溜槽；弃样经一管道排出，缩分器整个内部由刮板清扫

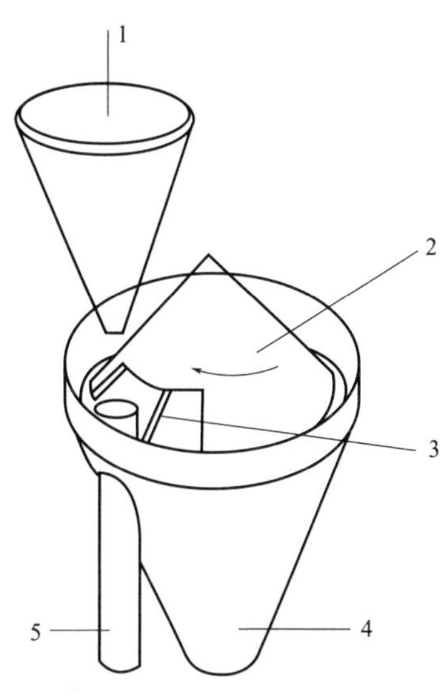

(b) 旋转锥型

1—供料；2—旋转锥；3—可调开口；
4—缩分后煤样；5—弃样

煤流落在一旋转锥上，然后通过一带盖的可调开口进入接收器，锥每旋转一次，收集一部分煤样

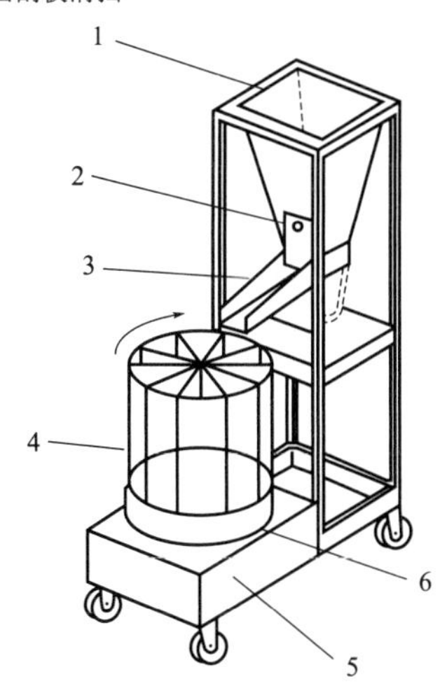

(c) 旋转容器型

1—供料；2—放料门；3—下料溜槽；
4—选装接料器；5—电机；6—转盘

煤流经漏斗流下，然后被若干个扇形容器截割成若干相等的部分

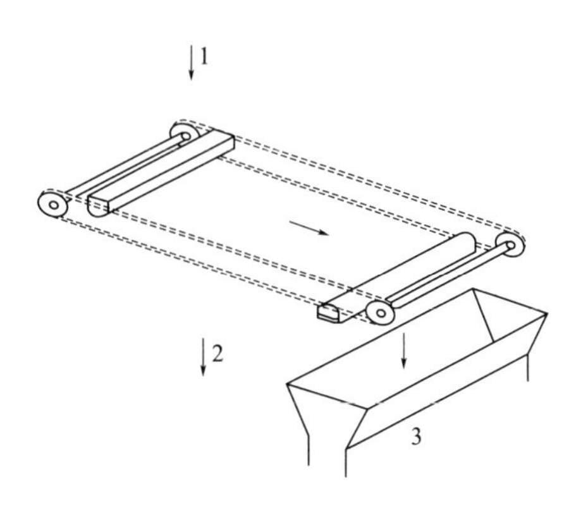

(d) 链斗型

1—供料；2—弃样；3—缩分后试样；

一链式机械上带有若干斗，斗以等距离分布并以预先设置的时间周期单向运动。斗截割下落煤流而抽取试样，然后翻转卸下煤样

图 3-14

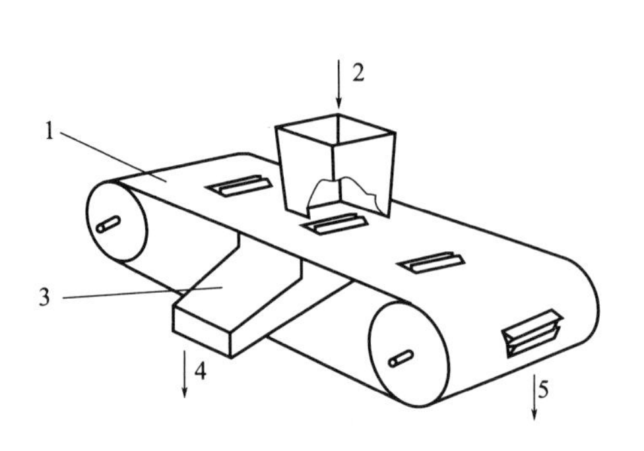

(e) 开槽带型

1—开槽带；2—供料；3—倾斜溜槽；
4—缩分后煤样；5—弃样

一环带上等距离分布着若干开口槽，槽上带凸缘，当皮带转动使槽通过供料槽下口时即截割煤流取样，煤样经斜槽进入容器，落在皮带无槽部分的煤随皮带流出弃去

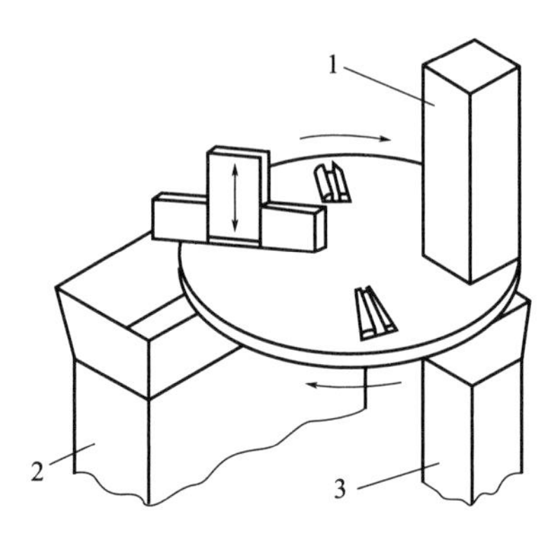

(f) 旋转盘型

1—供料；2—弃样；3—缩分后煤样

一平板上有若干等距离分布的带凸缘的开口槽，平板在一供料槽下旋转，当开口槽经过供料槽时，截取一个“切割样”。其他煤落到旋转平板上形成一煤带并被一刮板刮出

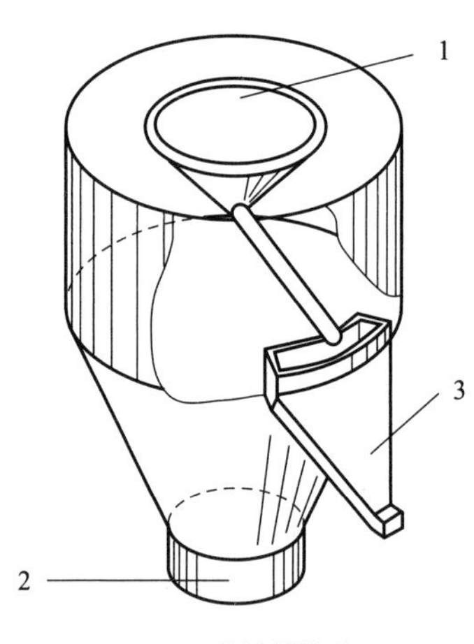

(g) 旋转斜管型

1—供料；2—弃样；3—缩分后煤样

一旋转漏斗下部带一斜管，煤流进入漏斗并从斜管排出，在斜管出口旋转道上有一个或多个固定的切割器。斜管出口每经过切割器一次，即截取一个“切割样”

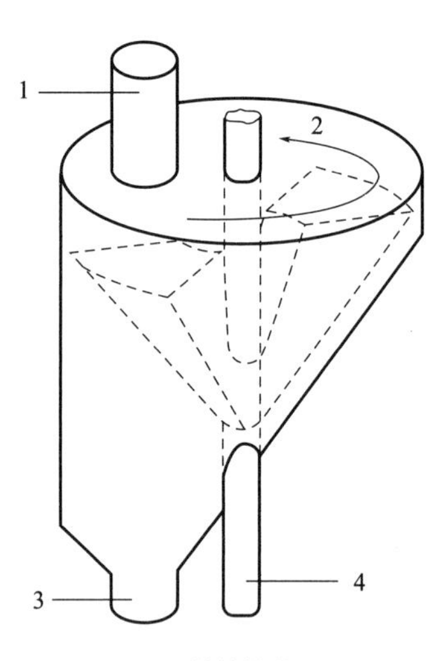

(h) 旋转槽型

1—供料；2—旋转槽；3—弃样；4—缩分后煤样

一空心轴上带有一个或多个切割器在一壳体内旋转，切割器切取煤流并将煤样通过空心轴卸入接收器

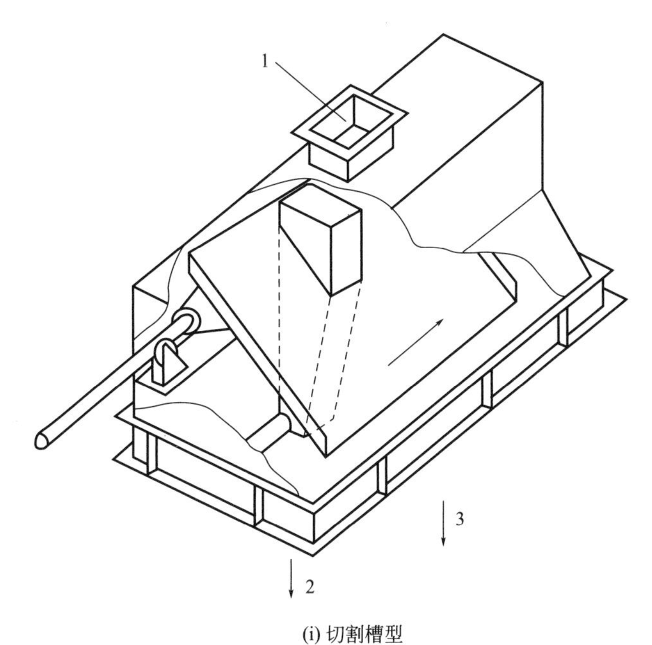

(i) 切割槽型

1—供料；2—弃样；3—缩分后煤样

切割槽通过煤流全断面并从煤流中截取出一部分煤样。
切割器未切取的煤流经一倾斜板排出弃去

图 3-14 落流缩分器

Ⅳ）切割器的开口应设计得使煤流的各部分通过开口的时间相等；

Ⅴ）切割器的有效开口宽度至少应为煤的标称最大粒度的 3 倍，若切割器为锥形，如某些摇臂式切割器，则其最窄端的宽度应满足前述要求；

Ⅵ）切割器的开口应设计得使煤流的各部分通过开口的宽度一致。

缩取完整煤流横截段是落流缩分器正确工作的基础，若只截取部分煤流横截段，将影响缩分精密度性能，很可能引起制样偏倚。

条款Ⅱ）保证切割器的运行轨迹在一个平面上或圆柱面上，以保证缩分器"公平对待"被缩分煤样的每一部分，即煤样的每一颗粒都有相等的概率被缩取到缩分后的煤样中。

条款Ⅲ）保证切割器不因其运动速度变化导致对被缩分煤样有选择性，且提出了具体要求。

条款Ⅳ）保证切割器对被缩分煤样各部分在缩分后煤样中的煤量与该部分煤流量一致，但条款Ⅳ）只从缩分时间上进行约束并不全面，还应保证"切割器的开口应设计得使煤流的各部分通过开口的宽度一致"，这样才能保证被缩分煤样各部分缩取的煤量仅与该部分的质量成比例，所以增加了条款Ⅵ）。

条款Ⅴ）保证切割器的开口尺寸足够大，使大小颗粒煤都能顺利缩取，不产生制样偏倚。

落流缩分切割器的有效开口宽度（W_e）的计算如下。

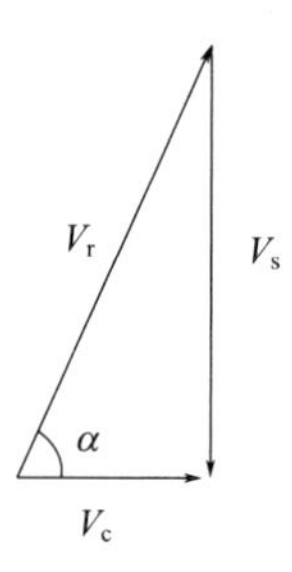

图 3-15 落流缩分切割器有效开口宽度（垂直切割煤流）

V_r—切割器对煤流的相对速度，m/s

如图 3-15 所示：

$$W_e = W\sin\alpha \tag{3-9}$$

$$\tan\alpha = \frac{V_s}{V_c} \tag{3-10}$$

式中 W_e——落流切割器的有效开口宽度，mm；

W——落流切割器的开口宽度，mm；

V_s——煤流速度，m/s；

V_c——切割器速度，m/s。

b）切割器的速度 切割器有效开口宽度与煤样标称最大粒度之比对切割器采取无偏倚子样的能力有决定性的影响。比值越大，选择性地弃掉大颗粒的可能性就越小。

当切割器开口尺寸等于煤的标称最大粒度的 3 倍时，切割器的速度不能超过 0.6m/s；当切割器开口尺寸大于标称最大粒度的 3 倍时，最大切割速度 V_c(m/s) 可按公式(3-11) 计算，但最大不能超过 1.5m/s。

$$V_c = 0.3 \times \left(1 + \frac{b}{3d}\right) \tag{3-11}$$

式中 b——切割器开口，mm；

d——煤样标称最大粒度，mm。

公式(3-11) 采用了矿石采制样的经验公式，对于煤炭的适用性需要试验加以证实，因此无论切割器的开口尺寸和切割速度是多少，都应经试验证明无实质性偏倚。

3）横过皮带缩分器

横过皮带缩分器的工作原理类似横过皮带采样机械，见图 3-16。

a）设计要求 缩分用的横过皮带切割器一般为固定式，其设计要求如下：

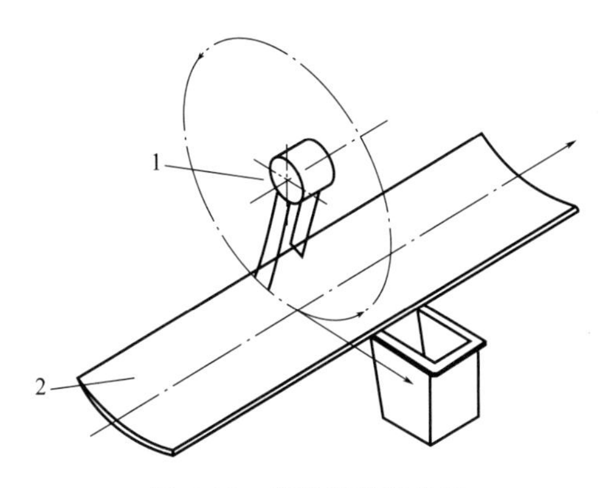

图 3-16　横过皮带缩分器

1—切割器；2—整形皮带

Ⅰ）切割器应沿与皮带中心线垂直的平面切取煤流；

Ⅱ）切割器应切取一完整的煤流横截段；

Ⅲ）切割器应以均匀的速度（各点速度差不大于 10%）通过煤流；

Ⅳ）切割器的有效开口尺寸应为煤样标称最大粒度的 3 倍以上；

Ⅴ）切割器边缘的弧度应与皮带曲率匹配，边板和后板与皮带表面应保持一最小距离，不直接与皮带接触，在后板处配有清扫刷子或弹性刮板。

由于缩分器中给料皮带运转速度较慢，切割器垂直切取煤流较易实现。

由于给料皮带上煤流量较小，皮带弯曲小，切割器边缘的弧度与给料皮带易匹配。

横过皮带缩分切割器的有效开口宽度（W_e）计算如下：

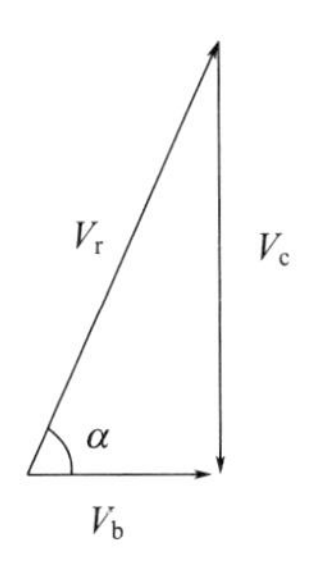

图 3-17　横过皮带缩分切割器有效开口宽度

V_r—切割器对煤流的相对速度，m/s

如图 3-17 所示：

$$W_e = W\sin\alpha \tag{3-12}$$

$$\tan\alpha = \frac{V_c}{V_b} \tag{3-13}$$

式中 W_e——横过皮带缩分切割器的有效开口宽度，mm；

W——横过皮带缩分切割器的开口宽度，mm；

V_c——切割器速度，m/s；

V_b——煤流速度，m/s。

b）切割器的速度　横过皮带切割器的速度应不低于给料皮带的速度，通常情况下，切割器的速度远大于给料皮带的速度。

3. 全自动制样系统

全自动制样系统宜与相关工程同时设计、同时建设、同时投入运行，以保证全自动制样系统有最佳的运行环境。若是在已建成的厂房中加装全自动制样系统，则厂房中不能有任何造成全自动制样系统误差的情况。

全自动制样系统的设计和加工应满足以下要求：

a）制样无实质性偏倚；

b）能在规定条件下保持工作能力；

c）操作安全，并且安全性符合现场安全规程要求；

d）足够牢靠，能承受预期到的最坏工作条件；

e）整个系统，包括缩分器、溜管、供料器、破碎机和其他设备都能自我清洗且无阻塞，运转时很少需要维修；

f）能避免煤样污染，例如被以前制样时留在机内的煤样污染；

g）破碎后出料粒度符合要求，特别是最后制样阶段的煤样宜全部小于0.2mm；

h）各阶段煤样损失应足够地少，尤其0.2mm制样阶段的煤样损失不应超过1%；

i）煤样的水分和物理化学特性变化应足够地小。

全自动制样系统可能的偏倚源有：煤样损失（煤样迸溅、洒落在系统外以及残留在系统中）、水分损失（破碎导致过大的水分损失、流程过长）、缩分误差、粒度过大、煤样氧化变质（干燥方式、加热温度、干燥时间）。

破碎机堵煤是影响制样系统正常运转的主要因素，此外制样系统各部件不匹配、缩分器堵煤、溜管堵煤也常常制约制样系统的运转。对于倾斜的溜管，其与水平面的夹角应不小于60°，如需要，在拐角处可安装振荡器。横过皮带缩分器可有效防止堵煤。目前防堵破碎机的研制成为制样系统技术革新的重点，已有新产品面世。

制样系统应能实现远程控制，对于传动装置，如破碎机、给料机和缩分机，均应采取安全防护措施。

对于现场的气候条件、温度变化和可能存在的电磁干扰，制样系统的电气元件和机械部件均应正常运转。

破碎腔内煤样的自我清理非常重要。对于给料皮带，在其下方可安装刮扫装置。格槽式缩分器可能存在煤样粘贴在格槽壁上的情况，应考虑清理方法。溜管的清理可考虑振荡的方式。上述措施对于湿煤的制样尤其重要，同时可避免样品的交叉污染。

制样系统的密封可有效防止煤粉损失和水分损失。

在缩取全水分制样前，煤样应避免水分损失。煤样在系统中运行时，干燥方式、加热温度和干燥时间不应造成煤样氧化。为了验证煤样是否氧化变质，可进行发热量偏倚试验。

三、 制备的煤样

制样的第一步操作为称量所制备煤样的重量。煤样的重量影响着缩分次数和制样设备的选取。目视检查煤样粒度。根据煤样粒度确定制样方案中包含有哪些制样阶段。

各种煤样的品质均匀程度是不同的。一般而言，同一制样方案适用于不同煤样的制备。对于极不均匀的煤样，建议在缩分前增加混合操作，以减小缩分误差，使制样精密度满足要求。

四、 制样环境

GB 475—2008 规定：“制样室（包括制样、存样、干燥等房间）应宽大敞亮，不受风雨及外来灰尘的影响，要有除尘设备。制样室应为水泥地面。堆掺缩分区还需要在水泥地面上铺以厚度在 6mm 以上的钢板。存储煤样的房间不应有热源，不受强光照射，无任何化学药品。”

建议制样室应为单独房间，且免于气流的影响。存样间应阴凉干燥。

在北方的制样室可有隔离的加热设施，冬季制样室的室温应保持在 0℃以上，尽量接近化验室的温度。

为了防止制样作弊，也为了证明制样的公正性，对制样过程进行摄像是有效的方法。拍摄时制样室应无死角，制样的全过程均被摄像。为了避免制样操作被遮挡，可指定区域进行特定制样操作。

五、 煤炭离线制样

除了上述要求外，煤炭离线制样用标准物质的研制将为其提供便捷、可靠的检测手段。该标准物质可适用于日常煤炭离线制样程序的检验和日常煤炭离线制样设备的性能试验，并为制样新设备的研发提供便捷的性能评价方法。

目前尚没有煤炭离线制样用标准物质，通过技术攻关，该类型标准物质可能研制成功，这将使煤炭离线制样性能评价发生“质”的飞跃。

参考文献

[1] 中华人民共和国国家质量监督检验检疫总局，中国国家标准化管理委员会．煤样的制备方法：GB 474—2008 [S]．北京：中国标准出版社，2008.
[2] 中华人民共和国国家质量监督检验检疫总局，中国国家标准化管理委员会．煤炭机械化采样：GB/T 19494—2004 [S]．北京：中国标准出版社，2004.

第四章

煤炭化验技术要求

煤炭化验项目很多，主要包括煤的工业分析、煤的元素分析、煤工艺指标的测定（煤发热量的测定、煤灰熔融性的测定、煤气化指标的测定、煤焦化指标的测定等）、煤中有害元素（氟、氯、砷、汞和磷）的测定、煤灰成分分析、煤物理及机械性质的测定等。本章就以下煤炭化验项目的技术要求进行论述：

a）煤的工业分析；

b）煤的元素分析；

c）煤常用工艺指标的测定（煤发热量的测定、煤灰熔融性的测定）；

d）煤中主要有害元素（氟、氯、砷、汞和磷）的测定。

此外，煤炭化验有一些通用的要求，适用于各个化验项目，这些通用要求有利于化验项目测定结果的准确可靠。

注：本章内容主要根据参考文献［1］编写。

第一节　煤炭化验的一般规定

GB/T 483—2007《煤炭分析试验方法一般规定》规定了这方面的内容。

一、煤样

水分煤样应装入不吸水、不透气的密闭容器中；一般分析试验煤样应在空气干燥状态下装入严密的容器中；存查煤样在原始煤样制备的某一阶段分取，存查煤样应尽可能少破碎、少缩分，其粒度和质量应符合相关标准规定。

分析试验取样前，应将煤样充分混匀；取样时，应尽可能从煤样容器的不同部位用多点取样法取出。

二、测定

1. 水分测定期限

凡需根据水分测定结果进行校正或换算的分析试验，应同时测定煤样水分。

如不能同时进行，两者测定也应在尽量短的、煤样水分不发生显著变化的期限内进行，最多不超过5d。

2. 测定次数

除特别要求者外，每项分析试验对同一煤样进行2次测定（一般为重复测定）。如2次测定的差值不超过重复性限 T，则取其算术平均值作为最后结果；否则，需进行第3次测定。如3次测定值的极差小于或等于 $1.2T$，则取3次测定值的算术平均值作为测定结果；否则，需进行第4次测定。如4次测定值的极差小于或等于 $1.3T$，则取4次测定值的算术平均值作为测定结果；如极差大于 $1.3T$，而其中3个测定值的极差小于或等于 $1.2T$，则可取此3个测定值的算术平均值作为测定结果。如上述条件均未达到，则应舍弃全部测定结果，并检查仪器和操作，然后重新进行测定。

三、 基的换算

1. 基及其含义

常用的基叙述如下：

a）空气干燥基：以与空气湿度达到平衡的煤为基准。

b）干燥基：以假想的无水状态的煤为基准。

c）收到基：以收到状态的煤为基准。

d）干燥无灰基：以假想的无水无灰状态的煤为基准。

此外，还有三个不常用的基，分别描述如下：

a）干燥无矿物质基：以假想的无水无矿物质状态的煤为基准。

b）恒湿无灰基：以假想含最高内在水分、无灰状态的煤为基准。

c）恒湿无矿物质基：以假想含最高内在水分、无矿物质状态的煤为基准。

2. 基的换算

由于有些基不是客观存在的真实状态，所以以这些状态为基础的分析结果只能由已知的、真实状态的基的测定结果换算得到。不同基的换算公式见表4-1（低位发热量的换算除外）。

表4-1 不同基的换算公式

已知基	要求基				
	空气干燥基(ad)	收到基(ar)	干燥基(d)	干燥无灰基(daf)	干燥无矿物质基(dmmf)
空气干燥基(ad)		$\frac{100-M_{ar}}{100-M_{ad}}$	$\frac{100}{100-M_{ad}}$	$\frac{100}{100-(M_{ad}+A_{ad})}$	$\frac{100}{100-(M_{ad}+MM_{ad})}$

续表

已知基	要求基				
	空气干燥基(ad)	收到基(ar)	干燥基(d)	干燥无灰基(daf)	干燥无矿物质基(dmmf)
收到基(ar)	$\frac{100-M_{ad}}{100-M_{ar}}$		$\frac{100}{100-M_{ar}}$	$\frac{100}{100-(M_{ar}+A_{ar})}$	$\frac{100}{100-(M_{ar}+MM_{ar})}$
干燥基(d)	$\frac{100-M_{ad}}{100}$	$\frac{100-M_{ar}}{100}$		$\frac{100}{100-A_{d}}$	$\frac{100}{100-MM_{d}}$
干燥无灰基(daf)	$\frac{100-(M_{ad}+A_{ad})}{100}$	$\frac{100-(M_{ar}+A_{ar})}{100}$	$\frac{100-A_{d}}{100}$		$\frac{100-A_{d}}{100-MM_{d}}$
干燥无矿物质基(dmmf)	$\frac{100-(M_{ad}+MM_{ad})}{100}$	$\frac{100-(M_{ar}+MM_{ar})}{100}$	$\frac{100-MM_{d}}{100}$	$\frac{100-MM_{d}}{100-A_{d}}$	

四、 结果报告

1. 测定值与报告值保留位数

测定值是指煤样的单次观测值。

报告值是指煤样或批煤试验报告中报出的结果，在没有中间换算的情况下，报告值就是煤样的重复测定值的算术平均值。

煤炭化验常用项目测定值与报告值保留位数见表 4-2，全部煤炭化验项目测定值与报告值保留位数参见 GB/T 483—2007 的规定。

表 4-2 煤炭化验常用项目测定值与报告值保留位数

测定项目	单位	测定值	报告值
全水(M_t)	%	小数点后一位	小数点后一位
工业分析(M_{ad},A,V)	%	小数点后两位	小数点后两位
元素分析(C、H、N、S)	%	小数点后两位	小数点后两位
发热量	MJ/kg	小数点后三位	小数点后两位
	J/g	个位	十位
灰熔融性特征温度	℃	个位	十位
氟	μg/g	个位	个位
砷	μg/g	个位	个位
汞	μg/g	小数点后三位	小数点后三位
氯	%	小数点后三位	小数点后三位
磷	%	小数点后三位	小数点后三位

2. 数据修约规则

确定测定值和报告值应保留的位数后，在保留位数后面第一位数字上修约。凡保留位数后面的第一位数字大于5，则在其前一位上增加1，小于5则弃去；凡保留位数后面的第一位数字等于5，而5后面的数字并非全为0，则在5的前一位上增加1；5后面的数字全部为0时，如5前面一位为奇数，则在5的前一位上增加1，如前面一位为偶数（包括0），则将5弃去。

所拟舍弃的数字，如为两位以上时，不得连续进行多次修约，应根据所拟舍弃数字中左边第一个数字的大小，按上述规则进行一次修约。

3. 数据计算规则

几个数据相加或相减时，它们的和或差只能保留一位可疑数字，即有效数字位数的保留，应以小数点后位数最少的数字为根据。例如，将0.0121、25.64及1.05782三数相加，合理的做法是（0.01＋25.64＋1.06）＝26.71。

几个数相乘除时，一般以有效数字位数最少的数为标准，弃去过多的数字，然后进行乘除。例如，求0.0121×25.64×1.05782，正确的做法是0.0121×25.6×1.06＝0.328。

在计算过程中，为了提高计算结果的可靠性，可以暂时多保留一位数字。在得到最后结果时，一定要注意弃去多余的数字。

五、 方法精密度

试验方法的精密度通常用重复性限和再现性限来表示。

1. 重复性限

重复性限（repeatability limit）：在重复条件下，即在同一实验室中由同一操作者用同一仪器对同一试样于短时间内所做的重复测定，所得结果间的差值（在95%置信水平下）的临界值。

重复性限 r 按公式(4-1) 计算：

$$r=\sqrt{2}\,t_{0.05}S_{\rm r} \tag{4-1}$$

式中　$S_{\rm r}$——实验室内重复测定的单个结果的标准差；

$t_{0.05}$——95%置信水平下的 t 分布临界值。

例如，灰分测定中当空气干燥基灰分小于15%时，其方法精密度表中规定的重复性限为0.20%，这意味着在同一个实验室内由同一操作者用同一台仪器对样品在短时间内所做的100组两次重复测定中，有95组两次测定所得结果间的差值不会超过0.20%。

2. 再现性限

再现性限（reproducibility limit）：在再现条件下，即在不同实验室中对从试样缩制最后阶段的同一试样中分取出来的、具有代表性的部分所做的重复测定，所得结果的平均值间的差值（在95%置信水平下）的临界值。

再现性限 R 按公式(4-2) 计算：

$$R=\sqrt{2}\,tS_{\mathrm{R}} \tag{4-2}$$

式中 S_{R}——实验室间测定结果（单个实验室重复测定结果的平均值）的标准差；

t——95%置信水平下的 t 分布临界值。

重复性限就是同一实验室内的允许差，再现性限就是不同实验室间的允许差。两者均按GB/T 6379.2—2004《测量方法与结果的准确度（正确度与精密度） 第2部分：确定标准测量方法重复性与再现性的基本方法》通过多个实验室对多个试样进行的协同试验来确定。

六、 试验记录和试验报告

1. 试验记录

试验记录应按规定的格式、术语、符号和法定计量单位填写，应包括以下内容：

a）分析试验项目名称及记录编号；

b）分析试验日期；

c）分析试验依据标准和主要使用设备名称及编号；

d）分析试验数据；

e）分析试验结果及计算；

f）分析试验过程中发现的异常现象及其处理；

g）试验人员和审核人员；

h）其他需说明的问题。

2. 试验报告

试验报告应按规定的格式、术语、符号和法定计量单位填写，应包括以下内容：

a）报告名称、编号、页号及总页数；

b）试验单位名称、地址、邮编、电话等；

c）委托单位名称、地址、邮编、电话及联系人等；

d）样品名称、特性和状态、原编号及送样日期；

e）实验室样品编号；

f）分析试验项目及依据标准或规程；

g）分析试验结果及结论（如果适用）；

h）（如果适用）抽样程序（包括煤产品特性、抽样依据标准、抽样基数、采样单元数和子样数、子样质量和总样质量、抽样时间、地点和人员）；

i）（如果适用）关于“本报告只对来样负责”的声明；

j）批准、审核和主验人员，签发日期；

k）其他需要的信息。

第二节　煤工业分析的技术要求

煤的工业分析项目包括：水分、灰分、挥发分、固定碳。煤中水分测定又分为两种：全水分测定和空气干燥基水分测定。煤的工业分析数据是评价煤质的基本依据，通常也是煤质计价的参考指标。

一、 全水分测定

1. 概述

煤中水分是煤炭的组成部分，它与煤的变质程度有关。一般而言，泥炭的含水量最大，可达40%～50%以上；褐煤次之，约达15%～40%以上；烟煤含水量较小，而到无烟煤又有增加的趋势。

煤中水分按结合状态可分为游离水和化合水两大类。游离水以吸附、附着等机械方式与煤结合；而化合水则以化合方式同煤中的矿物质结合，是矿物晶格的一部分。煤的工业分析只测定游离水。游离水按其赋存状态又分为外在水分和内在水分。煤的外在水分是指吸附在煤颗粒表面上或非毛细孔中的水分，在实际测定中是指煤样达到空气干燥状态所失去的那部分水。煤的内在水分是指吸附或凝聚在煤颗粒内部毛细孔中的水，在实际测定中是指煤样达到空气干燥状态时保留下来的那部分水。

全水分（total moisture）：煤的外在水分和内在水分的总和。

2. 方法提要

煤中全水分测定方法主要有三种：重量法、微波干燥法、光波干燥法。重量法又分为两类：两步法和一步法。

1）重量法

a）两步法　称取（500±10)g的粒度小于13mm的煤样，在温度不高于40℃的环境下干燥到质量恒定，再将煤样破碎到粒度小于3mm，称取（10±1)g于105～110℃下在氮气（或空气）流中干燥到质量恒定。根据煤样两步干燥后的质量损失计算出全水分。在氮气流中干燥的两步法规定为仲裁方法。两步法全水分的测定步骤详见GB/T 211—2017。

外在水分测定中煤样干燥到质量恒定的判据为：连续干燥 1h，煤样质量变化不超过 0.1%。内在水分测定中煤样干燥到质量恒定的判据为：每次 30min，直到连续两次干燥煤样质量的减少不超过 0.01 g 或质量增加时为止。当煤样质量增加时，采用质量增加前一次的质量为计算依据。

两步法全水分按公式(4-3) 计算，测定结果按 GB/T 483—2007 修约至小数点后一位。

$$M_t = M_f + \frac{100 - M_f}{100} M_{inh} \tag{4-3}$$

式中　M_t——煤样中全水分的质量分数,%；

M_f——煤样中外在水分的质量分数,%；

M_{inh}——煤样中内在水分的质量分数,%。

b) 一步法　称取 (500±10)g (或 10～12g) 的粒度小于 13mm (或 6mm) 的煤样，于 105～110℃下在空气或氮气流中干燥到质量恒定。根据煤样的质量损失计算出全水分。粒度小于 13mm 煤样的干燥在空气流中进行。一步法全水分具体的测定步骤详见 GB/T 211—2017。

粒度小于 6mm 的煤样干燥到质量恒定的判据为：每次 30min，直到连续两次干燥煤样质量的减少不超过 0.01g 或质量增加时为止。粒度小于 13mm 的煤样干燥到质量恒定的判据为：每次 30min，直到连续两次干燥煤样质量的减少不超过 0.5g 或质量增加时为止。当煤样质量增加时，采用质量增加前一次的质量为计算依据。

一步法全水分按公式(4-4) 计算，测定结果按 GB/T 483—2007 修约至小数点后一位。

$$M_t = \frac{m_1}{m} \times 100 \tag{4-4}$$

式中　M_t——煤样中全水分的质量分数,%；

m——称取的煤样质量，g；

m_1——煤样干燥后失去的质量，g。

2) 微波干燥法

称取一定量的粒度小于 6mm 的煤样，置于微波水分仪内。煤中水分子在微波发生器的交变电场作用下，高速振动产生摩擦热，使煤中水分迅速蒸发。根据微波干燥后的煤样质量损失计算出全水分。微波干燥法全水分的测定步骤详见GB/T 211—2017。

3) 光波干燥法

称取一定量的粒度小于 6mm 的煤样，置于光波水分仪内。光波管产生的光波迅速加热光波炉，并控制其炉内温度。煤样在空气流中干燥到质量恒定。根据煤样光波干燥后的质量损失计算出全水分。光波干燥法全水分的操作步骤按照光波水分仪的使用说明书进行。

3. 技术要求

影响煤中全水分测定的因素很多，包括：盛样容器的密封程度、周围的环境条件、所用的破碎和缩分方法、制样程序以及测定方法等。因此，煤中全水分随着试验条件的改变而变化，并不是一个绝对值。

为了保证全水分测定结果的准确可靠，应注意以下问题：

a）采取的煤样在制备全水分试样前应注意密封、放在阴凉处，最大限度地避免水分损失。对于机械化采样，集样桶的密封性很重要，同时要及时收集集样桶中的煤样，避免煤样在集样桶中长期放置造成的水分损失。

b）从雨淋过的湿煤中采取的煤样最好在制备出全水分试样后再进行干燥，否则需记录煤样干燥前后的质量损失作为全水分的一部分计入其中。

c）全水分试样可在粒度小于13mm或粒度小于6mm阶段缩取，不管在哪个粒级制备，最好将煤样一次破碎到该粒级以最大限度减少水分损失。

d）干燥箱应有足够的换气量，空气干燥箱每小时换气4次以上，通氮干燥箱每小时换气15次以上。干燥箱换气量影响着煤样干燥时间的长短，进而影响着煤样氧化，而煤样氧化可造成煤样全水分测定值偏低。

e）全水分试样在称取之前应充分混合至少1min。全水分试样在放置时由于重力作用易引起试样中外在水分沉聚，故应充分混合全水分试样以避免水分分层造成的全水分测定误差。

f）褐煤全水分测定应采用通氮干燥法或微波干燥法。褐煤易氧化，通氮干燥可使煤样隔绝氧气，煤样的质量变化仅由水分蒸发引起，确保全水分测定结果准确。

g）对于干燥后的煤样，称量瓶应立即盖上盖，在空气中放置约5min。如放置时间过长，空气中的水分将被容器表面或煤样吸附，造成全水分测定结果偏低。

h）干燥器内装变色硅胶或粒状无水氯化钙，且保证变色硅胶或粒状无水氯化钙未失效，否则全水分测定结果将偏低。

i）进行检查性干燥时，每次30min，若煤样质量增加，此时煤样已被氧化，结果计算应以质量增加前一次的质量作为计算依据。当内在水分小于2.00%时，不必进行检查性干燥。

j）微波干燥法或光波干燥法属快速测定全水分的方法，其测定结果应经试验证明与对应粒度重量法测定结果一致。

k）微波干燥法或光波干燥法测定全水分受测定仪器影响很大，而这些仪器的关键部件存在老化或功能衰减的可能，因此，微波水分仪和光波水分仪应进行期间核查，确保仪器性能满足要求。

l）对于重量法干燥时间为：两步法测定内在水分时烟煤干燥 1.5h，褐煤和无烟煤干燥 2h；6mm 一步法测定时烟煤干燥 2h，褐煤和无烟煤干燥 3h；13mm 一步法测定时烟煤干燥 2h，无烟煤干燥 3h。掌握上述干燥时间可避免煤样氧化和提高试验效率。

m）称量瓶或坩埚应预先干燥至质量恒定，放在干燥器中备用。重量法玻璃称量瓶的尺寸为直径 70mm、高 35～40mm，并带有严密的磨口盖。

n）全水分测定的重复性限按表 4-3 的规定。

表 4-3 全水分测定结果的精密度

全水分(M_t)范围/%	重复性限/%
<10	0.4
≥10	0.5

二、 水分测定

1. 概述

这里的水分特指一般分析试验煤样水分，又称空气干燥基水分。一般分析试验煤样达到空气干燥状态时保留下来的游离水即为空气干燥基水分。

一般分析试验煤样水分（moisture in the general analysis test sample of coal）： 在规定条件下测定的一般分析试验煤样的水分。

一般分析试验煤样（general analysis test sample of coal）： 破碎到粒度小于 0.2mm 并达到空气干燥状态，用于大多数物理和化学特性测定的煤样。

2. 方法提要

煤中水分测定方法主要有三种：重量法、微波干燥法、光波干燥法。

1）重量法

称取（1±0.1）g 的一般分析试验煤样，置于 105～110℃干燥箱中，在氮气或空气流中干燥到质量恒定。根据煤样的质量损失计算出水分。

煤样干燥到质量恒定的判据为：每次 30min，直到连续两次干燥煤样质量的减少不超过 0.0010g 或质量增加时为止。在后一种情况下，采用质量增加前一次的质量为计算依据。

在仲裁分析中用一般分析试验煤样水分进行校正以及基的换算时，使用通氮干燥的重量法测定一般分析试验煤样的水分。重量法水分的测定步骤详见 GB/T 212—2008《煤的工业分析方法》。

重量法测定一般分析试验煤样的水分按式(4-5）计算，测定结果按 GB/T 483—2007 修约至小数点后两位。

$$M_{ad}=\frac{m_1}{m}\times 100 \tag{4-5}$$

式中　M_{ad}——一般分析试验煤样中水分的质量分数，%；

m——称取的一般分析试验煤样的质量，g；

m_1——煤样干燥后失去的质量，g。

2）微波干燥法

称取一定量的一般分析试验煤样，置于微波水分仪内，炉内磁控管发射非电离微波，使水分子高速振动，产生摩擦热，煤中水分迅速蒸发。根据微波干燥后的煤样质量损失计算出水分。微波干燥法水分的测定步骤详见 GB/T 212—2008。

3）光波干燥法

称取一定量的一般分析试验煤样，置于光波炉内。光波管产生的光波迅速加热光波炉，并控制其炉内温度。煤样在空气流中干燥到质量恒定。根据光波干燥后的煤样质量损失计算出水分。光波干燥法水分具体的操作步骤按照光波水分仪的使用说明书进行。

3. 技术要求

一般分析试验煤样水分受制样条件影响很大。制样环境湿度的大小、干燥时间的长短及最后阶段空气干燥时间的长短均显著影响着一般分析试验煤样水分。因此，不同实验室测定的同一批煤的一般分析试验煤样水分可能差异很大，即使是同一实验室于不同时间测定的同一批煤的一般分析试验煤样水分也可能有差异。因此，一般分析试验煤样水分的大小并不意味着水分测定结果的准确与否。

为了保证一般分析试验煤样水分测定结果的准确可靠，应注意以下问题：

a）煤样干燥时间的长短对一般分析试验煤样水分影响很大。煤样制备时，只要能顺利制样，干燥时间应尽量地短以避免煤样的氧化。如煤样未被氧化，干燥时间的改变可引起一般分析试验煤样水分的变化，但对最终煤质检测结果不造成影响。

b）粒度小于 0.2mm 的煤样进行空气干燥是一般分析试验煤样必经的制样过程。制样环境湿度显著影响进行空气干燥的煤样中水分，此时粒度小于 0.2mm 的煤样应与周围环境接近达到湿度平衡。如未达到湿度平衡，称取样品时由于水分的蒸发或吸收，天平很难称准样品重量。

c）为了避免水分损失，一般分析试验煤样应装入严密的容器中。容器的严密程度影响着一般分析试验煤样水分的变化。

d）鼓风干燥箱应有足够的换气量，通氮干燥箱每小时应换气 15 次以上。与全水分测定一样，干燥箱换气量影响着煤样干燥时间的长短，进而影响着煤样氧化，而煤样氧化可造成煤样水分测定值偏低。

e）凡需根据一般分析试验煤样水分进行校正或换算的分析试验，应同时测定煤样水分；如不能同时进行，两者测定也应在尽量短的、煤样水分未发生显著变化的期限内进行，最多不超过5d。

f）褐煤水分测定应采用通氮干燥法或微波干燥法。褐煤易氧化，通氮干燥可使煤样隔绝氧气，煤样的质量变化仅由水分蒸发引起，确保水分测定结果准确。

g）对于干燥后的煤样，称量瓶应立即盖上盖，放入干燥器中冷却至室温，不可在空气中长期放置以免空气中的水分被吸附，造成水分测定结果偏低。

h）干燥器内装变色硅胶或粒状无水氯化钙，且保证变色硅胶或粒状无水氯化钙未失效，否则水分测定结果将偏低。

i）进行检查性干燥时，每次30min，若煤样质量增加，此时煤样已被氧化，结果计算应以质量增加前一次的质量作为计算依据。当水分小于2.00%时，不必进行检查性干燥。

j）微波干燥法或光波干燥法属于快速测定水分的方法，其测定结果应经试验证明与重量法测定结果一致。

k）微波干燥法或光波干燥法测定水分受测定仪器影响很大，而这些仪器的关键部件存在老化或功能衰减的可能，因此，微波水分仪和光波水分仪应进行定期核查，确保仪器性能满足要求。

l）对于重量法干燥时间，通氮时烟煤为1.5h、褐煤和无烟煤为2h；空气干燥时烟煤为1h、无烟煤为1.5h。掌握上述干燥时间可避免煤样氧化和提高试验效率。

m）定期用有证标准物质进行质量监控。最好每月监控一次。

n）称量瓶或坩埚应预先干燥至质量恒定，放在干燥器中备用。重量法玻璃称量瓶的尺寸为直径40mm、高25mm，并带有严密的磨口盖。

o）水分测定结果的精密度按表4-4的规定。

表4-4 水分测定结果的精密度

水分（M_{ad}）范围/%	重复性限/%
<5.00	0.20
5.00～10.00	0.30
>10.00	0.40

三、灰分测定

1. 概述

煤的灰分不是煤中原有的成分，而是煤中所有可燃物质完全燃烧以及煤中矿物质在一定温度下产生一系列分解、燃烧、化合等复杂反应后剩下的残渣。它的组成和数量均不同于煤中原有的矿物质，但煤的灰分产率与矿物质含量间有一定的相关关系，所以煤的灰分常称为灰分产率。

煤中矿物质的来源有三种：一是原生矿物质，即成煤植物中所含的无机元素，原生矿物质在煤中的含量很少；二是次生矿物质，它是在成煤过程中由外界混入或与煤伴生的矿物质，这种矿物质在煤中的含量一般也不多；三是外来矿物质，它是在煤炭开采和加工处理过程中混入的矿物质。原生矿物质和次生矿物质总称为内在矿物质，这两种矿物质通常很难靠选煤方法除去。外来矿物质可用洗选的方法除去。

《商品煤质量管理暂行办法》规定：商品煤的灰分（A_d）应不大于40%（对于褐煤，应不大于30%），远距离运输（运距超过600km）的煤（包括自用煤）灰分（A_d）应不大于30%（对于褐煤，应不大于20%），京津冀及周边地区、长三角、珠三角限制销售和使用灰分（A_d）大于或等于16%的散煤。

灰分（ash）：煤样在规定条件下完全燃烧后所得的残留物。

外来灰分（extraneous ash）：由煤炭生产过程中混入煤中的矿物质所形成的灰分。

内来灰分（inherent ash）：由原始成煤植物中的矿物质和由成煤过程中进入煤层的矿物质所形成的灰分。

2. 方法提要

煤的灰分测定方法主要有两种：缓慢灰化法、快速灰化法。

1）缓慢灰化法

称取（1±0.1)g的一般分析试验煤样，放入马弗炉中，以一定的速度加热到500℃且保持一段时间，继续加热到（815±10)℃，在空气（或氧气）中灰化并灼烧到质量恒定。以残留物的质量占煤样质量的质量分数作为煤样的灰分。缓慢灰化法为仲裁法。缓慢灰化法的测定步骤详见GB/T 212—2008。

煤样灼烧到质量恒定的判据为：每次20min，直到连续两次灼烧后的质量变化不超过0.0010g为止。以最后一次灼烧后残留物的质量为计算依据。

缓慢灰化法测定一般分析试验煤样的灰分按公式(4-6）计算，测定结果按GB/T 483—2007修约至小数点后两位。

$$A_{ad}=\frac{m_1}{m}\times 100 \tag{4-6}$$

式中　A_{ad}——一般分析试验煤样中灰分的质量分数，%；

m——称取的一般分析试验煤样的质量，g；

m_1——灼烧后残留物的质量，g。

2）快速灰化法

快速灰化法包括方法A和方法B。

a）方法 A　将装有（0.5±0.01)g 的一般分析试验煤样的灰皿放在预先加热到（815±10)℃的灰分快速测定仪的传送带上，煤样自动送入仪器内完全灰化，然后送出。以残留物的质量占煤样质量的质量分数作为煤样的灰分。方法 A 的测定步骤详见 GB/T 212—2008。

b）方法 B　将装有（1±0.1)g 的一般分析试验煤样的灰皿由炉外逐渐送入预先加热到（815±10)℃的马弗炉中灰化并灼烧到质量恒定。以残留物占煤样的质量分数作为煤样的灰分。方法 B 的测定步骤详见 GB/T 212—2008。

3. 技术要求

严格地讲，灰分测定属规范性试验，试验条件决定着测定结果的大小。与其他规范性试验，如挥发分相比，试验条件对灰分测定的影响没有那么显著。

为了保证煤灰分测定结果的准确可靠，应注意以下问题：

a）灰分测定时，马弗炉烟囱应开启，炉门留有缝隙，保证空气自由流通。

b）灰皿应预先灼烧至质量恒定，放在干燥器中备用。

c）马弗炉具有足够大的恒温区，能保持温度为（815±10)℃，保证煤样在恒温区中灼烧。

d）马弗炉的恒温区应在关闭炉门下测定，并至少每年测定一次。马弗炉的温度每年校准一次。

e）称取的煤样应均匀地摊平在灰皿中，使其每平方厘米的质量不超过 0.15 g。灰皿为长方形，底长 45mm、底宽 22mm、高 14mm。

f）对于灼烧后的煤样，放在耐热瓷板或石棉板上，在空气中冷却 5min 左右，移入干燥器中冷却至室温，不可在空气中长期放置以免空气中的水分被吸附，造成灰分测定结果偏高。

g）干燥器内装变色硅胶或粒状无水氯化钙，且保证变色硅胶或粒状无水氯化钙未失效，否则灰分测定结果将偏高。

h）进行检查性灼烧时，即使煤样质量增加，也以最后一次灼烧后的质量为计算依据。当灰分小于 15.00%时，不必进行检查性灼烧。

i）定期用有证标准物质进行质量监控，最好每月监控一次。

j）灰分测定结果的精密度按表 4-5 的规定。

表 4-5　灰分测定结果的精密度

灰分(A)范围/%	重复性限(A_{ad})/%	再现性限(A_d)/%
<15.00	0.20	0.30
15.00～30.00	0.30	0.50
>30.00	0.50	0.70

四、 挥发分测定

1. 概述

煤的挥发分测定是把煤在隔绝空气条件下，于高温下加热一定时间，煤中分解出的挥发产物减去煤中所含的水分，即为挥发分。剩下的焦渣为不挥发物。如测定条件不同，挥发分也不同。由此看来，煤的挥发分不是煤中固有的物质，而是在特定条件下煤受热分解的产物，因此称为煤的挥发分产率更为合理。

挥发分（volatile matter）：煤样在规定条件下隔绝空气加热，并进行水分校正后的质量损失。

焦渣特征（characteristic of char residue）：煤样测定挥发分后的残留物的黏结、结焦性状。

2. 方法提要

称取（1±0.01)g 的一般分析试验煤样，放在带盖的瓷坩埚中，在（900±10)℃下，隔绝空气加热 7min。以减少的质量占煤样的质量分数，减去该煤样的水分含量作为煤样的挥发分。其测定步骤详见 GB/T 212—2008。

按公式(4-7）计算煤样的挥发分，测定结果按 GB/T 483—2007 修约至小数点后两位。

$$V_{ad}=\frac{m_1}{m}\times 100-M_{ad} \tag{4-7}$$

式中 V_{ad}——挥发分的质量分数,%；

m——称取的一般分析试验煤样的质量，g；

m_1——煤样加热后减少的质量，g；

M_{ad}——空气干燥基水分的质量分数,%。

测定挥发分所得焦渣的特性，按下列规定加以区分：

a）粉状（1 型）：全部是粉末，没有相互黏着的颗粒。

b）黏着（2 型）：用手指轻碰即成粉末或基本上是粉末，其中较大的团块轻轻一碰即成粉末。

c）弱黏结（3 型）：用手指轻压即成小块。

d）不熔融黏结（4 型）：以手指用力压才裂成小块，焦渣上表面无光泽，下表面稍有银白色光泽。

e）不膨胀熔融黏结（5 型）：焦渣形成扁平的块，煤粒的界限不易分清，焦渣上表面有明显的银白色金属光泽，下表面银白色光泽更明显。

f）微膨胀熔融黏结（6 型）：用手指压不碎，焦渣上、下表面均有银白色金属光泽，但焦渣表面具有较小的膨胀泡（或小气泡）。

g）膨胀熔融黏结（7 型）：焦渣上、下表面有银白色金属光泽，明显膨胀，但高度不超过 15mm。

h）强膨胀熔融黏结（8 型）：焦渣上、下表面有银白色金属光泽，焦渣高度大于 15mm。

为了简便起见，通常用上述数字序号作为各种焦渣特性的代号。

3. 技术要求

煤的挥发分测定是一项规范性很强的试验，其结果受加热温度、加热时间、加热方式等影响。改变任何一种试验条件，都会对测定结果带来影响。

为了保证煤的挥发分测定结果的准确可靠，应注意以下问题：

a）挥发分测定时，马弗炉的烟囱和炉门均应关闭，挥发产物从炉后壁排气孔排出。

b）带盖瓷坩埚应预先在 900℃温度下灼烧至质量恒定，放在干燥器中备用。

c）马弗炉应具有足够大的恒温区，能保持温度为（900±5)℃，保证煤样在恒温区中灼烧。

d）马弗炉的恒温区应在关闭炉门下测定，并至少每年测定一次。马弗炉的温度每年校准一次。

e）轻轻振动坩埚，使称取的煤样摊平在坩埚中。

f）坩埚的尺寸有严格规定（见 GB/T 212—2008)，坩埚总质量为 15～20g。

g）褐煤和长焰煤应预先压饼并切成宽度为 3mm 的小块后再称取试样。

h）对于加热后的煤样，应放在耐热瓷板或石棉板上，在空气中冷却 5min 左右，移入干燥器中冷却至室温，不可在空气中长期放置以免空气中的水分被吸附，造成挥发分测定结果偏低。

i）干燥器内装变色硅胶或粒状无水氯化钙，且保证变色硅胶或粒状无水氯化钙未失效，否则挥发分测定结果将偏低。

j）定期用有证标准物质进行质量监控，最好每周监控一次。

k）挥发分测定结果的精密度按表 4-6 的规定。

表 4-6　挥发分测定结果的精密度

挥发分(V)范围/%	重复性限(V_{ad})/%	再现性限(V_d)/%
<20.00	0.30	0.50
20.00～40.00	0.50	1.00
>40.00	0.80	1.50

五、 工业分析仪测定

工业分析仪为按照上述（重量）方法自动测定水分、灰分和挥发分的仪器。

工业分析仪测定水分、灰分、挥发分的方法详见 GB/T 30732—2014《煤的工业分析方法 仪器法》。

为了保证其测定结果的准确可靠，应注意以下问题：

a）水分测定时煤样干燥到质量恒定的判据为：每次 10min，直到连续两次干燥煤样质量的减少不超过 0.0005g 或质量增加时为止。在后一种情况下，采用质量增加前一次的质量为计算依据。

b）灰分测定时煤样灼烧到质量恒定的判据为：每次 10min，直到连续两次灼烧后的质量变化不超过 0.0005g 为止。以最后一次灼烧后残留物的质量为计算依据。

c）水分和灰分可用同一份试样在同一加热炉中连续测定，也可用两份试样分别测定；挥发分应单独称样测定。

d）每次测定应同时用一个或多个空坩埚进行坩埚热态质量浮力效应校正。

e）试验过程中所有称量应称准至 0.0002g。

f）水分和灰分测定用坩埚应有足够的底面积，能保证在煤样摊平后每平方厘米的煤样质量不超过 0.15g。挥发分测定用坩埚的形状和尺寸应符合 GB/T 212—2008 的要求。

g）工业分析仪在每次试验中应记录并给出空坩埚质量、煤样质量、热态坩埚质量和浮力效应校正值以及加热后并经浮力效应校正后的样品（或残余物）和坩埚质量，以便核验浮力效应校正值。浮力效应校正的经验公式为：

$$m_f = m_{st}\left(1+\frac{m_a - m_t}{m_a}\right) \tag{4-8}$$

式中 m_f——加热后并经浮力效应校正后的带样品（或残余物）的坩埚质量，g；

m_a——室温下空白坩埚质量，g；

m_t——测定温度下空白坩埚质量，g；

m_{st}——测定温度下带样品（或残余物）的坩埚质量，g。

h）工业分析仪能以一定的速度往炉膛中通入气体，同时能将试验产生的气体产物排出炉膛。表 4-7 给出了测定水分、灰分和挥发分时通入气体的换气次数参考值。

表 4-7 测定水分、灰分和挥发分时通入气体的换气次数

测定项目	通入气体	换气次数/(次/h)
水分	氮气或空气	≥30
灰分	空气	≥60
	氧气	≥24
挥发分	氮气(适用时)	≥120

i）定期用有证标准物质进行质量监控，最好每测定日监控一次，当仪器长期停用后重新使用时应用有证标准物质进行检查。

j）工业分析仪测定水分、灰分和挥发分的精密度与上述经典方法的精密度相同。

第三节　煤元素分析的技术要求

煤中除含有部分矿物杂质和水以外，其余都是有机物质。煤中有机物质主要由碳、氢、氧、氮、硫等五种元素组成。其中又以碳、氢、氧为主——其总和占有机物质的95%以上，氮的含量变化范围不大，硫的含量则随原始成煤物质和成煤时的沉积条件不同而会有很大的差异。氧含量一般通过计算得到，因此煤的元素分析项目通常包括：碳、氢、氮、硫。

煤的元素组成可用来计算煤的发热量，估算和预测煤的低温干馏产物。在动力用煤的热工计算中必须应用煤的元素组成来计算燃烧产物和热平衡。由于煤的无机组分中也会有少量碳、氢、氧、硫等元素，因此在了解煤中有机物质的元素组成及对煤进行分类时，应以重液洗选后的浮煤来测定。

元素分析（ultimate analysis）：碳、氢、氧、氮、硫五个煤炭分析项目的总称。

一、全硫测定

1. 概述

所有的煤中都含有数量不等的硫。煤中硫含量高低与成煤时代的沉积环境有密切关系。《商品煤质量管理暂行办法》规定：商品煤的硫分（$S_{t,d}$）应不大于3%（对于褐煤，应不大于1.5%），远距离运输（运距超过600km）的煤（包括自用煤）的硫分（$S_{t,d}$）应不大于2%（对于褐煤，应不大于1%），京津冀及周边地区、长三角、珠三角限制销售和使用硫分（$S_{t,d}$）大于或等于1%的散煤。

煤中硫通常可分为有机硫和无机硫两大类。煤中无机硫又可分为硫化物硫和硫酸盐硫两种，有时还有微量的元素硫。煤灰中硫是指煤燃烧以后残留在煤灰中的硫分，均以硫酸盐的形态存在。除小部分系煤中的天然硫酸盐外，其余大部分来源于有机硫和无机硫化物硫燃烧后被煤灰固定下来的新生成的硫酸盐硫。

煤中硫对炼焦、气化、燃烧都是十分有害的杂质，所以硫是评价煤质的重要指标之一。

全硫（total sulfur）：煤中无机硫和有机硫的总和。

2. 方法提要

煤中全硫测定方法主要有三种：艾氏卡法、库仑滴定法、红外光谱法。在仲裁分析时应采用艾氏卡法。

1）艾氏卡法

将煤样与艾氏卡试剂混合灼烧，煤中硫生成硫酸盐，然后使硫酸根离子生成硫酸钡沉淀，根据硫酸钡的质量计算煤中全硫的含量。艾氏卡法的全硫测定步骤详见 GB/T 214—2007《煤中全硫的测定方法》。

艾氏卡法全硫含量按公式(4-9）计算，测定结果按 GB/T 483—2007 修约至小数点后两位。

$$S_{t,ad}=\frac{(m_1-m_2)\times 0.1374}{m}\times 100 \tag{4-9}$$

式中 $S_{t,ad}$——一般分析试验煤样中全硫的质量分数,%；

m_1——硫酸钡质量，g；

m_2——空白试验的硫酸钡质量，g；

0.1374——由硫酸钡换算为硫的系数；

m——煤样质量，g。

2）库仑滴定法

煤样在 1150℃高温下和三氧化钨的催化作用下于空气流中燃烧分解，煤中硫生成硫氧化物，其中二氧化硫被碘化钾溶液吸收，以电解碘化钾溶液所产生的碘进行滴定，根据电解所消耗的电量计算煤中全硫的含量。库仑滴定法的全硫测定步骤详见 GB/T 214—2007。

库仑滴定法全硫含量按公式(4-10）计算，测定结果按 GB/T 483—2007 修约至小数点后两位。

$$S_{t,ad}=\frac{m_1}{m}\times 100 \tag{4-10}$$

式中 $S_{t,ad}$——一般分析试验煤样中全硫的质量分数,%；

m_1——库仑积分器显示的全硫质量，mg；

m——煤样质量，mg。

3）红外光谱法

煤样在 1300℃高温下，于氧气流中燃烧分解。气流中的颗粒和水蒸气分别被玻璃棉和高氯酸盐吸附滤除后通过红外检测池，其中的二氧化硫由红外检测系统测定。根据预先标定的校准曲线计算煤中全硫的含量。红外光谱法的全硫测定步骤详见 GB/T 25214—2010《煤中全硫测定 红外光谱法》。

3. 技术要求

煤中全硫的三种测定方法原理不同，技术要求问题差异较大，需分别介绍各个测定方法的技术要求措施。

1）艾氏卡法

艾氏卡法是硫含量测定的经典化学方法，测定结果准确、重复性好，但操作烦琐、试验周期较长。

为了保证艾氏卡法测定煤中全硫结果的准确可靠，应注意以下问题：

a）称取的一般分析试验煤样量为（1±0.01)g；当全硫含量为5%～10%时，称取煤样量为0.5g；当全硫含量大于10%时，称取煤样量为0.25g。

b）为避免硫氧化物很快逸出，来不及与艾氏卡试剂作用，煤样应缓慢灼烧，具体操作为：将装有煤样的坩埚放入通风良好的马弗炉中，在1～2h内从室温逐渐加热到800～850℃，并保温1～2h。

c）测定中硫从煤样中转化到灼烧物中，再溶解到溶液中，最后以硫酸钡沉淀的形式析出。每步的转移均应彻底完全，避免煤中硫的损失。

d）在滴加氯化钡溶液前应很好地调节滤液酸度，避免碳酸钡沉淀的产生。

e）用致密无灰定量滤纸过滤硫酸钡沉淀，并用硝酸银溶液检查是否过滤完全。

f）在低温下灰化滤纸，注意通风，避免炭黑的产生。

g）更换任一试剂时，应进行空白试验。除不加煤样外，全部操作与测定样品相同。空白试验中硫酸钡质量的极差不得大于0.0010g，取算术平均值作为空白值。

h）每批煤样测定全硫含量时应用标准物质进行质量监控。

i）艾士卡法全硫测定结果的精密度按表4-8的规定。

表4-8 艾士卡法全硫测定结果的精密度

全硫含量(S_t)范围/%	重复性限($S_{t,ad}$)/%	再现性限($S_{t,d}$)/%
≤1.50	0.05	0.10
1.50～4.00	0.10	0.20
>4.00	0.20	0.30

2）库仑滴定法

库仑滴定法是目前例常测定应用较多的全硫测定方法，具有操作简单、成本低、快速等特点，但方法再现性略逊于艾氏卡法。

为了保证库仑滴定法测定煤中全硫结果的准确可靠，应注意以下问题：

a）库仑测硫仪应有至少70mm长的（1150±10)℃高温恒温带。

b）电解电流在0～350mA范围内库仑积分器的积分线性误差应小于0.1%。

c）空气供应及净化装置由电磁泵和净化管组成。供气量约为1500mL/min，抽气量约为1000mL/min。净化管内装碱石棉及变色硅胶。

d）开动抽气和供气泵，将抽气流量调节到1000mL/min，然后关闭电解池与燃烧管间的活塞，若抽气量能降到300mL/min以下，则证明电解池及接口气密性良好。

e）使用有证标准物质对库仑定硫仪进行标定。标定方法可采用多点标定法，也可采用单点标定法。标定后的库仑定硫仪应另外选取1～2个煤标准物质进行标定有效性核验。

f）在瓷舟中称取一般分析试验煤样（0.05±0.005）g，称取的煤样应摊平，并在煤样上盖一薄层三氧化钨。

g）库仑定硫仪在测定期间应使用煤标准物质对定硫仪的稳定性和标定的有效性进行核查，建议每10～15次测定后应进行一次核查。

h）在测定样品前应使用非测定用的高硫煤样进行终点电位调整试验，直至库仑积分器的显示值不为0。

i）随着测定次数的增加，电解液的酸度不断加大。当电解液的pH值小于1时，需更换电解液。此时光照易使I^-生成I_2，使全硫测定值偏低。另外，电解液应储存在棕色瓶中。

j）测定时应保证燃烧舟在高温炉恒温区内。一个有效的观察方法是：当瓷舟从高温炉退回时，观察瓷舟是否为全亮；若不是，需调整燃烧舟在炉内的位置。

k）全硫测定值偏高（过滴定）的原因有：没开搅拌或搅拌慢、电极控制失灵、煤样中硫含量高且硫骤然释放等。

l）全硫测定值偏低的原因有：电解液pH值小于1、抽气流量小、炉温偏低（硫在出口端凝结）、燃烧管漏气、未加三氧化钨、煤样爆燃、高氯煤由于氯气参与反应等。

m）库仑滴定法全硫测定结果的精密度按表4-9的规定。

表4-9 库仑滴定法全硫测定结果的精密度

全硫含量(S_t)范围/%	重复性限($S_{t,ad}$)/%	再现性限($S_{t,d}$)/%
≤1.50	0.05	0.15
1.50～4.00	0.10	0.25
>4.00	0.20	0.35

3）红外光谱法

红外光谱法是国外应用较多的全硫测定方法，具有操作简单、快速等特点，单次测定时间在2min左右。红外光谱法解决了库仑滴定法测定完高硫煤样后再测低硫煤样时结果偏高的问题。目前由于无水高氯酸镁等试剂耗材费用不菲，红外光谱法试验成本较高。

为了保证红外光谱法测定全硫结果的准确可靠，应注意以下问题：

a）红外光谱定硫仪的恒温区能保持在（1300±10)℃，恒温区长度应与燃烧舟长度相适应。

b）在燃烧舟中称取约0.3g一般分析试验煤样，全硫含量大于4%时，应适当减少称样量。

c）氧气供气流量应大于抽气流量，如供气流量为4.0L/min、抽气流量为3.0L/min。关闭燃烧管与干燥管之间的活塞，若抽气流量能降到0mL/min，则表示干燥管以后的气路密封性良好。

d）使用有证标准物质对红外光谱定硫仪进行标定。标定方法可采用多点标定法，也可采用单点标定法。标定后的红外光谱定硫仪应另外选取1～2个煤标准物质进行标定有效性核验。

e）氧气纯度应不小于99.5%（不能使用电解氧），氧气瓶供气压力应不低于1MPa，供氧压力应不低于0.1MPa。

f）正式测定前至少进行2次空白或非测定用的煤样测定使仪器处于稳定状态。

g）当发现前边玻璃干燥管中的干燥剂融解结块、变色时，应立即更换。更换时将后边一根移到前边，然后将新装干燥剂的干燥管放在后边。

h）在高温下直接关闭电源将影响红外光谱定硫仪的使用寿命，推荐等高温炉温度降到600℃以下再关闭仪器电源。

i）红外光谱定硫仪使用后，箱体内外温度降至室温才能将罩布覆盖在仪器上。

j）测定时应保证燃烧舟在高温炉恒温区内。一个有效的观察方法是：当瓷舟从高温炉退回时，观察瓷舟是否为全亮；若不是，需调整燃烧舟在炉内的位置。

k）无水高氯酸镁粒度为3～4mm，严禁使用国产高氯酸镁、粉状高氯酸镁或其他干燥剂。

l）无水高氯酸镁为强氧化剂，干燥管装填时不能用普通棉花、医用棉或脱脂棉替代石英棉。

m）红外光谱法全硫测定结果的精密度按表4-10的规定。

表4-10　红外光谱法全硫测定结果的精密度

全硫含量(S_t)范围/%	重复性限($S_{t,ad}$)/%	再现性限($S_{t,d}$)/%
≤1.50	0.05	0.15
1.50～4.00	0.10	0.25
>4.00	0.20	0.35

二、碳氢测定

1. 概述

煤中碳含量随着煤的变质程度的加深而增高，而煤中氢含量则随着煤的变质程度的加深而显著降低。中国煤炭分类标准把干燥无灰基氢作为划分无烟煤小类的指标之一。

2. 方法提要

煤中碳氢测定方法主要有三种：重量法、电量－重量法、仪器法。重量法又分为三节炉法和二节炉法。

1）重量法

称取 0.2g 一般分析试验煤样在氧气流中燃烧，生成的水和二氧化碳分别由无水氯化钙（或无水高氯酸镁）和碱石棉吸收，由吸收剂的增量计算煤中碳和氢的质量分数。煤样中硫和氯对碳测定的干扰在三节炉中用铬酸铅和银丝卷消除，在二节炉中用高锰酸银热解产物消除。氮对碳测定的干扰用粒状二氧化锰消除。重量法碳氢的测定步骤详见 GB/T 476—2008《煤中碳和氢的测定方法》。

一般分析试验煤样的碳和氢含量分别按式(4-11）和式(4-12）计算，测定结果按 GB/T 483—2007 修约至小数点后两位。

$$C_{ad}=\frac{0.2729\,m_1}{m}\times100 \tag{4-11}$$

$$H_{ad}=\frac{0.1119(m_2-m_3)}{m}\times100-0.1119\,M_{ad} \tag{4-12}$$

式中 C_{ad}——一般分析试验煤样中碳的质量分数，%；

H_{ad}——一般分析试验煤样中氢的质量分数，%；

m_1——吸收二氧化碳 U 形管的增量，g；

m_2——吸水 U 形管的增量，g；

m_3——氢的空白值，g；

m——一般分析试验煤样质量，g；

0.2729——由二氧化碳折算成碳的因数；

0.1119——由水折算成氢的因数。

2）电量-重量法

称取 70～75mg 一般分析试验煤样，在氧气流中燃烧，生成的水与五氧化二磷反应生成偏磷酸，电解偏磷酸，根据电解所消耗的电量计算煤中氢含量；生成的二氧化碳用碱石棉吸收，由吸收剂的增量计算煤中碳含量。煤样燃烧后生成的硫氧化物和氯用高锰酸银热解产物除去。氮氧化物用粒状二氧化锰除去，以消除它们对碳测定的干扰。电量-重量法碳氢的测定步骤详见 GB/T 476—2008。

一般分析试验煤样的碳和氢含量分别按式(4-11）和式(4-13）计算，测定结果按 GB/T 483—2007 修约至小数点后两位。

$$H_{ad}=\frac{m_2-m_3}{m\times1000}\times100-0.1119\,M_{ad} \tag{4-13}$$

式中　H_{ad}——一般分析试验煤样中氢的质量分数，%；

m_2——电量积分器显示的氢值，mg；

m_3——电量积分器显示的氢空白值，mg；

m——一般分析试验煤样质量，g；

0.1119——由水折算成氢的因数。

3）仪器法

称取不少于 70mg 的一般分析试验煤样，在高温和氧气流中充分燃烧，煤中的碳和氢完全燃烧生成二氧化碳和水。由氧化钙等试剂滤除对测定有干扰的物质（如硫、氯等的燃烧产物），由红外检测系统定量测定碳和氢含量。仪器法碳氢的测定步骤详见 GB/T 30733—2014《煤中碳氢氮的测定　仪器法》。

3. 技术要求

煤中碳氢三种测定方法原理差异较大，需分别介绍各个测定方法的技术要求。

1）重量法

重量法是煤中碳氢测定的经典试验方法，测定结果准确，但操作复杂、测定周期长。

为了保证重量法测定煤中碳氢结果的准确可靠，应注意以下问题：

a）吸收剂均为粒状，无水氯化钙粒度为 2～5mm，碱石棉粒度为 1～2mm。

b）氧气纯度不低于 99.9%，不含氢，不能用电解氧。

c）高锰酸银易受热分解，不宜大量储存。

d）称取的试样上铺一层三氧化钨，装有试样的燃烧舟可暂存入专用的磨口玻璃管或不加干燥剂的干燥器中。

e）吸收系统的末端可连接一个空 U 形管以防止硫酸倒吸。

f）净化系统的净化剂经 70～100 次测定后应进行检查或更换。

g）吸收系统 U 形管更换试剂后应以 120mL/min 的流量通入氧气至质量恒定后方能使用。

h）当出现下列现象时，应更换 U 形管中试剂：吸水 U 形管中的氯化钙开始溶化并阻碍气体畅通；第二个吸收二氧化碳的 U 形管一次试验后的质量增加达 50mg 时应更换第一个 U 形管中的二氧化碳吸收剂；二氧化锰一般使用 50 次左右应更换。

i）三节炉或二节炉整个系统的气密性检查如下：调节氧气流量约为 120mL/min，然后关闭靠近气泡计处 U 形管膜口塞，此时若氧气流量降至 20mL/min 以下，则表明整个系统气密性良好。

j）空白试验中，连续两次空白测定值相差不超过 0.0010g，取两次空白值的平均值作为当天氢的空白值。碳没有空白值，但要求除氮管、二氧化碳吸收管最后一次质量变化不超过 0.0005g，即达到质量恒定后方能测定样品。氢空白值的测定可与吸收二氧化碳 U 形管的质量恒定试验同时进行。

k）三节炉各节炉温如下：第一节炉温（850±10)℃、第二节炉温（800±10)℃、第三节炉温（600±10)℃。

l）使用三节炉测定煤样时，放入样品 1min 后移动第一节炉，使燃烧舟的一半进入炉子，2min 后移动炉体使燃烧舟全部进入炉子，再 2min 后使燃烧舟位于炉子中央，保温 18min 后把第一节炉移回原位。2min 后取下吸收系统，将磨口塞关闭，用绒布擦净，在天平旁放置 10min 后称量。

m）二节炉各节炉温如下：第一节炉温（850±10)℃、第二节炉温（500±10)℃。

n）使用二节炉测定煤样时，放入样品 1min 后移动第一节炉，使燃烧舟的一半进入炉子，2min 后移动炉体使燃烧舟全部进入炉子，再 2min 后使燃烧舟位于炉子中央，保温 13min 后把第一节炉移回原位。2min 后取下吸收系统，将磨口塞关闭，用绒布擦净，在天平旁放置 10min 后称量。

o）测定煤样前，应先测定煤标准物质。如实测的碳氢值与标准值之差在标准物质规定的不确定度范围内，表明三节炉或二节炉性能可靠。

p）重量法碳值测定偏低的可能原因有：CO_2 吸收剂失效、系统漏气、氧气流量太低、吸水剂 $CaCl_2$ 中有碱性物质、试样燃烧不完全（炉温低)、试样爆燃喷溅等。

q）重量法碳值测定偏高的可能原因有：净化系统中碱石棉失效、铬酸铅失效或第三节炉温过高而使铬酸铅融化、MnO_2 失效或除氮 U 形管尾部的 $CaCl_2$ 失效、$AgMnO_4$ 热分解产物失效、吸水剂失效等。

r）重量法氢值测定偏低的可能原因有：吸水 U 形管中试剂失效、燃烧管出口端温度不够高导致水分凝结、系统漏气、氧气流量太低、试样燃烧不完全（炉温低)、试样爆燃喷溅等。

s）重量法氢值测定偏高的可能原因有：净化系统中吸水剂失效、试样称重后放在空气中等。

t）燃烧舟为瓷制，新舟使用前应在约 850℃下灼烧 2h。

u）碳氢测定结果的精密度按表 4-11 的规定。

表 4-11 碳氢测定结果的精密度

重复性限/%		再现性限/%	
C_{ad}	H_{ad}	C_d	H_d
0.50	0.15	1.00	0.25

2）电量-重量法

电量-重量法中的碳测定方法与重量法相同，氢测定方法采用电化学分析方法，单次碳氢测定时间约为 10min（不包括冷却称重)，试验周期比重量法短。

为了保证电量-重量法测定煤中碳氢结果的准确可靠，应注意以下问题：

a）与重量法相比，电量-重量法增加了氧气净化炉。氧气中含有微量的氢，在重量法中以空白的方式扣除，而在电量-重量法中会造成氢测定无法达到电解终点，氢测定值偏高，故在电量-重量法中需要净化炉除去氧气中的氢。

b）电量法测氢用的电解池内部涂五氧化二磷膜，五氧化二磷的吸水能力很强，远远高于无水氯化钙。由于五氧化二磷吸水后黏结而阻碍气体畅通，因此选择干燥能力与五氧化二磷相近的无水高氯酸镁作为氧气净化系统的最后一级吸收剂。

c）电量法测定氢时电解反应的生成物是氢和氧，它们同时存在于管状电解池内，在一定条件下会复合成水，再次被电解，造成氢测定值偏高。试验表明，在电解池外壁加装冷却套，强制降低反应温度，可减小氢氧复合的程度；同时，有一定流量的气体通过，迅速将反应气体带出电解池，可避免氢氧复合。因此，使用电量法测定氢时必须首先接通氧气和冷却水，才可以启动电解。

d）电量-重量法中各节炉温如下：净化炉炉温为（800±10)℃、燃烧炉炉温为（850±10)℃、催化炉炉温为（300±10)℃。

e）电解池长约为100mm，外径约为8mm，内径约为5mm，铂丝间距约为0.3mm，池内表面涂有五氧化二磷。电解池外有外径约为50mm、内径为9～10mm、长约为80mm的冷却水套。

f）在电解电流50～700mA，电量积分器线性误差应小于0.1%。

g）电解池使用100次左右或发现电解池有拖尾等现象时，应清洗电解池并重新涂膜。

h）每天氢测定应更换电解电源极性一次以防止生成铂黑。调节氧气流量约为80mL/min，接通冷却水，通电升温。

i）空白试验中，连续两次空白测定值相差不超过0.050mg，取两次空白值的平均值作为当天氢的空白值。

j）电解池长时间不能到达终点，一般有以下几种原因：净化系统失效，脱水效果不好；净化系统的最后一级用了无水氯化钙；净化系统与燃烧管之间用乳胶管连接；电解池在安装时没有与水平方向形成一个3°～5°向上的倾角，造成五氧化二磷涂层后移；由于氧气流量太高（>120mL/min)，造成五氧化二磷涂层后移并拖尾；涂膜时一开始就用24V电压电解，造成五氧化二磷涂层后移并拖尾。

k）电量-重量法碳氢测定结果的精密度与重量法相同。

3）仪器法

仪器法采用红外光谱法测定碳氢，测定时间短，单次分析时间约为5～6min。

为了保证红外光谱法测定煤中碳氢结果的准确可靠，应注意以下问题：

a）仪器法的燃烧炉恒温区温度约为1050℃，恒温区长度应与燃烧舟长度相适应。

b）仪器法的净化系统能吸收氧气中的水分和二氧化碳，并将燃烧生成的硫氧化物除去。

c）按照说明书的要求，调节氧气流量，并进行系统气密性检查。

d）使用有证标准物质对红外碳氢仪进行标定。标定方法可采用多点标定法，也可采用单点标定法。标定后的红外碳氢仪应另外选取1～2个煤标准物质进行标定有效性核验。

e）氧气纯度应不小于99.5%（不能使用电解氧），氧气瓶供气压力应不低于1MPa；氮气纯度应不小于99.99%，氮气瓶供气压力应不低于1MPa。

f）空气中含有少量的水汽和二氧化碳，保证系统的气密性和每次试验前吹扫残留气体非常重要。

g）收集在集气瓶中的燃烧气体，经充分混匀后再进入 CO_2 和 H_2O 红外吸收池。

h）仪器法碳氢测定结果的精密度按表4-12规定。

表4-12 仪器法碳氢测定结果的精密度

重复性限/%		再现性限/%	
C_{ad}	H_{ad}	C_d	H_d
0.50	0.15	1.30	0.40

三、氮测定

1. 概述

氮是煤中唯一完全以有机形态存在的元素，煤中氮主要由成煤植物中的蛋白质转化而来。随着煤化程度的增加，煤中氮的含量有所降低。

测定煤中氮主要为了计算煤中氧的含量、估算煤炼焦时生成氨的量；煤在燃烧时约有25%的煤中氮转化为污染环境的氮氧化物，因此环保部门需要了解煤中氮的含量。

2. 方法提要

煤中氮测定方法主要有三种：开氏法、蒸汽法、仪器法。

1）开氏法

称取（0.2±0.01）g一般分析试验煤样，加入混合催化剂和硫酸，加热分解，氮转化为硫酸氢铵。加入过量的氢氧化钠溶液，把氨蒸出并吸收在硼酸溶液中。用硫酸标准溶液滴定，根据硫酸的用量计算样品中氮的含量。开氏法的氮测定步骤详见 GB/T 19227—2008《煤中氮的测定方法》。

一般分析试验煤样中氮的含量按公式(4-14) 计算，测定结果按 GB/T 483—2007 修约至小数点后两位。

$$N_{ad}=\frac{c(V_1-V_2)\times 0.014}{m}\times 100 \tag{4-14}$$

式中 N_{ad}——空气干燥煤样中氮的质量分数，%；

c——硫酸标准溶液的浓度，mol/L；

m——分析样品质量，g；

V_1——样品试验时硫酸标准溶液的用量，mL；

V_2——空白试验时硫酸标准溶液的用量，mL；

0.014——氮的摩尔质量，g/mmol。

2）蒸汽法

称取 (0.1±0.01)g 一般分析试验煤样，在有氧化铝作为催化剂和疏松剂的条件下，于 1050℃下通入水蒸气，试样中的氮及其化合物全部还原成氨。生成的氨经过氢氧化钠溶液蒸馏，用硼酸溶液吸收后，由硫酸标准溶液滴定，根据硫酸标准溶液的消耗量来计算氮的质量分数。蒸汽法氮的测定步骤详见 GB/T 19227—2008。

3）仪器法

称取不少于 70 mg 的一般分析试验煤样，在高温和氧气流中充分燃烧生成的气体经灰尘过滤后收集于集气瓶中，煤中氮生成氮氧化物。集气瓶中的气体被氦气携带经过加热的铜丝去除其中的氧气并将氮氧化物转化为氮气，然后通过碱石棉和高氯酸镁去除二氧化碳和水分，最后进入热导池对氮含量进行检测。仪器法氮的测定步骤详见 GB/T 30733—2014。

3. 技术要求

煤中氮测定的开氏法与蒸汽法仅在样品处理上不同，后续的酸碱滴定过程均相同。仪器法与它们差异很大，测定原理与之不同。为此，开氏法和蒸汽法合在一起介绍技术要求，而仪器法单独说明技术上需注意的问题。

1）开氏法和蒸汽法

开氏法主要适用于烟煤和褐煤；对于高变质程度的无烟煤和焦炭，开氏法样品消化时间过长，导致测定结果时常偏低。而蒸汽法主要适用于无烟煤和焦炭；对于挥发分高的褐煤，蒸汽法在高温水解过程中有大量挥发分逸出，污染水解管道，影响测定结果的准确度。

为了保证开氏法和蒸汽法测定煤中氮结果的准确可靠，应注意以下问题：

a）硫酸标准溶液的浓度对氮测定有直接影响，为此应严格按照 GB/T 19227—2008 进行硫酸标准溶液的标定，保证硫酸标准溶液浓度的准确。

b）在蒸馏装置中，微量滴定管的准确度等级要求为A级，容量为10mL，分度值为0.05mL。

c）开氏法测定氮遇到分解不完全的试样时，可将试样磨细至0.1mm以下，再进行消化，但需加入高锰酸钾或铬酸酐0.2～0.5g。样品分解后如无黑色颗粒物，表示消化完全。

d）开氏法适用于褐煤、烟煤和无烟煤；而蒸汽法适用于烟煤、无烟煤和焦炭。对于高变质程度的无烟煤，开氏法消化样品时间过长，可能导致测定结果偏低，此时可采用蒸汽法。

e）每日在试样分析前蒸馏装置需用蒸汽进行冲洗空蒸，待馏出物体积达100～200mL后，再正式放入试样进行蒸馏。

f）蒸馏瓶中水的更换应在每日空蒸前进行；否则，应加入刚煮沸过的蒸馏水。

g）开氏法中用蔗糖代替煤样进行空白试验，而蒸汽法中用石墨代替煤样进行空白试验。蔗糖或石墨本身并不含有有机氮物质。在空白中加入蔗糖主要使空白测定的基体与煤样相似，提高空白值的正确性。更换水、试剂或仪器设备后应进行空白试验。

h）蒸汽法测定氮时应进行气密性检查，方法如下：连接好定氮装置，调节氦气流量为50mL/min，在冷凝管出口端连接另一个氦气流量计，若氦气流量没有变化，则证明装置各部件及各接口气密性良好，可以进行测定。

i）蒸馏或水解馏出液的体积影响煤中氮的测定结果，最后供滴定用溶液的体积也应加以控制。

j）烟煤的挥发物质比较多，会污染水解管道。为此，水解管必须填充硅酸铝棉（在水解管出口端放两层硅酸铝棉，两层间用镍铬丝隔开）以防止挥发物质污染管道并使样品充分水解。对于挥发分较高的烟煤，可在混匀的试样上面覆盖一层氧化铝。

k）开氏法和蒸汽法氮测定结果的精密度按表4-13的规定执行。

表4-13　开氏法和蒸汽法氮测定结果的精密度

重复性限(N_{ad})/%	再现性限(N_d)/%
0.08	0.15

2）仪器法

仪器法测定时间短，采用不同气体物质热导率的差异测定煤中氮。

为了保证仪器法测定煤中氮结果的准确可靠，应注意以下问题：

a）仪器法的燃烧炉恒温区温度约为1050℃，恒温区长度应与燃烧舟长度相适应。

b）仪器法的净化系统能吸收氧气中的水分和二氧化碳，并将燃烧生成的硫氧化物除去。

c）按照说明书的要求，调节氧气和氦气流量，并进行系统气密性检查。

d）使用有证标准物质对热导测氮仪进行标定。标定方法可采用多点标定法，也可采用单点标定法。标定后的热导测氮仪应另外选取1～2个煤标准物质进行标定有效性核验。

e）氧气纯度应不小于99.5%（不能使用电解氧），氧气瓶供气压力应不低于1MPa；氦气纯度应不小于99.99%，氦气瓶供气压力应不低于1MPa。

f）燃烧后的气体收集在集气瓶中，然后被氦气携带经过加热的铜丝去除其中的氧气并将氮氧化物转化为N_2，然后通过碱石棉和高氯酸镁去除二氧化碳和水分，最后进入热导池对氮进行检测。

g）仪器法氮测定结果的精密度与开氏法和蒸汽法相同。

第四节 煤工艺指标测定的技术要求

煤的加工利用需要测定煤的不同的工艺指标以量化、分析和指导工艺过程，如煤的燃烧工艺过程需要测定煤的发热量、煤灰熔融性等指标，煤的气化工艺需要了解煤的抗碎强度、热稳定性、结渣性、煤对二氧化碳反应性等指标，煤的焦化工艺需要利用煤的黏结指数、胶质层指数、吉氏流动度、坩埚膨胀序数、格金低温干馏试验、奥阿膨胀度试验等指标。因此，煤的工艺指标是一类重要的煤质化验项目，在煤的加工利用中广泛应用。

本节仅介绍煤发热量测定和煤灰熔融性测定的技术要求。

一、 发热量的测定

1. 概述

作为煤质分析的一个重要项目，发热量是动力用煤的主要质量指标。在燃煤工艺过程中的热平衡、耗煤量、热效率等的计算，都是以所用煤的发热量为基础的。我国煤炭分类法中，恒湿无灰基高位发热量是划分褐煤和长焰煤的一项指标。

《商品煤质量管理暂行办法》规定：远距离运输（运距超过600km）的煤（包括自用煤）发热量（$Q_{net,ar}$）应不小于18MJ/kg（对于褐煤，应不小于16.5MJ/kg）。

弹筒发热量（bomb calorific value）：单位质量的试样在充有过量氧气的氧弹内燃烧，其燃烧产物组成为氧气、氮气、二氧化碳、硝酸和硫酸、液态水以及固态灰时放出的热量。

恒容高位发热量（gross calorific value at constant volume）：单位质量的试样在

充有过量氧气的氧弹内燃烧，其燃烧产物组成为氧气、氮气、二氧化碳、二氧化硫、液态水以及固态灰时放出的热量。

恒容高位发热量在数值上等于弹筒发热量减去硝酸生成热和硫酸校正热。

恒容低位发热量（net calorific value at constant volume）：单位质量的试样在恒容条件下，在过量氧气中燃烧，其燃烧产物组成为氧气、氮气、二氧化碳、二氧化硫、气态水以及固态灰时放出的热量。

恒容低位发热量在数值上等于高位发热量减去水（煤中原有的水和煤中氢燃烧生成的水）汽化热。

恒压低位发热量（net calorific value at constant pressure）：单位质量的试样在恒压条件下，在过量氧气中燃烧，其燃烧产物组成为氧气、氮气、二氧化碳、二氧化硫、气态水以及固态灰时放出的热量。

2. 方法提要

煤的发热量在氧弹热量计中进行测定。称取（1±0.1)g 的一般分析试验煤样放在氧弹热量计中，在充有过量氧气的氧弹内燃烧，热量计的热容量通过在相近条件下燃烧一定量的基准量热物苯甲酸来确定，根据试样燃烧前后量热系统产生的温升，并对点火热等附加热进行校正后即可求得试样的弹筒发热量。

从弹筒发热量中扣除硝酸形成热和硫酸校正热（氧弹反应中形成的水合硫酸与气态二氧化硫的形成热之差）即得高位发热量。

煤的恒容低位发热量和恒压低位发热量可通过高位发热量计算。计算恒容低位发热量需要知道煤样中水分和氢的含量。原则上计算恒压低位发热量还需知道煤样中氧和氮的含量。

煤发热量的具体测定步骤详见 GB/T 213—2008《煤的发热量测定方法》。

使用恒温式热量计时按公式(4-15）计算煤样的空气干燥基弹筒发热量：

$$Q_{b,ad}=\frac{E(t_n-t_0+C)-(q_1+q_2)}{m} \tag{4-15}$$

式中 $Q_{b,ad}$——煤样的空气干燥基弹筒发热量，J/g；

E——热量计的热容量，J/K；

t_n——终点时的内桶温度，K；

t_0——点火时的内桶温度，K；

C——冷却校正值，K；

q_1——点火热，J；

q_2——添加物如包纸等产生的总热量，J；

m——试样质量，g。

使用绝热式热量计时按公式(4-16）计算煤样的空气干燥基弹筒发热量：

$$Q_{b,ad}=\frac{E(t_n-t_0)-(q_1+q_2)}{m} \tag{4-16}$$

按公式(4-17) 计算空气干燥基恒容高位发热量：

$$Q_{gr,ad}=Q_{b,ad}-(94.1S_{b,ad}+\alpha Q_{b,ad}) \tag{4-17}$$

式中　$Q_{gr,ad}$——煤样的空气干燥基恒容高位发热量，J/g；

$S_{b,ad}$——由弹筒洗液测得的含硫量，以质量分数表示，%，当全硫含量小于 4.00%时，或发热量大于 14.60MJ/kg 时，可用全硫（按 GB/T 214—2007 测定）代替 $S_{b,ad}$；

94.1——煤样中每 1.00%空气干燥基硫的校正值，J/g；

α——硝酸生成热校正系数：

当 $Q_{b,ad}\leqslant 16.70$MJ/kg，$\alpha=0.0010$；

当 16.70MJ/kg$<Q_{b,ad}\leqslant 25.10$MJ/kg，$\alpha=0.0012$；

当 $Q_{b,ad}>25.10$MJ/kg，$\alpha=0.0016$。

加助燃剂后，应按总释热量考虑。

煤的收到基恒容低位发热量按公式(4-18) 计算：

$$Q_{net,v,ar}=(Q_{gr,v,ad}-206H_{ad})\times\frac{100-M_t}{100-M_{ad}}-23M_t \tag{4-18}$$

式中　$Q_{net,v,ar}$——煤的收到基恒容低位发热量，J/g；

$Q_{gr,v,ad}$——煤的空气干燥基恒容高位发热量，J/g；

M_t——煤的收到基全水分的质量分数（按 GB/T 211—2017 测定），%；

M_{ad}——煤的空气干燥基水分的质量分数（按 GB/T 212—2008 测定），%；

H_{ad}——煤的空气干燥基氢的质量分数（按 GB/T 476—2008 测定）；

206——对应于空气干燥煤样中每 1%氢的汽化热校正值（恒容），J/g；

23——对应于收到基煤中每 1%水分的汽化热校正值（恒容），J/g。

实际工业生产中煤在恒压状态下燃烧，严格地讲，工业计算中应使用恒压低位发热量。收到基恒压低位发热量可按公式(4-19) 计算：

$$Q_{net,p,ar}=[Q_{gr,v,ad}-212H_{ad}-0.8(O_{ad}+N_{ad})]\times\frac{100-M_t}{100-M_{ad}}-24.4M_t \tag{4-19}$$

式中　$Q_{net,p,ar}$——煤的收到基恒压低位发热量，J/g；

O_{ad}——空气干燥煤样中氧的质量分数（按 GB/T 476—2008 计算），%；

N_{ad}——空气干燥煤样中氮的质量分数（按 GB/T 19227—2008 测定），%；

212——对应于空气干燥煤样中每 1%氢的汽化热校正值（恒压），J/g；

0.8——对应于空气干燥煤样中每 1%氧和氮的汽化热校正值（恒压），J/g；

24.4——对应于收到基煤中每 1%水分的汽化热校正值（恒压），J/g。

弹筒发热量和高位发热量的测定结果按 GB/T 483 修约到 1J/g，取高位发热量的两次重复测定的平均值或计算的低位发热量按 GB/T 483 修约到最接近的 10J/g 的倍数，以 J/g 或 MJ/kg 的形式报出。

3. 技术要求

采用氧弹热量计准确测定煤样发热量必须解决两个问题：一个是要预先知道热量计的热容量，也即该仪器的量热系统温度每升高 1℃所吸收的热量；另一个是量热系统与外界的热交换。第一个问题通过用已知热值的标准物质如苯甲酸标定仪器来解决。第二个问题采用在量热系统周围加一个水套，通过控制水套的温度消除或校正量热系统与外界的热交换来解决。上述问题中包含的许多因素均显著影响发热量的测定结果。

为了保证煤的发热量测定结果的准确可靠，应注意以下问题：

a）进行发热量测定的实验室应为单独房间，不应在同一房间内同时进行其他试验项目；室温应保持相对稳定，每次测定室温变化不应超过 1℃，室温以 15～30℃为宜；室内应无强烈的空气对流，因此不应有强烈的热源、冷源和风扇等，实验过程中应避免开启门窗；实验室最好朝北，以避免阳光照射，否则热量计应放在不受阳光直射的地方。

b）所用氧气的纯度至少为 99.5%，不含可燃成分，不允许使用电解氧；当钢瓶中氧气压力降到 4.0MPa 以下时，应更换新的钢瓶氧气。

c）进行热量计标定用的苯甲酸应为二等及以上基准量热物质，其标准热值经权威计量机构确定或可明确溯源到权威计量机构。

d）点火丝可为直径在 0.1mm 左右的铜、镍丝或其他已知热值的金属丝或棉线；如使用棉线，则应选用粗细均匀、不涂蜡的白棉线，且使用直径在 0.3mm 左右的镍铬丝作为点火导线。各种点火丝热值如下：铁丝 6700J/g；镍铬丝 6000J/g；铜丝 2500J/g；棉线 17500J/g。

e）自动氧弹热量计在每次试验中必须以打印或其他方式记录并给出详细的信息，如观测温升，冷却校正值（恒温式）、有效热容量、样品质量和样品编号、点火热和其他附加热等，以使操作人员可对由此进行的所有计算都能进行人工验证。

f）新氧弹和新换部件（弹筒、弹头、连接环）的氧弹应经 20.0MPa 的水压试验，证明无问题后方可使用。此外，应经常注意观察与氧弹强度有关的结构，如弹筒和连接环的螺纹、进气阀、出气阀和电极与弹头的连接处等，如发现显著磨损或松动，应进行修理，并经水压试验合格后再用。氧弹还应定期进行水压试验，每次水压试验后，氧弹的使用时间一般不应超过 2 年。当使用多个相同氧弹时，每一个氧弹都必须作为一个完整的单元使用。氧弹部件的交换使用可能导致发生严重的事故。

g）热量计的内筒外面应高度抛光，以减少与外筒间的热辐射。测定时往内筒中加入足够的蒸馏水，使氧弹盖的顶面（不包括突出的进、出气阀和电极）淹没在水面下10～20mm。内筒水量应在所有试验中保持相同，相差不超过0.5g。用于内筒温度测量的量热温度计至少应有0.001K的分辨率，以便能以0.002K或更好的分辨率测定2～3K的温升。温度计在它测量的每个温度变化范围内应是线性的或线性化的。它们均应经过计量部门的检定。

h）恒温式热量计配置有两种类型的外筒：自动控温式外筒和静态式外筒。自动控温式外筒在整个试验过程中，外筒水温变化应控制在±0.1K之内或更低；对于静态式外筒，盛满水后其热容量应不小于热量计热容量的5倍，以便试验过程中保持外筒温度基本恒定。外筒内面应抛光，以减少与内筒间的热辐射。外筒外面可加绝缘保护层，以减少室温波动的影响。用于外筒的温度计应有0.1K的最小分度值。

i）绝热式热量计的外筒中水量应较少，最好装有浸没式加热装置，当样品点燃后能迅速提供足够的热量以维持外筒水温与内筒水温相差在0.1K之内。通过自动控温装置，外筒水温能紧密跟踪内筒的温度；自动控温装置的灵敏度应能达到使点火前和终点后内筒温度保持稳定（5min内温度变化平均不超过0.0005K/min），在一次试验的升温过程中，内外筒间热交换量应不超过20J。

j）外筒应完全包围内筒，外筒底部有绝缘支架，以便放置内筒。内外筒间应有10～12mm的间距，以减少内外筒间的热对流。

k）搅拌器的转速以400～600r/min为宜，并应保持恒定。搅拌器轴杆应有较低的热传导或与外界采用有效的隔热措施，以尽量减少其与外界的热交换。搅拌器的搅拌效率应能使热容量标定中由点火到终点的时间不超过10min，同时又要避免产生过多的搅拌热。当内、外筒温度和室温一致时（可忽略内筒、外筒、环境之间的热交换），连续搅拌10min所产生的热量不应超过120J。

l）氧气压力表每2年应经计量部门检定一次，以保证指示正确和操作安全。压力表和各连接部分禁止与油脂接触或使用润滑油。如不慎沾污，必须依次用苯和酒精清洗，并待风干后再用。

m）点火电压应预先试验确定，试验方法为：接好点火丝，在空气中通电试验。在熔断式点火的情况下，调节电压使点火丝在1～2s内达到亮红；在非熔断式点火的情况下，调节电压使点火线在4～5s内达到暗红。

n）发热量的测定由两个独立的试验组成，即在规定的条件下基准量热物质的燃烧试验（热容量标定）和试样的燃烧试验。为了消除未受控制的热交换引起的系统误差，要求两种试验的条件尽量相近。

o）试验过程分为初期、主期（燃烧反应期）和末期。对于绝热式热量计，初期和末期是为了确定开始点火的温度和终点温度；对于恒温式热量计，初期和末期的作用是确定热量计的热交换特性，以便在燃烧反应主期内对热量计内筒与外筒间的热交换进行正确的校正。初期和末期的时间应足够长。

p）热量计的测定精密度为：5 次苯甲酸重复测定结果的相对标准差不大于 0.20%；其测定准确度为：煤标准物质的测定结果与标准值之差都在不确定度范围内，或者用苯甲酸作为样品进行 5 次发热量测定，其平均值与标准热值之差不超过 50J/g。除燃烧不完全的结果外，所有的测定结果均不能随意舍弃。

q）燃烧时易于飞溅的试样，可用已知质量的擦镜纸包紧后再进行测试，或先在压饼机中压饼并切成 2～4mm 的小块使用。对于易飞溅的煤样，点火丝应与试样保持微小的距离。不易燃烧完全的试样，可用石棉绒做衬垫；如加衬垫仍燃烧不完全，可提高充氧压力至 3.2MPa，或用已知质量和热值的擦镜纸包裹称好的试样并用手压紧，然后放入燃烧皿中。

r）测定发热量时，往氧弹中缓缓充入氧气，直至压力到 2.8～3.0MPa，充氧时间不得少于 15s；如果不小心充氧压力超过 3.3MPa，停止试验，放掉氧气后，重新充氧至 3.2MPa 以下。

测定发热量前，氧弹应进行气密性检查，检查方法如下：把氧弹放入水深超过氧弹高度的水桶中，如氧弹中无气泡漏出，则表明气密性良好；如有气泡出现，则表明漏气，应查找原因，加以纠正，重新充氧。

s）对于恒温式热量计，恰当调节内筒水温，使终点时内筒比外筒温度高 1K 左右，以使终点时内筒温度出现明显下降；外筒温度应尽量接近室温，相差不得超过 1.5K。对于绝热式热量计，调节内筒和外筒水温使其尽量接近室温，相差不要超过 5 K。

t）以第一个下降温度作为终点温度；若终点时不能观察到温度下降（内筒温度低于或略高于外筒温度时），可以随后连续 5 个温度读数增量（以 1min 间隔）的平均变化不超过 0.001K/min 时的温度为终点温度。

u）在熔断式点火法中，应由点火丝的实际消耗量（原用量减掉残余量）和点火丝的燃烧热计算试验中点火丝放出的热量。在非熔断式点火法中，用棉线点燃样品时，首先算出所用一根棉线的燃烧热（剪下一定数量适当长度的棉线，称出它们的质量，然后算出一根棉线的质量，再乘以棉线的单位热值），然后按下式确定每次消耗的电能热：电能产生的热量(J)＝电压(V)×电流(A)×时间(s)。二者之和即为点火热。

v）试验主期结束后，打开氧弹，仔细观察弹筒和燃烧皿内部，如果有试样燃烧不完全的迹象或有炭黑存在，试验应作废。

w）点火后 20s 内不要把身体的任何部位伸到热量计上方，以免点火的一瞬间万一发生氧弹冲出热量计的事故，伤害操作者。

x）绝热式热量计的热量损失可以忽略不计，因而无需冷却校正。恒温式热量计在试验过程中内筒与外筒间始终发生热交换，对此散失的热量应予校正，办法是在温升中加上一个校正值 C，这个校正值称为冷却校正值。

y）热容量标定一般应进行 5 次重复试验，按公式(4-20）计算热容量。计算 5 次重复试验结果的平均值和标准差。其相对标准差不应超过 0.20%；若超过 0.20%，再补做一次试验，取符合要求的 5 次结果的平均值（修约至 1J/K）作为该仪器的热容量。若任何 5 次结果的相对标准差都超过 0.20%，则应对试验条件和操作技术仔细检查并纠正存在的问题后，重新进行标定，舍弃已有的全部结果。

$$E=\frac{Q\times m+q_1+q_2+q_n}{t_n-t_0+C} \tag{4-20}$$

$$q_n=Q\times m\times 0.0015 \tag{4-21}$$

式中　E——热量计的热容量，J/K；

q_n——硝酸的生成热，J；

Q——苯甲酸的标准热值，J/g；

m——苯甲酸的用量，g；

0.0015——苯甲酸燃烧时的硝酸生成热校正系数。

热容量标定值的有效期为 3 个月，超过此期限时应重新标定。但有下列情况时，应立即重测：更换量热温度计；更换热量计大部件如氧弹头、连接环（由厂家供给的或自制的相同规格的小部件如氧弹的密封圈、电极柱、螺母等不在此列）；标定热容量和测定发热量时的内筒温度相差超过 5K；热量计经过较大的搬动之后。

如果热量计量热系统没有显著改变，重新标定的热容量值与前一次的热容量值相差不应大于 0.25%；否则，应检查试验程序，解决问题后再重新进行标定。

z）高位发热量测定结果的重复性限和再现性限按表 4-14 的规定。

表 4-14　高位发热量测定结果的精密度

高位发热量/(J/g)	重复性限 $Q_{gr,ad}$	再现性限 $Q_{gr,d}$
	120	300

二、煤灰熔融性的测定

1. 概述

煤灰熔融性是燃烧用煤和气化用煤的重要指标。煤灰熔融性对锅炉燃烧和煤的气化有重要影响。在固态排渣的锅炉和气化炉中，为避免结渣，原料煤的灰熔融温度越高越好；用于液态排渣的煤，则要求有较低的灰熔融温度。

煤灰熔融性主要取决于煤灰的化学组成。煤中的矿物成分极为复杂，其中包括铝、铁、钙、镁、钾、钠等的碳酸盐、硫酸盐、硅酸盐、磷酸盐和硫化物等。这些矿物成分在高温下产生氧化、分解、复分解等作用，反应后的产物性质和含量是决定煤灰熔融温度的主要因素。

由于煤灰中总含有一定量的铁，它在不同的气氛中（氧化性或还原性）将以不同的价态出现：在氧化性气氛中，它将转变成三价铁（Fe_2O_3）；在弱还原性气氛中，它将转变成二价铁（FeO）；而在强还原性气氛中，它将转变成金属铁（Fe）。三者的熔点以 FeO 为最低（1420℃），Fe_2O_3 为最高（1560℃），Fe 居中（1535℃），加上能与煤灰里的 SiO_2 生成熔点更低的硅酸盐，所以煤灰在弱还原性气氛中熔融温度最低。因此煤灰的熔融性除了取决于它的化学组成外，试验气氛也是一个重要的影响因素。煤灰中铁含量越高，试验气氛影响越显著。

在工业锅炉和气化炉中，结渣部位的气氛大都呈弱还原性，因此煤灰熔融性的测定通常在模拟工业条件的弱还原性气氛中进行。如果需要的话，也可在强还原性气氛或氧化性气氛中进行。

煤灰熔融性（coal ash fusibility）：在规定条件下得到的随加热温度而变化的煤灰变形、软化、半球和流动的特征物理状态（图 4-1）。

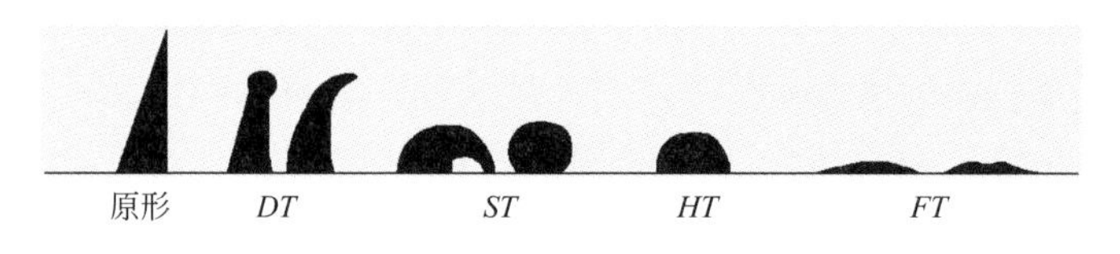

图 4-1 煤灰熔融特征示意图

变形温度（deformation temperature，*DT*）：在煤灰熔融性测定中，灰锥尖端（或棱）开始变圆或弯曲时的温度。

注：如灰锥尖保持原形，则锥体收缩和倾斜不算变形温度。

软化温度（sphere temperature，*ST*）：在煤灰熔融性测定中，灰锥弯曲至锥尖触及托板或灰锥变成球形时的温度。

半球温度（hemisphere temperature，*HT*）：在煤灰熔融性测定中，灰锥形变至近似半球形，即高约等于底长的一半时的温度。

流动温度（flow temperature，*FT*）：在煤灰熔融性测定中，灰锥熔化展开成高度在 1.5mm 以下的薄层时的温度。

2. 方法提要

将煤灰制成一定尺寸的三角锥，在一定的气体介质中，以一定的升温速度加热，观察灰锥在受热过程中的形态变化，观测并记录它的四个特征熔融温度：变形温度、软化温度、半球温度和流动温度。其测定步骤详见 GB/T 219—2008《煤灰熔融性的测定方法》。

试样为三角锥体，高 20mm，底为边长 7mm 的正三角形，锥体的一侧面垂直于底面。

高温炉的升温速度为：900℃以下，15～20℃/min；900℃以上，(5±1)℃/min。

试验气氛有三种——弱还原性气氛、氧化性气氛和强还原性气氛，它们的控制方法如下：

1）弱还原性气氛

a）通气法：炉内通入 50%±10%（体积分数）的氢气和 50%±10%（体积分数）的二氧化碳混合气体，或 60%±5%（体积分数）的一氧化碳和 40%±5%（体积分数）的二氧化碳混合气体。

b）封碳法：对气疏高刚玉管炉膛，可在刚玉舟中央放置 15～20g 石墨粉，两端放置 40～50g 无烟煤；对气密刚玉管炉膛，在刚玉舟中央放置 5～6g 石墨粉。上述封碳量是指导性的，使用者应根据设备的差异调整封碳量，直至气氛符合要求为止。

2）氧化性气氛

高温炉内不放任何含碳物质，并使空气在炉内自由流通。

3）强还原性气氛

先用氮气清扫高温炉内气体，再通入 100%的氢气或一氧化碳。

3. 技术要求

影响煤灰熔融温度测定结果的主要因素有：试验气氛、试样尺寸、高温炉升温速度、温度测量准确性、拖板材料以及观测者主观因素等。

为了保证煤灰熔融温度测定结果的准确可靠，应注意以下问题：

a）高温炉内气氛性质应为试验所要求的气氛性质，每次测量时应检查气氛性质，气氛检查方法有两种，分别叙述如下：

Ⅰ）标准物质测定法：用煤灰熔融性标准物质制成灰锥并测定其熔融特征温度（*ST*、*HT* 和 *FT*）。如其实际测定值与弱还原性气氛下的标准值相差不超过 40℃，则证明炉内气氛为弱还原性，如超过 40℃，则根据它们与强还原性或氧化性气氛下的参比值的接近程度以及刚玉舟中碳物质的氧化情况来判断炉内气氛。

Ⅱ）取气分析法：用一根气密刚玉管从炉子高温带以一定的速度（以不改变炉内气体组成为准）取出气体并进行成分分析。如在 1000～1300℃，还原性气体（一氧化碳、氢气和甲烷等）的体积分数为 10%～70%，同时 1100℃以下还原性气体的总体积和二氧化碳的体积比不大于 1、氧含量低于 0.5%，则炉内气氛为弱还原性。

b）煤灰熔融过程是一个试样从局部熔化到全部熔化的过程，高温炉的热量传到试样，以及试样达到温度均匀都需要一定的时间，因此，煤灰熔融性测定时升温速度应严格遵守标准规定。升温速度太快，测定结果偏高；升温速度太慢，试验周期过长，有时测定结果偏低。

c）煤灰熔融性用温度来表示，因此测定仪温度测量范围、准确度和灵敏度是影响煤灰熔融性测定结果的主要因素。为此，测定仪的温度测量范围至少为0～1500℃，最小分度值为1℃；有足够长的恒温带，其各部位温差小于5℃；高温炉的高温计和热电偶至少每年校准一次，温度校准值及时更新。

d）由于传热的原因，一般尺寸小的试样，温度易达到平衡，所以其测定值一般比尺寸大的试样低，为避免由此产生的测定误差，各国标准方法都对试样尺寸做了严格的规定。另外，试样形状和尺寸对特征温度的定义也有影响。因此，测定煤灰熔融温度时试样形状和尺寸应严格符合标准规定。

e）灰锥托板应在1500℃下不变形，不与试样灰锥发生反应，不吸收灰样，通常随仪器配置。为了避免托板与试样灰锥发生反应，应根据煤灰酸碱性选择相应材质的托板。煤灰成分可分为碱性组分（包括Fe_2O_3、CaO、MgO、Na_2O、K_2O）和酸性组分（包括SiO_2、Al_2O_3、TiO_2）两类。碱性组分与酸性组分之比大于1的煤灰称为碱性灰；两者组分之比小于1的煤灰称为酸性灰。碱性灰应选择氧化镁制托板，酸性灰应选择氧化铝制托板。目前使用较多的是瓷（氧化铝）制托板。

f）当测定仪显示的试样尺寸被放大时，应预先确定灰锥的放大比例（量出灰锥的实际高度和在测定仪显示屏幕上显示的高度，计算出两者的比值），以用于观察流动温度时试样高度的判断。

g）试样的制备包括烧灰和制锥两个环节，每个环节均显著影响煤灰熔融性测定结果。烧灰步骤如下：取粒度小于0.2mm的空气干燥煤样，按GB/T 212—2008的规定将其完全灰化，然后用玛瑙研钵研细至0.1mm以下。制锥要求如下：取1～2g煤灰放在瓷板或玻璃板上，用数滴糊精溶液润湿并调成可塑状，然后用小尖刀铲入灰锥模中挤压成型。用小尖刀将模内灰锥小心地推至瓷板或玻璃板上，于空气中风干或于60℃下干燥备用。除糊精溶液外，可视煤灰的可塑性用水或100g/L的可溶性淀粉溶液。

h）从炉内排出的气体中含有部分一氧化碳，因此，须将这些气体排放到外部大气中，可使用通风橱或排风扇等排出气体。如果使用了氢气，要特别注意防止发生爆炸，应在通入氢气前和停止氢气供入后用二氧化碳冲洗炉内。

i）使用带有自动判断功能的测定仪时，在测定后应对记录下来的图像进行人工核验，以人工核验的测定结果为准。

j）煤灰熔融性测定结果的精密度按表4-15的规定执行。

表 4-15　煤灰熔融性测定结果的精密度

煤灰熔融温度	重复性限/℃	再现性限/℃
DT	≤60	—
ST	≤40	≤80
HT	≤40	≤80
FT	≤40	≤80

煤灰熔融温度的测定值按 GB/T 483—2007 修约到个位，报告值化整到 10℃报出。

第五节　煤中有害元素测定的技术要求

煤中微量元素众多，其中部分元素对煤的加工工艺和环境保护有不利影响，通常把磷、砷、氯、氟、汞等元素称为煤中有害元素。人们长期研究消除或减小煤中有害元素不利影响的方法和途径，准确测定煤中有害元素是相关工作的基础，其测定过程的技术要求尤为重要。

一、 磷的测定

1. 概述

磷在煤中的含量不高，一般为 0.001%～0.1%。《商品煤质量管理暂行办法》规定商品煤中磷含量（P_d）应不大于 0.15%。

煤中磷主要是无机磷［如磷灰石 $3Ca_3(PO_4)_2CaF_2$］及微量的有机磷。无机磷的沸点很高（1700℃以上），所以在煤灰化过程中几乎全部的磷都保留在灰中（虽然有机磷挥发，但对磷含量影响甚微）。

炼焦时煤中磷进入焦炭，而炼铁时磷又从焦炭进入生铁，当其含量超过 0.05%时就会使钢铁产生冷脆性。因此，磷是煤中有害成分。

2. 方法提要

煤样灰化后用氢氟酸－硫酸分解，脱除二氧化硅，然后加入钼酸铵和抗坏血酸，生成磷钼蓝后，用分光光度计测定吸光度，根据工作曲线查得磷含量，进而计算煤样中的磷含量。具体测定步骤详见 GB/T 216—2003《煤中磷的测定方法》。

称取灰样法按公式(4-22) 计算空气干燥煤样中磷的质量分数 P_{ad}(%)，测定结果按 GB/T 483—2007 修约至小数点后三位。

$$P_{ad}=\frac{m_1}{10mV}A_{ad} \tag{4-22}$$

式中　m_1——从工作曲线上查得所分取试液的磷含量，mg；

V——从试液总溶液中所分取的试液体积，mL；

m——灰样质量，g；

A_{ad}——空气干燥煤样的灰分的质量分数，%。

称取煤样法按公式(4-23) 计算空气干燥煤样中磷的质量分数 P_{ad}(%)：

$$P_{ad}=\frac{10m_1}{mV} \tag{4-23}$$

式中符号含义同公式(4-22)。

3. 技术要求

磷钼蓝分光光度法是测定磷含量的经典方法，试验条件均已规范，GB/T 216—2003 对各操作细节均有完善、明确的规定。

为了保证煤中磷测定结果的准确可靠，应注意以下问题：

a) 用硫酸-氢氟酸分解灰时不要蒸干，否则会导致可溶性的磷酸盐变成不溶性的磷的氧化物，使结果偏低。

b) 在分解灰时，开始温度控制在100℃左右，以便氢氟酸与硅充分作用并生成 SiF_4逸出。若温度过高，氢氟酸易分解（沸点为120℃），不能将硅完全除去。然后升高温度，有助于硫酸分解灰样。

c) 磷钼蓝分光光度法的主要干扰元素有硅、砷和锗。可用硫酸-氢氟酸分解样品时硅与氢氟酸作用生成 SiF_4（气态）逸出以除去硅的干扰。通过严格控制磷钼蓝的显色酸度为1.8mol/L来消除砷和锗的干扰：当显色时控制硫酸浓度为1.8～2.0mol/L，只有磷钼酸生成；当低于1.8mol/L时，砷首先显色；低于1.2mol/L时，锗将显色；当大于2mol/L时，虽然砷、锗不显色，但磷钼蓝显色不完全。

d) 混合溶液中各组分的作用如下：钼酸铵的作用是与磷酸生成磷钼酸铵，抗坏血酸的作用是使磷钼酸铵还原生成蓝色的磷钼蓝，而酒石酸锑钾中的锑离子可以使磷钼酸铵在室温下较容易被还原性不强的还原剂（抗坏血酸）较快还原，也就是说起到催化还原的作用。各组分缺一不可。

e) 由于试验中用到氢氟酸，所以煤灰的酸解不能用玻璃器皿或瓷坩埚（主要成分是硅酸盐和二氧化硅）。

f) 绘制工作曲线时，50mL溶液中含0～0.03mg磷，此时磷的浓度与吸光度符合朗伯－比尔定律。因此，要注意所分取试液中磷的含量在此范围内。含磷高时应少取试液或减少称样量。

g) 显色（放置1h）后，应立即比色，不要放置时间过长（超过4h），否则吸光度有下降的趋势。

h) 称取灰样法和称取煤样法中煤样灰化不同。称取灰样法中煤样要按慢灰法灰化，因为涉及灰的折算，且灰要研匀，以使所称取的灰有代表性。称取煤样法中烧灰只需无磷损失，煤样灰化即可，无需在500℃时停留。

i）煤中磷测定结果的精密度按表4-16的规定执行。

表4-16 煤中磷测定结果的精密度

磷含量(P_d)范围/%	重复性限(P_{ad})/%	再现性限(P_d)/%
<0.02	0.002(绝对)	0.004(绝对)
≥0.02	10%(相对)	20%(相对)

二、 砷的测定

1. 概述

煤中砷含量甚微，约为3～5μg/g，少数为10～100μg/g，个别达到1000μg/g。《商品煤质量管理暂行办法》规定商品煤中砷含量（As_d）应不大于80μg/g。

煤中砷主要以硫化物形态与黄铁矿结合在一起（$FeS_2 \cdot FeAs_2$），也有少量与有机物结合。

砷为有害元素。煤炭的燃烧会使砷释放到大气中，从而污染环境，危害人体健康。在国外，当煤直接作为酿造和食品工业的燃料时，要求煤中砷的含量不得超过8μg/g，这是因为煤中砷经燃烧生成的三氧化二砷是一种剧毒物质，微量的砷化物就会使人中毒甚至死亡。另外，焦炭中的砷与磷一样，能使钢铁呈现冷脆性。

2. 方法提要

煤中砷的测定方法主要有两种：砷钼蓝分光光度法、氢化物发生-原子吸收法。其中，砷钼蓝分光光度法为仲裁方法。

1）砷钼蓝分光光度法

将煤样与艾氏卡试剂混合灼烧，用盐酸溶解灼烧物，加入还原剂，使五价砷还原成三价，加入锌粒，放出氢气，使砷形成砷化氢气体释出，然后被碘溶液吸收并氧化成砷酸，加入钼酸铵-硫酸肼溶液使之生成砷钼蓝，然后用分光光度计测定。具体测定步骤详见GB/T 3058—2008《煤中砷的测定方法》。

空气干燥煤样中砷的含量按公式(4-24)计算，测定结果按GB/T 483—2007修约至个位。

$$As_{ad}=\frac{m_1-m_0}{m} \tag{4-24}$$

式中 As_{ad}——空气干燥煤样中砷的质量分数，μg/g；

m_1——从工作曲线上查得样品溶液中砷的质量，μg；

m_0——从工作曲线上查得样品空白溶液中砷的质量，μg；

m——空气干燥煤样的质量，g。

2）氢化物发生-原子吸收法

将煤样与艾氏剂混合灼烧，用盐酸溶解灼烧物，用碘化钾将五价砷还原为三价，再用硼氢化钠将三价砷还原为砷化氢，以氮气为载气将其导入石英管原子化器，用原子吸收法测定。具体测定步骤详见 GB/T 3058—2008。

空气干燥煤样中砷的含量按公式(4-25）计算，测定结果按 GB/T 483—2007 修约至个位。

$$As_{ad}=\frac{m_1-m_0}{m}\times\frac{100}{V} \tag{4-25}$$

式中 As_{ad}——空气干燥煤样中砷的质量分数，μg/g；

m_1——从工作曲线上查得样品溶液中砷的质量，μg；

m_0——从工作曲线上查得样品空白溶液中砷的质量，μg；

100——测定样品溶液的体积，mL；

V——测定时分取样品溶液的体积，mL；

m——空气干燥煤样质量，g。

3. 技术要求

煤中砷的两种测定方法原理有所不同，技术上需注意的问题不尽相同，下面分别介绍各个测定方法的技术要求。

1）砷钼蓝分光光度法

该法精密度和准确度满足要求，但操作烦琐、测定速度较慢。

为了保证砷钼蓝分光光度法测定煤中砷结果的准确可靠，应注意以下问题：

a）As^{3+} 在与氢反应过程中不能 100%转化为 AsH_3，试验结果表明，砷化氢发生法的回收率只有直接法的 84.0%～94.6%，如标准溶液不经过砷化氢发生步骤而直接显色，则其吸光度必较高。因此，工作曲线的制作与煤样分析一样应经过砷化氢发生步骤，而且每分析一批煤样必制作工作曲线，每条曲线至少过 3 点。

b）硫化物硫在酸性溶液中会生成硫化氢气体而析出，硫化氢气体能被碘溶液氧化析出元素硫，致使溶液浑浊，影响比色测定；同时，它消耗了部分碘溶液，影响了砷化氢氧化成砷酸。为此，在气体进入碘吸收溶液之前，用乙酸铅棉花来吸收硫化氢气体以消除干扰。但是，由于煤样与艾氏剂混合灼烧，煤中的硫转化为硫酸盐，砷化氢发生步骤中不会生成硫化氢，所以，即使不放乙酸铅棉花，煤中硫化物硫对砷的测定也无影响。

c）砷测定中的“空白”主要来源于样品处理时所使用的艾氏剂中的氧化镁。另外，砷测定中其他所有的试剂也含有微量的砷。因此，每换一批试剂，特别是艾氏剂时，都应测定砷的空白值，以便从煤样测定结果中扣除；否则，砷测定值偏高。

d）碘吸收溶液的浓度对砷化氢的吸收影响很大。如其浓度太低，则不能充分吸收，使结果偏低；如其浓度太高，则过量的碘会消耗过多的还原剂，使砷钼蓝显色不完全。经过试验研究，3mL 质量浓度为 1.5g/L 的碘溶液既可保证砷化氢吸收完全，又不影响砷钼蓝显色。

e）对于新购置和使用的砷测定器，都应检查其尺寸是否合格、各磨口处是否紧密，然后用下述方法检查砷测定器是否符合要求：在每个测定器中加入 10μg 或 20μg 砷标准工作溶液，按试验程序进行测定，然后与直接法（砷标准工作溶液不经过砷化氢发生步骤，而直接显色）的测定结果相比较，计算其回收率，选择回收率不小于 90%者作为日常使用仪器。

另外，还可采用水封的办法检查砷测定器各磨口处是否漏气，即在烧瓶与外套管、外套管与吸收管的接口处用水封口。在砷化氢发生过程中，如砷测定器漏气，在水封处将有气泡发生，这样的玻璃仪器应舍弃。

f）为了不生成磷钼蓝（其对砷测定造成干扰），设计了砷化氢发生步骤，在此过程中磷不会与氢生成挥发性物质（磷化氢），因此磷保留在溶液中，而使砷与磷分离。

g）砷化氢发生步骤中加入的还原剂为碘化钾和氯化亚锡，其还原能力保证砷酸还原为亚砷酸，但不会生成砷化氢。

h）砷测定器吸收管中除加入碘溶液外，还需加入碳酸氢钠溶液，其作用为消耗生成的氢碘酸，使砷化氢氧化完全。

i）在砷的测定中加入钼酸铵是使砷酸与钼酸铵生成砷钼黄杂多酸，加入硫酸肼是使砷钼黄还原为砷钼蓝。它们的用量要适宜。加多了，浪费试剂；加少了，反应不完全，影响测定结果。

j）在加入钼酸铵一硫酸肼后，在沸水浴中加热吸收管能加速显色。试验结果表明，加热 20～25min 时，吸光度保持不变，超过 25min 后颜色稍加深。所以应控制加热时间为 20min。此外，溶液冷却后应立即比色测定，若不能立即测定也要在显色后 3h 以内比色。

k）锌粒大小对砷化氢吸收影响很大。如锌粒太小，开始反应非常剧烈，碘溶液吸收不完全，而至反应后期，几乎无气泡产生，吸收管中压力过低，使管中溶液倒吸。试验表明，锌粒粒径在 3mm 以上比较合适，GB/T 3058—2008 中规定锌粒粒径约为 5mm。

l）砷化氢析出时间的长短对测定结果影响显著。如析出时间短，碘溶液吸收不完全，砷测定结果偏低。试验表明，析出时间为 60～105min 时砷测定结果恒定。因此，GB/T 3058—2008 规定砷化氢析出时间约为 60min。

m）砷钼蓝分光光度法测定煤中砷的精密度按表 4-17 的规定执行。

表 4-17 砷钼蓝分光光度法测定煤中砷的精密度

砷含量(As_d)范围/(μg/g)	重复性限 As_{ad}/(μg/g)	再现性限 As_d/(μg/g)
<6	1	2
6~20	2	3
>20~60	3	4
>60	10	20

2) 氢化物发生-原子吸收法

该法与砷钼蓝分光光度法相比，有些操作是相同的，比如样品前处理，但该法操作上较为简便，测定灵敏度较高。

为了保证氢化物发生-原子吸收法测定煤中砷结果的准确可靠，应注意以下问题：

a) 当灰分、硫或砷含量高时，煤中砷测定结果偏低，原因是大量的灰、硫与艾氏剂反应，在一定程度上影响砷的氧化和吸收效果。因此，当灰分大于 40%，或砷含量大于 10μg 或全硫含量大于 8%时，称样量从 1g 减少到 0.5g，以避免上述情况的发生。

b) 煤中砷首先生成氧化物，才能被艾氏剂固定。如马弗炉通风不良，此时炉内氧气不足，砷测定结果会偏低 30%~40%，砷会以非氧化物形式析出而未被艾氏剂固定。

c) 将艾氏剂和煤灰中碱性物质完全溶解，对于 1g 试样约需加酸 0.15mol，再过量 50%，总用量约为 0.24mol，即浓盐酸 20mL。为避免加酸时反应过于激烈而使煤样溅失，采用加酸前先用水浸湿灼烧物和分 4 次加酸 20mL 的方式。

d) 五价砷难以被硼氢化钠还原为氢化物，需先将五价砷还原成三价砷。预还原剂有硫酸肼、抗坏血酸、碘化钾、氯化亚锡等。该法采用碘化钾作为预还原剂，其具有掩盖重金属离子的作用；之后，用硫代硫酸钠将碘化钾氧化生成的碘还原为碘离子。试验发现，室温下加入碘化钾溶液后放置 30min，吸收信号即稳定；放置过夜，吸收信号降低约 50%。因此，预还原时间规定为 30min。

e) 溶液酸度显著影响氢化物发生的速度和反应产物。当酸度低时，如砷含量较高，有时会生成固态氢化物（As_2H_4和As_2H_2），使砷测定结果偏低；而酸度大于 3mol/L 时，反应剧烈，产生大量氢气，使砷化氢被稀释，砷测定结果也会偏低；酸度为 1~2mol/L 时，信号强且稳定，该法酸度约为 1.2mol/L。

f) 氢化物发生-原子吸收法测定煤中砷的重复性限和再现性限同砷钼蓝法。国际标准 ISO 11723:2004《固体矿物燃料-砷和硒的测定-艾氏卡混合氢化物发生法》规定：当砷含量小于 1μg/g 时，方法重复性为 0.1μg/g；当砷含量不小于 1μg/g 时，方法重复性为砷含量的 10%。方法再现性限为重复性限的 2 倍，且煤中砷含量测定结果修约至小数点后一位。

三、 氯的测定

1. 概述

煤中氯含量一般很低。我国煤中氯含量通常在0.1%以下，极少数在0.1%～0.2%之间。《商品煤质量管理暂行办法》规定商品煤氯含量（Cl_d）应不大于0.3%。

煤中氯主要是以无机物形态存在，但也有少量氯以有机物形态存在。以无机物存在的氯主要包括钾钠盐矿物（KCl和NaCl）及水氯镁石（$MgCl_2 \cdot 6H_2O$）等。

煤中氯含量的高低可反映出煤中钾、钠等元素含量的高低，而后者是锅炉结渣、沾污、腐蚀的重要因素（高温下氧化钠易挥发，凝结在锅炉受热面上）。在煤的燃烧及炼焦过程中，煤中氯的释出会引起锅炉和炭化室的炉壁及管道腐蚀。煤中氯还是计算煤中矿物质及精确计算煤中氧的主要依据之一。

2. 方法提要

煤中氯的测定方法主要有两种：高温燃烧水解-电位滴定法、艾氏剂熔样-硫氰酸钾滴定法（伏尔哈德法）。

1）高温燃烧水解-电位滴定法

煤样在氧气和水蒸气混合气流中燃烧和水解，煤中氯全部转化为氯化物并定量地溶于水中。以银为指示电极，银-氯化银为参比电极，用硝酸银电位法直接滴定冷凝液中的氯离子浓度，根据硝酸银标准溶液用量计算煤样中的总氯含量。具体测定步骤详见GB/T 3558—2014《煤中氯的测定方法》。

煤中氯含量按公式(4-26）计算，测定结果按GB/T 483—2007修约到小数点后第三位。

$$Cl_{ad}=\frac{(V_2-V_1)cM_{Cl}}{m}\times 100 \tag{4-26}$$

式中 Cl_{ad}——空气干燥基煤样氯含量的质量分数,%；

V_1——标定终点电位的硝酸银标准溶液用量，mL；

V_2——滴定煤样溶液的硝酸银标准溶液用量，mL；

c——硝酸银标准溶液的浓度，mmol/mL；

M_{Cl}——氯的毫摩尔质量，$M_{Cl}=0.03545$g/mmoL；

m——空气干燥基煤样质量，g。

2）艾氏剂熔样-硫氰酸钾滴定法（伏尔哈德法）

煤样与艾氏剂混合，放入马弗炉熔融，将氯转变为氯化物。用沸水浸取，在酸性介质中，加入过量的硝酸银溶液，以硫酸铁铵作指示剂，用硫氰酸钾滴定，以硝酸银溶液的实际消耗量计算煤中氯的含量。具体测定步骤详见GB/T

3558—2014。

按公式(4-27) 计算空气干燥煤样中氯含量，测定结果按 GB/T 483—2007 修约到小数点后第三位。

$$Cl_{ad}=\frac{(V_3-V_4)cM_{Cl}}{m}\times 100 \tag{4-27}$$

式中 Cl_{ad}——空气干燥煤样氯含量的质量分数,%；

V_3——测定煤样时硫氰酸钾标准溶液用量，mL；

V_4——测定空白时硫氰酸钾标准溶液用量，mL；

c——硫氰酸钾标准溶液的浓度，mmol/mL；

M_{Cl}——氯的毫摩尔质量，$M_{Cl}=0.03545$g/mmoL；

m——空气干燥基煤样质量，g。

3. 技术要求

煤中氯的两种测定方法原理各异、操作不同，下面分别介绍各个测定方法的技术要求。

1）高温燃烧水解-电位滴定法

该法测定周期短、空白低、结果准确，不使用任何有机试剂。

为了保证高温燃烧水解-电位滴定法测定煤中氯结果的准确可靠，应注意以下问题：

a）在煤样高温燃烧水解时，为了控制煤样燃烧速度、防止煤样爆燃，需分三段推进装有煤样的瓷舟。如燃烧过快，瞬间产生的氯化氢气体太多，水蒸气不能捕捉住全部的氯化氢，导致氯测定结果偏低；而在高温燃烧水解炉恒温区停留15min，是为了使煤中无机氯充分释放出来，仪器管道滞留的盐酸被冷凝水冲洗干净。

b）称取煤样后需用适量石英砂铺盖在上面以防止燃烧过程中煤粒被氧气流带走导致氯测定结果偏低。

c）滴定溶液的电导率和总离子强度对滴定终点电位有显著影响，因此，要求控制样品溶液的酸度和总离子强度。溶液酸度为0.01～0.05mol/L 且加入 3mL 饱和硝酸钾溶液（试液总体积约 150mL)，滴定终点电位变化微小，对氯测定结果无影响。

d）用 $AgNO_3$滴定氯离子是沉淀反应，只有当溶液中银离子和氯离子的浓度大于氯化银溶度积时，氯化银沉淀才能产生。煤中氯含量很低时，沉淀难形成，直接滴定误差大，加入一定量的标准氯化钠，可提高滴定的准确度。

e）用市售的银-氯化银电极作为参比电极时，也需要用盐桥连接银-氯化银电极与被测溶液，不能将银-氯化银电极直接插入被测溶液中，否则氯测定结果偏高。

f）在电位滴定时，若参比电极电位稳定，则两极间电位差取决于指示电极电位，此时终点电位是一个固定的毫伏数。但该方法用 Ag-AgCl 电极作为参比电极，这种电极没有甘汞电极稳定，它受电极表面的氧化程度、盐桥电阻、AgCl 沉淀因光照变黑等因素影响，它的电位不可能长期稳定。因此，使用这种参比电极不能采用一个固定的滴定终点电位值，而应先制作滴定微分曲线，根据曲线峰值确定硝酸银加入量，再每次测定与之相应的电位值作为终点电位。

g）由于 Cl^- 对 AgCl 沉淀的亲和力很强，加上接近电位滴定终点时，指示电极的电位变化很大，因此很难做到与滴定终点电位完全吻合。扣除与偏离电位相当的 $AgNO_3$ 量可提高测定的准确度，但偏离电位超过 ±3mV，则氯测值误差增大，准确度反而降低，重复性也会变差。

h）煤中氯测定结果的精密度按表 4-18 的规定。

表 4-18　煤中氯测定结果的精密度

重复性限（Cl_{ad}）/%	再现性限（Cl_d）/%
0.010	0.020

2）艾氏剂熔样-硫氰酸钾滴定法（伏尔哈德法）

该法的准确度与精密度均较高，不需特殊仪器，适用于成批测定；但存在测定周期长、空白值高、使用有毒有机试剂等问题。

为了保证艾氏剂熔样-硫氰酸钾滴定法测定煤中氯结果的准确可靠，应注意以下问题：

a）该法的一个优点是对酸度要求不严，只要硝酸浓度大于 0.3mol/L 均能得到准确的结果。如溶液的酸度过低（呈中性或碱性），溶液中会析出水合氧化物沉淀。该法规定过量 5mL 浓硝酸，此时溶液的酸度约为 0.4～0.5mol/L，是较为适宜的酸度。

b）加入已知量的标准氯化钠溶液，可提高滴定的准确度，尤其是氯含量很低时。

c）滴定时由于溶液中存在 AgCl 沉淀，它的溶度积比 AgSCN 高，因此，当溶液中有 SCN^- 离子存在时，生成的 AgCl 会转变成 AgSCN 沉淀。正是这种沉淀的转化，使滴定终点的红色消失，要想得到持久的红色，就要多消耗硫氰酸钾溶液，从而使测定结果偏低。加入正己醇，使 AgCl 沉淀进入有机层而与 SCN^- 离子隔离，从而得到正确的滴定终点。

d）煤样与艾氏剂的灼烧过程中要缓慢加热，否则可能导致氯的大量析出而艾氏剂无法全部固定，造成氯测定结果偏低。

e）灼烧物用热水洗涤时，应本着体积小、多次洗涤的原则进行，洗液总体积不应超过 110mL。体积过大，会影响滴定终点的判断。

f）用标准硫氰酸钾溶液滴定时，应使用微量滴定管，以提高准确度。

g）滴定过程中，溶液搅拌要轻，否则已吸附在正己醇层表面的 AgCl 沉淀会再次进入水溶液，产生沉淀的转化，进而影响滴定终点的判断。

h）艾氏剂熔样-硫氰酸钾滴定法测定煤中氯的重复性限和再现性限同高温燃烧水解-电位滴定法。

四、 氟的测定

1. 概述

我国煤中氟含量一般都在 50～300μg/g 之间，少数高达 2800μg/g。《商品煤质量管理暂行办法》规定商品煤中氟含量（F_d）应不大于 200μg/g。

煤中氟多以无机形态存在。灰分高的煤，一般氟含量较高。

氟是人体中不能缺少但也不可摄取过多的元素。煤燃烧时氟多以四氟化硅形态随烟尘排放到大气中，然后经过雨淋等因素进入附近水源或土壤中。生长在高氟土壤中的植物会通过根部吸收氟化物，人和动物则会因食用高氟食物或饮用高氟水而中毒。

2. 方法提要

煤样在氧气和水蒸气混合气流中燃烧和水解，煤中氟全部转化为挥发性氟化物（SiF_4 及 HF）并定量地溶于水中。以氟电极为指示电极，饱和甘汞电极为参比电极，用标准加入法测定样品溶液中氟离子浓度，计算出煤样中氟含量。具体测定步骤详见 GB/T 4633—2014《煤中氟的测定方法》。

空气干燥煤样中氟含量（F_{ad}）按公式(4-28）计算，测定结果按 GB/T 483—2007 修约到个位。

$$F_{ad}=\frac{C_s V_s}{\text{anti lg}(\Delta E/S)-1}\times\frac{1}{m} \tag{4-28}$$

式中 C_s——加入的氟标准溶液的浓度，μg/mL；

V_s——加入氟标准溶液的体积，V_s=1.00mL；

ΔE——样品溶液加入氟标准溶液前后的响应电位值之差（E_1-E_2），mV；

S——氟离子选择电极的实测斜率；

m——一般分析试验煤样的质量，g。

3. 技术要求

高温燃烧水解-氟离子选择电极法不受煤中灰分的影响，空白值低，除了适用于煤中总氟量的测定，还适用于水泥、土壤及岩石中微量氟的测定。

为了保证煤中氟测定结果的准确可靠，应注意以下问题：

a）煤燃烧后煤灰中残留的氟化物，在氧气和水蒸气的气流下，900℃时就开始分解，进入1000℃温度区5min后氟化物基本已释放完毕。考虑到某些特殊煤样可能存在难分解的含氟矿物，所以把最高分解样品的温度定为1100℃。

b）氧气流量对氟测定值有显著影响。当氧气流量低于200mL/min时，燃烧管内呈弱还原性气氛，煤中硫化物被还原成元素硫，沉积于石英管末端，对氟化物有吸附作用，造成测值偏低；当氧气流量大于500mL/min时，含氟的混合气流在冷凝管内停留时间短，冷凝效果不好，氟被带出也会使测定结果偏低。

c）试验中发现，若不先通水蒸气15min，第一个样品测定结果会偏低。这可能是由于冷凝管系统未经冷凝水润湿，容易吸附SiF_4化合物，从而造成氟测定值偏低。先通水蒸气15min可避免上述现象。

d）煤灰中碱金属和碱土金属氟化物分解后很快形成碱性氧化物，这种氧化物很容易与HF反应，把刚释放出来的氟又吸收回去。加入的石英砂与HF反应生成稳定的SiF_4化合物，这种化合物较易转入水中，此外，粒度为0.5～1mm的石英砂可增加混合样品的透气性，加快有机物的燃烧速度，防止小颗粒煤灰被气流吹走。

e）因为样品溶液最后要定容为100mL，之前要用少量NaOH中和样品分解产生的硫酸和硝酸，还要加入10mL总离子强度缓冲溶液，大约共有15mL。因此，样品水解形成的冷凝液体积应控制在85mL以内。

f）试液中氟离子对氟电极的响应电位在pH值等于6时测量较为准确。当pH值大于6时，溶液中OH^-对氟电极有响应，将引入正误差；当pH值小于6时生成HF，将引入负误差。用NaOH中和溶液到指示剂变蓝色，此时溶液pH值约为5.6，加入10mL总离子强度缓冲溶液，可控制溶液pH值等于6。

g）氟离子选择电极斜率理论值为59.2，当电极实际斜率低于55.0时，则应抛光电极，或更换新的电极。在一定温度下，选择性电极的斜率是常数。在25℃时一价离子为59.2mV，二价离子为29.6mV。然而，任何一种电化学传感器，它的实际传感灵敏度都要偏离理论计算值，这是由于传感器老化、表面光洁度及被测物所处的物理环境等所致。氟电极实际斜率往往在理论斜率的80%～110%之间变化，必须经常校正。

h）为减小氟测定误差，加入的标准氟含量（C_sV_s）宜大于试液中氟含量（C_xV_x）的4倍。在实际操作中可根据E_1的数值选择加入不同氟含量标准溶液的浓度，控制ΔE在20～40mV之间。

i）煤中氟测定结果的重复性限和再现性限按表4-19的规定。

表4-19　煤中氟测定结果的精密度

氟含量(F_d)范围/(μg/g)	重复性限 F_{ad}	再现性限 F_d
≤150	15μg/g(绝对)	20μg/g(绝对)
＞150	10%(相对)	15%(相对)

五、 汞的测定

1. 概述

煤中含有微量汞，含量大多在 10～300ng/g 之间。《商品煤质量管理暂行办法》规定商品煤中汞含量（Hg_{d}）应不大于 0.6μg/g。

煤中汞以无机汞（如硫化汞、氧化汞）和有机汞形态存在。

汞为有害元素，煤中汞在燃烧过程中，一部分转移至大气中，一部分固定在灰渣和飞灰中，从而污染大气、土壤和水源。

2. 方法提要

煤中汞的测定方法主要有三种：冷原子吸收光谱法、原子荧光光谱法、直接法。

1）冷原子吸收光谱法

煤样分解方法有两种，分别为湿法（酸分解法）和氧弹燃烧法。

a）湿法　以五氧化二钒为催化剂，用硝酸－硫酸分解煤样，使煤中汞转化为二价汞离子，再用氯化亚锡将汞离子还原为汞原子蒸气，用冷原子吸收光谱仪测定汞的含量。具体测定步骤详见 GB/T 16659—2008《煤中汞的测定方法》。

煤中汞含量按公式(4-29）计算，测定结果按 GB/T483—2007 修约到小数点后三位。

$$Hg_{ad}=\frac{m_1-m_2}{m} \tag{4-29}$$

式中　Hg_{ad}——空气干燥煤样中汞的含量，μg/g；

m_1——从工作曲线上查得的汞的质量，μg/g；

m_2——空白试验测定的汞的质量，μg/g；

m ——空气干燥煤样的质量，g。

b）氧弹燃烧法　煤样在氧弹中燃烧，燃烧中形成的各种形态汞被水吸收，用氯化亚锡将汞离子还原为汞原子蒸气，用冷原子吸收光谱仪测定汞的含量。国际标准 ISO 15237:2016 测定煤中汞时采用了氧弹燃烧法处理煤样。

ISO 15237:2016 规定了煤中汞含量按公式(4-30）计算，测定结果按 GB/T 483—2007 修约到 20ng/g 的倍数。

$$Hg_{ad}=\frac{\rho_t-\rho_b}{10m}\times 1000 \tag{4-30}$$

式中　Hg_{ad}——空气干燥煤样中汞的含量，ng/g；

ρ_t——从工作曲线上查得的样品溶液中汞的浓度，μg/L；

ρ_b——从工作曲线上查得的空白溶液中汞的浓度，μg/L；

m——空气干燥煤样的质量，g。

2）原子荧光光谱法

除了用原子荧光光谱仪测定处理后的煤样外，原子荧光光谱法的方法提要与冷原子吸收光谱法相同。具体测定步骤详见 GB/T 16659—2008。

3）直接法

准确称取试验煤样直接送入测汞仪内，经干燥、分解、氧化后，各种形态的汞以气态释放出来，在齐化管内发生金汞齐化作用被富集，再通过快速加热释放汞原子，利用原子吸收光谱仪测定释放出的汞。

3. 技术要求

冷原子吸收光谱法与原子荧光光谱法有相同的煤样分解方式，两种光谱法的原理也有部分相通之处，如汞蒸气的形成等，因此，将这两种方法的技术要求合并给出；此外，湿法和氧弹燃烧法在方法原理上差异较大，需分别给出技术上需注意的问题。直接法与上述两种方法不同、操作差异明显，技术要求单独给出。

1）湿法

该法需严格控制加热温度和时间，耗时长、酸雾多、操作较烦琐。

为了保证湿法测定煤中汞结果的准确可靠，应注意以下问题：

a）煤样分解的温度对测定结果有较大影响。温度过低时，分解反应缓慢，样品分解时间长且分解不易完全；温度过高时，分解反应剧烈，可能导致汞的挥发损失。试验结果表明，以五氧化二钒为催化剂用硝酸-硫酸加热分解煤样时应先在120℃左右分解约 2h，再升温至 160℃左右继续分解约 2h，此时，煤样分解完全，测定结果回收率较高。在分解煤样过程中需用坩埚盖将锥形瓶（汞蒸气发生瓶）盖上，以增加一定气压促使煤样分解，又可避免酸的过快挥发。

b）冷原子吸收法测定汞时干扰较少。如有金、银、铅等元素的存在，当它们被还原后有可能形成汞齐而干扰测定，但这些元素在煤中含量甚微，其影响可忽略。Br^-、I^-、S^{2-} 等元素的存在有可能与汞形成络合物而干扰测定，其中 S^{2-} 在处理煤样过程中转化为SO_4^{2-}，不再干扰测定，而 Br^- 和 I^- 在煤中一般不存在或含量甚微，对测定结果不会产生明显影响。

c）环境温度对吸光度的测定有影响。当环境温度低于 10℃，吸光度测定的灵敏度显著下降。此外，在测定时试样溶液的温度与系列标准溶液的温度应一致以保证测定结果的准确。

d）在测定吸光度时，载气有可能将水蒸气带入吸收池，从而给测定造成影响，使测定结果不稳定。为防止水蒸气对吸光度测定的干扰，经试验证明，在试液中加入一定量的无水乙醇作为表面活性剂，可抑制气泡的产生以减少水蒸气。此外，在汞蒸气进入吸收池之前可通过干燥管将水蒸气吸收，使之不致进入汞蒸气吸收池。

e）使用硅胶作为干燥剂对汞蒸气有明显的吸附滞留作用，从而降低测定的灵敏度，而无水氯化钙无此影响。因此，选用无水氯化钙作为干燥剂。

f）气液体积比对吸光度的测定有显著影响。气液体积比是指反应瓶内盛有试液时，其净空间体积与试液体积之比。研究发现，气液体积比越大，吸光度测定的灵敏度越高。选用 50mL 带刻度锥形瓶分解煤样，将试液稀释至约 30mL，直接用于吸光度测定，这样既可满足测定灵敏度的要求，又可避免试液转移或分取带来的误差。

g）载气流速的大小对汞测定结果影响较大。载气流速过大将会稀释进入吸收池的汞蒸气浓度；流速较小则使汞的气化速度减缓，在测定时间内进入吸收池的汞蒸气量减少。上述两种情况均会导致测定灵敏度降低。试验表明，当载气流速为 800mL/min 时，汞的吸光度最大，因此规定空气载气流速为 800mL/min。

h）该方法的重复性限为 0.060μg/g。

2）氧弹燃烧法

氧弹燃烧法操作简便、快速，能有效防止汞的挥发损失。这里介绍 ISO 15237：2016 规定的氧弹燃烧-冷原子吸收法。

a）试剂。

Ⅰ）汞标准储备溶液：1000μg/mL。

准确称取 1.0000g 高纯汞（99.9%），加入 25%（体积分数）硝酸 5mL，移入 1000mL 容量瓶中，再用去离子水定容，摇匀。

Ⅱ）汞标准中间溶液：10μg/mL。

吸取汞标准储备溶液（1000μg/mL）5mL 于 500mL 容量瓶中，加入 10mL 浓硝酸，用水稀释至刻度线，充分摇匀后，转移至塑料瓶中，冷藏。

Ⅲ）汞标准工作溶液：0.1μg/mL。

吸取汞标准溶液（10μg/mL）10mL 于 1000mL 容量瓶中，用水稀释至刻度，现用现配。

Ⅳ）氯化亚锡溶液：10%。

称取 10g 氯化亚锡于 200mL 煤杯中，加入 45mL 浓盐酸，用水稀释至 100mL。

Ⅴ）高锰酸钾溶液：50g/L。

溶解 5g 高锰酸钾，用水稀释至 100mL。

Ⅵ）盐酸羟胺（$HON H_2 HCl$）溶液：15g/L。

溶解 1.5g 盐酸羟胺，用水稀释至 100mL。

b）标准系列溶液的配制。

Ⅰ）取 4 个 100mL 容量瓶，分别吸取 0.1μg/mL 的汞标准工作溶液 0.00mL、3.0mL、5.0mL 和 10.0mL，置于上述 4 个容量瓶中，各加入 10%（体积分数）硝酸溶液 10mL，用水稀释至刻度，摇匀。

Ⅱ）滴加 50g/L 的高锰酸钾，直至高锰酸钾颜色持续 60s。

c）样品溶液的制备。

Ⅰ）将氧弹、电极、坩埚用 10%（体积分数）硝酸浸泡 5min，接着分别用水冲洗干净并擦干，每次氧弹燃烧试验之前，重复上述清洗过程。

Ⅱ）称取（1±0.1)g 煤样于坩埚中，氧弹内加入 10mL 水，装好氧弹，充氧到 3MPa，将氧弹放置在盛有 2L 水的内桶中，接通电极点火，静置 10min 后取出氧弹，擦干氧弹外表面。

Ⅲ）缓缓放气，放气时间大于 2min；放气完毕后，打开氧弹，用水仔细清洗氧弹内部及坩埚，将氧弹内洗液转移至盛有 10mL 10%（体积分数）硝酸溶液的 100mL 容量瓶中，加入 0.5mL 50g/L 的高锰酸钾，用水稀释至刻度，摇匀。

d）空白溶液的制备。除不加煤样外，按样品溶液的步骤制备空白溶液。

e）冷原子吸收测定。已制备的溶液转移至汞蒸气发生瓶，加入 5mL 盐酸羟胺。当高锰酸钾褪色后，等待 30s，加入 5mL 氯化亚锡，立即将汞蒸气发生瓶接入冷原子吸收分光光度计，测定汞的吸光度。标准溶液、样品溶液和空白溶液按相同的方式测定。

f）结果计算。以标准溶液的吸光度为纵坐标，其相应的汞质量为横坐标绘制工作曲线。利用样品溶液和空白溶液测定的吸光度从工作曲线上查得汞的质量。

g）所用水为 GB/T 6682—2008《分析实验室用水规格和试验方法》（ISO 3696）规定的一级水。

h）ISO 15237:2003 规定的氧弹燃烧法煤中汞测定结果的精密度见表 4-20。

表 4-20 氧弹燃烧法煤中汞测定结果的精密度

重复性限/(ng/g)	再现性限/(ng/g)
$0.14\ Hg_{ad}+8$	$0.25\ Hg_{d}+20$

3）直接法

与氧弹燃烧法相比，直接法操作更为简便、试验周期更短，无需样品前处理，可直接测定煤中汞含量。这里介绍 ASTM D 6722:2011 规定的直接法。

a）试剂。

Ⅰ）高纯氧气：满足直接法测定仪的要求。

Ⅱ）煤中汞有证标准物质。

b）仪器。测定仪由以下装置构成：干燥室、热分解炉、催化炉、金汞齐化器、（原子吸收）测量装置、汞阴极灯等。

c）仪器校准。

Ⅰ）选择煤中汞标准物质，只要可能，两个标准物质的汞量值能覆盖测量范围，第三个标准物质的汞量值在测量范围内。为了避免可能的污染，样量少于 5g

的煤中汞标准物质最好舍弃。

Ⅱ）把煤中汞标准物质当作样品测量，校准时采用分析状态基准的量值（将汞的干燥基值换算成空气干燥基值），直到5次连续汞测量值在方法重复性限内，按照说明书的要求进行仪器校准。

Ⅲ）校准后，测量两个煤中汞标准物质，其测量结果应在标准物质认定值的不确定度范围内。

Ⅳ）定期进行校准检查。检查时若标准物质测量值超出不确定度范围，则仪器重新校准，且舍弃最近一次校准检查以来所有的测量结果。

d）测定。建议热分解炉的操作温度设定在800℃，催化炉的操作温度设定在550℃。按照仪器说明书的测定步骤进行试样的测定。

e）为防止煤样中水分形成的水蒸气对吸光度测定的干扰（汞蒸气对特征谱线吸收的干扰），煤样需预先干燥。

f）卤素、氮氧化物和硫氧化物可能与汞形成络合物而干扰测定，因此在催化炉中将其固定除去。此外，氧化汞在催化炉中还原为汞蒸气。

g）ASTM D 6722:2011规定的直接法煤中汞测定结果的精密度见表4-21。

表4-21 直接法煤中汞测定结果的精密度

汞含量（Hg_d）范围/（μg/g）	重复性限/（μg/g）	再现性限/（μg/g）
0.017～0.586	$0.008+0.06\ Hg_{ad}$	$0.007+0.13\ Hg_d$

参考文献

[1] 韩立亭．煤炭试验方法标准及其说明［M］.4版．北京：中国标准出版社，2015.

[2] 中华人民共和国国家质量监督检验检疫总局，中国国家标准化管理委员会．煤中全水分的测定方法：GB/T 211—2017［S］．北京：中国标准出版社，2017.

[3] 中华人民共和国国家质量监督检验检疫总局，中国国家标准化管理委员会．煤的工业分析方法：GB/T 212—2008［S］．北京：中国标准出版社，2008.

[4] 中华人民共和国国家质量监督检验检疫总局，中国国家标准化管理委员会．煤的发热量测定方法：GB/T 213—2008［S］．北京：中国标准出版社，2008.

[5] 中华人民共和国国家质量监督检验检疫总局，中国国家标准化管理委员会．煤中全硫的测定方法：GB/T 214—2007［S］．北京：中国标准出版社，2007.

[6] 中华人民共和国国家质量监督检验检疫总局，中国国家标准化管理委员会．煤中磷的测定方法：GB/T 216—2003［S］．北京：中国标准出版社，2003.

[7] 中华人民共和国国家质量监督检验检疫总局，中国国家标准化管理委员会．煤灰

熔融性的测定方法：GB/T 219—2008 [S]．北京：中国标准出版社，2008.

[8] 中华人民共和国国家质量监督检验检疫总局，中国国家标准化管理委员会．煤中碳和氢的测定方法：GB/T 476—2008 [S]．北京：中国标准出版社，2008.

[9] 中华人民共和国国家质量监督检验检疫总局，中国国家标准化管理委员会．煤炭分析试验方法一般规定：GB/T 483—2007 [S]．北京：中国标准出版社，2007.

[10] 中华人民共和国国家质量监督检验检疫总局，中国国家标准化管理委员会．煤中砷的测定方法：GB/T 3058—2008 [S]．北京：中国标准出版社，2008.

[11] 中华人民共和国国家质量监督检验检疫总局，中国国家标准化管理委员会．煤中氯的测定方法：GB/T 3558—2014 [S]．北京：中国标准出版社，2014.

[12] 中华人民共和国国家质量监督检验检疫总局，中国国家标准化管理委员会．煤中氟的测定方法：GB/T 4633—2014 [S]．北京：中国标准出版社，2014.

[13] 中华人民共和国国家质量监督检验检疫总局，中国国家标准化管理委员会．煤中汞的测定方法：GB/T 16659—2008 [S]．北京：中国标准出版社，2008.

[14] 中华人民共和国国家质量监督检验检疫总局，中国国家标准化管理委员会．煤中氮的测定方法：GB/T 19227—2008 [S]．北京：中国标准出版社，2008.

[15] 中华人民共和国国家质量监督检验检疫总局，中国国家标准化管理委员会．煤中全硫测定　红外光谱法：GB/T 25214—2010 [S]．北京：中国标准出版社，2010.

[16] 中华人民共和国国家质量监督检验检疫总局，中国国家标准化管理委员会．煤的工业分析方法　仪器法：GB/T 30732—2014 [S]．北京：中国标准出版社，2014.

[17] 中华人民共和国国家质量监督检验检疫总局，中国国家标准化管理委员会．煤中碳氢氮的测定　仪器法：GB/T 30733—2014 [S]．北京：中国标准出版社，2014.

第五章

能力验证

能力验证通过实验室间比对的方式验证实验室的能力，并监测实验室持续的能力。实验室的能力通常指实验室进行检测或校准的能力。本章内容中实验室的能力主要指检测的能力。

能力验证（proficiency testing）： 利用实验室间比对，按照预先制定的准则评价参加者的能力。

实验室间比对（interlaboratory comparison）： 按照预先规定的条件，由两个或多个实验室对相同或类似的物品实施检测或校准的组织、实施和评价。

参加者（participant）： 接受能力验证物品并提交结果以供能力验证提供者评价的实验室、组织或个人。

从统计的角度，实验室能力可用三个尺度来刻画：实验室偏倚、稳定性和重复性。

实验室偏倚（laboratory bias）： 一个特定的实验室的结果的期望（平均值）与接受参照值之差。

稳定性（stability）： 在同一实验室于不同时间间隔对同一物品进行独立检测或校准，其结果保持稳定的程度。

重复性（repeatability）： 在同一实验室，由同一操作员使用相同的设备，按相同的检测方法，在短时间内对同一物品进行独立检测或校准，其结果间的一致程度。

能力验证是评估实验室偏倚的常用方法，当然也可通过检测标准物质来估计实验室偏倚。实验室偏倚包括检测方法的偏倚和偏倚的实验室分量两部分。

检测方法偏倚（bias of the measurement method）： 所有采用该方法的实验室所得检测结果的期望与接受参照值之差。

偏倚的实验室分量（laboratory component of bias）： 实验室偏倚与检测方法偏倚之差。

稳定性通过对保留样本的再检测或标准物质的定期检测进行评估，也可利用多轮能力验证结果绘制控制图来估计实验室的稳定性。

重复性评估的数据可在实验室日常工作中得到，或由专门用于评估重复性而进行的实验得到，因此重复性评估不是能力验证的主要目的。

可见，能力验证主要用于评估实验室偏倚，多轮能力验证计划还可用于实验室稳定性的评估。

能力验证计划完成后，能力验证提供者应向参加者提供能力验证报告，报告中包含参加者的能力评价，并反馈建议或有教育意义的评论，以促进参加者能力的提升。

能力验证计划（proficiency testing scheme）：在检测或校准的某个特定领域，设计和运作的一轮或多轮能力验证。

注：一项能力验证计划可包含一种或多种特定类型的检测或校准。

能力验证轮次（proficiency testing round）：向参加者发放能力验证物品、评价和报告结果的单个完整流程。

能力验证提供者（proficiency testing provider）：对能力验证计划建立和运作中所有任务承担责任的组织。

能力验证物品（proficiency testing item）：用于能力验证的样品、产品、人工制品、标准物质/标准样品、设备部件、检测标准、数据组或其他信息。

图 5-1 给出了能力验证计划实施过程中应用统计技术的流程图。

CNAS-CL03:2010《能力验证提供者认可准则》和 GB/T 28043—2011《利用实验室间比对进行能力验证的统计方法》给出了能力验证的相关内容。本章据此进行阐述和讨论。

第一节　能力验证样品均匀性和稳定性评价

能力验证样品的一致性是实施能力验证的前提条件。能力验证提供者应确保能力验证中出现的不满意结果不归咎于样品之间或样品本身的变异性。因此，对于能力验证样品的待测特性量，应进行均匀性检验和稳定性检验。

能力验证物品可能为非实物的数据或其他信息，而数据或其他信息与实物样品不同，只要各数据组信息相同，“物品”即可认为足够均匀，且无需考察其稳定性。因此，均匀性和稳定性评价是针对以实物形态表现的能力验证样品而言的。

对于需制备批量样品的能力验证计划，通常应进行样品均匀性检验；而稳定性检验，应根据样品的性质和计划的要求来决定。若样品特性较不稳定，例如煤的黏结指数特性，其样品稳定性应予以考虑。

均匀性检验或稳定性检验的结果，可根据有关统计量显著性检验或样品的变化能否满足能力验证计划要求的不确定度进行评价。CNAS-GL003：2018《能力验证样品均匀性和稳定性评价指南》提供了相关指导。

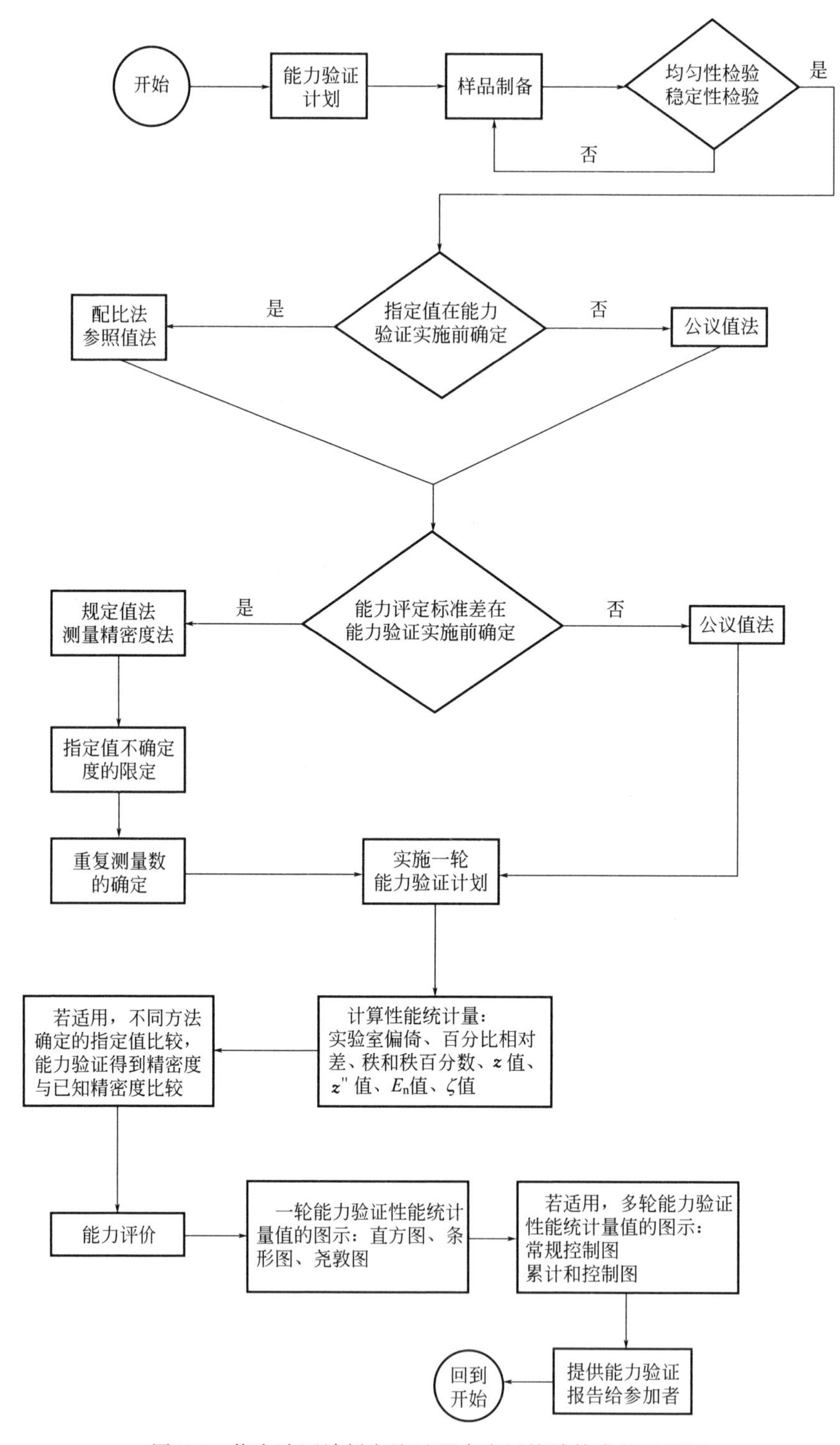

图 5-1　能力验证计划实施过程中应用统计技术的流程图

一、 均匀性检验

1. 均匀性检验要求

a）对能力验证计划所制备的每一个样品进行编号，从样品总体中随机抽取 10 个或 10 个以上的样品用于均匀性检验。若必要，也可在特性量可能出现差异的部位按一定规律抽取相应数量的检验样品。

b）对抽取的每个样品，在重复条件下至少检测 2 次。重复检测的样品应分别单独取样。为了减小检测中定向变化的影响（飘移），样品的所有重复检测应按随机次序进行。

c）均匀性检验中所用的检测方法，其精密度和灵敏度不应低于能力验证计划预定检测方法的精密度和灵敏度。

d）特性量的均匀性与取样量有关。均匀性检验所用的取样量不应大于能力验证计划预定检测方法的取样量。

e）当检测样品有多个待测特性量时，可从中选择有代表性和对不均匀性敏感的特性量进行均匀性检验。

f）对检验中出现的异常值，在未查明原因之前，不应随意剔除。

g）当均匀性检验结果不符合评价准则时，参加者应检测多个样品或者在能力评价标准差中应考虑样品的不均匀性，并应改进样品制备方法。

2. 单因素方差分析法

为检验样品的均匀性，从能力验证制备的样品中随机抽取 i 个样品（$i=1$，2，…，m），每个样品在重复条件下检测 j 次（$j=1$，2，…，n）。

每个样品的检测平均值$\overline{x}_i$ 为：

$$\overline{x}_i = \sum_{j=1}^{n_i} \frac{x_{ij}}{n_i} \tag{5-1}$$

全部样品检测的总平均值$\overline{\overline{x}}$为：

$$\overline{\overline{x}} - \sum_{i=1}^{m} \frac{\overline{x}_i}{m} \tag{5-2}$$

检测总次数 N 为：

$$N = \sum_{i=1}^{m} n_i \tag{5-3}$$

样品间平方和SS_1 为：

$$SS_1 = \sum_{i=1}^{m} n_i \ (\overline{x}_i - \overline{\overline{x}})^2 \tag{5-4}$$

样品间均方MS_1 为：

$$MS_1=\frac{SS_1}{m-1} \tag{5-5}$$

样品内平方和SS_2为：

$$SS_2=\sum_{i=1}^{m}\sum_{j=1}^{n_i}(x_{ij}-\overline{x}_i)^2 \tag{5-6}$$

样品内均方MS_2为：

$$MS_2=\frac{SS_2}{N-m} \tag{5-7}$$

计算统计量 F：

$$F=\frac{MS_1}{MS_2} \tag{5-8}$$

若计算的 F 值小于自由度为（$m-1$，$N-m$）及给定显著性水平为 α（通常取 $\alpha=0.05$）的临界值F_{α}（$m-1$，$N-m$），则表明样品内特性量值变化和样品间特性量值变化无显著性差异，可认为样品是均匀的。

以煤中氟含量的均匀性检验为例说明单因子方差分析的应用。

随机抽取 10 个样品，每个样品重复检测 2 次，检测结果见表 5-1。

表 5-1 煤中氟含量检测结果 μg/g

样品编号(i)	检测次数(j)	
	1	2
1	251	252
2	244	235
3	243	255
4	253	255
5	242	254
6	249	255
7	247	252
8	251	256
9	267	249
10	254	249
总平均值	250.7	

表 5-2 单因素方差分析结果

方差来源	自由度	平方和	均方	F	S_s/(μg/g)
样品间	9	424.05	47.12	1.16	1.83
样品内	10	404.50	40.45		

$F_{0.05(9,10)}=3.02$，由表 5-2 可知，$F<F_{0.05(9,10)}$，这表明在 95%的置信水平下，各个样品中的氟含量是均匀的。

3. $S_s \leqslant 0.3\sigma$ 准则

从能力验证制备的样品中随机抽取 i 个样品（$i=1$，2，…，m），每个样品在重复条件下检测 j 次（$j=1$，2，…，n）。

按“单因素方差分析法”中所列公式计算MS_1和MS_2。若每个样品的重复检测次数均为 n 次，按公式(5-9) 计算样品间不均匀性标准差 S_s：

$$S_s=\sqrt{\frac{MS_1-MS_2}{n}} \tag{5-9}$$

若 $S_s \leqslant 0.3\sigma$，可认为样品特性量值在本轮能力验证计划中是均匀的。σ 是本轮能力验证计划中能力评价标准差的目标值。

能力评价标准差（standard deviation for proficiency assessment）：根据可获得的信息，用于评价能力验证结果分散性的度量。

若表 5-1 所进行的能力验证计划的能力评价标准差目标值为 $\sigma=10\mu g/g$，则 $0.3\sigma=3\mu g/g$。由表 5-2 可知，$S_s \leqslant 0.3\sigma$，所以对于本轮能力验证计划各个样品中的氟含量是均匀的。

二、 稳定性检验

对于某些性质较不稳定的能力验证样品，运输和检测时间对特性量可能会产生影响。因此，在将样品发送给实验室之前，需要进行有关条件的稳定性检验。

1. 稳定性检验要求

a）稳定性检验的样品应从包装单元中随机抽取，抽取的样品数具有足够的代表性，通常每个时间点抽取不少于 3 个样品。

b）对抽取的每个样品，在重复条件下至少检测 2 次。

c）稳定性检验中所用的检测方法，其精密度和灵敏度不应低于能力验证计划预定检测方法的精密度和灵敏度，并且具有很好的复现性。

d）当样品有多个待测特性量时，应选择容易发生变化和有代表性的特性量进行稳定性检验。

2. t 检验法

1）一系列检测的平均值与标准值的比较

按公式(5-10) 计算 t 值：

$$t=\frac{|\overline{x}-\mu|\sqrt{n}}{S} \tag{5-10}$$

式中 n——检测次数，不少于6；

$\overline{x}$——某时间点 n 次检测的平均值；

μ——参考值，可采用均匀性检验的总平均值；

S——n 次检测结果的标准差。

若 $t<t_{\alpha(n-1)}$，则平均值与参考值之间无显著性差异，可认为样品特性量值在考察期间内是稳定的。$t_{\alpha(n-1)}$ 是显著性水平为 α（通常 $\alpha=0.05$）和自由度为 $n-1$ 的 t 分布临界值。

2）两个平均值之间的一致性

按公式(5-11) 计算 t 值：

$$t=\frac{|\overline{x}_2-\overline{x}_1|}{\sqrt{\frac{(n_1-1)S_1^2+(n_2-1)S_2^2}{n_1+n_2+2}\times\frac{n_1+n_2}{n_1n_2}}} \tag{5-11}$$

式中 $\overline{x}_1$——第一次检验数据的平均值；

$\overline{x}_2$——第二次检验数据的平均值；

S_1——第一次检验数据的标准差；

S_2——第二次检验数据的标准差；

n_1——第一次检验的次数，不少于6；

n_2——第二次检验的次数，不少于6。

若 $t<t_{\alpha(n_1+n_2-2)}$，则两个平均值之间无显著性差异，可认为样品特性量值在两个平均值检测期间内是稳定的。

3. 0. 3σ 准则法

若公式(5-12) 成立，则认为被检验的样品在考察期间内是稳定的。

$$|\overline{x}-\overline{y}|\leqslant 0.3\sigma \tag{5-12}$$

式中 $\overline{x}$——均匀性检验的总平均值；

$\overline{y}$——稳定性检验时抽取样品的检测平均值；

σ——能力验证计划中能力评价标准差的目标值。

第二节 指定值的确定及其标准不确定度的计算

指定值的确定有以下方法：配比法、参考值法、公议值法。按照以上确定指定值的方法次序，通常指定值的不确定度逐渐增大。当参加计划的实验室数很少时，公议值法可能不适用。

指定值（assigned value）：对能力验证物品的特定性质赋予的值。

注：在某些定性或半定量计划中，能力验证物品的特性不是以量值来表示的。

按 JJF 1059.1—2012《测量不确定度评定与表示》对指定值的不确定度进行评价。

推荐使用稳健统计方法来计算指定值及其不确定度，当稳健统计方法不适用时，也可使用包含了离群值剔除的统计方法。

稳健统计方法（robust statistical method）：对给定概率模型假定条件的微小偏离不敏感的统计方法。

对于定性数据，其指定值通常由专家进行判断形成专家公议值。有时可使用大多数参加者的结果来确定公议值，参加者的比例应预先确定，如 80%或更高。

若以公议值作为指定值，能力验证提供者应根据能力验证计划方案来评估指定值的不确定度。

若指定值由参加者的公议值确定，宜确定该指定值的正确度。例如，将指定值与一个具备专业能力的实验室得到的参考值进行比较来确定指定值的正确度。

若指定值由参加者的公议值确定，宜检查能力验证结果数据的分布。对能力验证的结果只要求近似正态分布，尽可能对称，但分布应是单峰的。如分布中出现双峰或多峰，则表明参加者中存在群体性系统偏差，这时应研究原因，并采取相应的措施。例如，可能是使用了产生不同结果的两种检测方法造成的双峰分布。在这种情况下，应对两种方法的数据进行分离，然后对每一种方法的数据分别进行统计分析。

能力验证计划协调者应负责指定值的确定，并出具一份包含以下内容的报告：指定值的确定方法、确定指定值的实验室、指定值的溯源性和不确定度的说明。在参加者将自己的实验结果报告给协调者之前，指定值不应透露给参加者。

指定值（assigned value）：对能力验证物品的特定性质赋予的值。

注：在某些定性或半定量计划中，能力验证物品的特性不是以量值来表示的。

协调者（coordinator）：负责组织和管理能力验证计划运作中所有活动的一人或多人。

一、 配比法

当被检测物品由特定比例的成分混合组成，或由添加一定比例的成分到基质中得到时，指定值 X 可通过各组分的量值计算获得。

指定值的不确定度根据 JJF 1059.1—2012 确定，用不确定度分量来合成标准不确定度。

当各成分差异较大、很难混匀时，该方法应慎用。

二、 参考值法

若能力验证中所用物品为有证标准物质，则其标准值即可作为指定值，标准值的不确定度即为指定值的不确定度。

为能力验证中的每个参加者都提供一份有证标准物质会比较昂贵。

三、 公议值法

1. 专家实验室的公议值

准备分发给参加者的能力验证物品，从中随机选取一部分样本，由一组专家实验室进行分析，这组专家实验室可以是一轮能力验证计划的部分参加者，在这一轮计划完成后确定指定值及其不确定度。指定值 X 由这组专家实验室报告结果的稳健平均值得到，具体计算方法见本章第六节算法 A。如果有可靠的统计学理论基础并在能力验证报告中描述所使用方法，也可使用其他计算方法。

当 p 个专家实验室均报告了能力验证物品的检测值x_i及其标准不确定度的估计值u_i，且指定值 X 是由算法 A 得到的稳健平均值，则指定值 X 的标准不确定度由公式(5-13) 估计：

$$u_X = \frac{1.25}{p}\sqrt{\sum_{i=1}^{p} u_i^2} \tag{5-13}$$

注：对于来自正态分布的一个大样本（$p>10$），系数 1.25 是中位数的标准差和算术平均值的标准差之比。由算法 A 得到的稳健平均值的标准差是未知的，但它会落在算术平均值的标准差和中位值的标准差之间。对于 $p<10$，两者比例系数小于 1.25，因而该公式得到的估计将更为保守。

当专家实验室没有报告标准不确定度，或不确定度未被独立确认时，指定值的标准不确定度应由公式(5-14) 来估计。

专家实验室确定的公议值有其局限性：这组专家实验室的结果中可能存在未知的偏倚，并且所报出的不确定度未必可靠。

2. 参加者的公议值

该方法是将一轮能力验证计划中所有参加者报告结果的稳健平均值作为该轮计划中被检测特性的指定值 X，其计算可使用本章第六节算法 A。如果有可靠的统计学理论基础并在能力验证报告中描述所使用方法，也可使用其他计算方法。

当指定值为按算法 A 得到的稳健平均值时，指定值 X 的标准不确定度由公式(5-14) 估计：

$$u_X = 1.25\, S^* / \sqrt{p} \tag{5-14}$$

式中　S^*——算法 A 计算得到的稳健标准差（能力评价标准差）。

该方法的局限性在于：参加者中可能不存在真正的公议值；公议值可能会包含检测方法本身的偏倚，此偏倚不包含在如上计算的指定值的标准不确定度中。

四、指定值的核对

当使用配比法和参考值法计算指定值 X 时，在每轮能力验证计划后还应按公议值法计算稳健平均值x^*，将其与指定值比较。当使用公议值法计算指定值时，该指定值宜与一个具备专业能力的实验室得到的参比值作比较。差值（x^*-X）的标准不确定度由公式(5-15）估计：

$$u_{x^*-X}=\sqrt{\frac{(1.25S^*)^2}{p}+u_X^2} \tag{5-15}$$

若$|x^*-X|$比其不确定度的两倍还大，则需查找原因。可能的原因如下：

——检测方法偏倚；

——实验室偏倚；

——当使用"专家实验室"的公议值作为指定值时，专家实验室存在偏倚；

——当使用参加者的公议值作为指定值时，使用的检测方法存在偏倚，或某些实验室存在偏倚。

五、对指定值不确定度的限定

当指定值的标准不确定度u_X远大于能力评价标准差$\hat{\sigma}$时，会存在一种风险，即某些实验室将会因为指定值不准确而收到行动或警戒信号，而不是因为实验室内部的任何原因。为了避免此种情况，能力验证提供者应当有依据其不确定度来判断指定值是否可接受的准则。

协调者应确定指定值的标准不确定度，并报告给参加能力验证计划的实验室。

当$u_X \leqslant 0.3\hat{\sigma}$时，指定值的不确定度可忽略。

当以上要求不满足时，协调者应考虑以下方面：

a）寻找一种指定值的确定方法，使指定值的不确定度满足以上要求。

b）在能力验证结果的评价中使用指定值的不确定度（如用 E_n值或 z'值)。

c）通知能力验证参加者，指定值的不确定度不可忽略。

假定指定值 X 由 11 个实验室结果的平均值$\bar{x}$确定，能力评价标准差为这 11 个结果的标准差，则$\hat{\sigma}=S$。指定值的标准不确定度可为$u_X=S/\sqrt{11}\approx 0.3s$，显然符合以上要求。然而，当实验室数少于 11 个时则不满足该要求。

第三节　能力评价标准差的确定

能力评价标准差的大小影响着能力评价准则的宽严。协调者应负责能力评价标准差确定方法的选择。能力评价标准差确定方法包括：规定值法、精密度值法和公议值法。

一、 规定值法

能力评价标准差$\hat{\sigma}$可设定为某一符合实验室能力水平的值或由法规要求的值。

当检测方法的重复性和再现性已知时，以下方法可用于检查所规定的$\hat{\sigma}$是否合理。

计算实验室间标准差：

$$\sigma_L = \sqrt{\sigma_R^2 - \sigma_r^2} \tag{5-16}$$

式中 σ_R——检测方法再现性标准差；

σ_r——检测方法重复性标准差。

将σ_L、σ_r和规定的$\hat{\sigma}$的值代入公式(5-17)中，可得系数$\varnothing$：

$$\hat{\sigma} = \sqrt{(\varnothing \sigma_L)^2 + \sigma_r^2/n} \tag{5-17}$$

式中 n——能力验证中各实验室的重复检测次数。

当所得$\varnothing$很小（<0.5）时，表明实际上实验室无法达到与规定的$\hat{\sigma}$对应的再现性水平。

二、 精密度值法

当能力验证计划中使用已标准化的检测方法，且该方法的重复性和再现性已知时，按公式(5-16)计算实验室间标准差σ_L，则能力评价标准差按公式(5-18)计算如下：

$$\hat{\sigma} = \sqrt{\sigma_L^2 + \sigma_r^2/n} \tag{5-18}$$

三、 公议值法

评价一轮能力验证计划中参加者能力的标准差$\hat{\sigma}$可为该轮计划参加者结果的稳健标准差，具体计算方法见本章第六节算法A。参加者的结果应是此轮计划中实验室n次重复检测的平均值。

第四节　能力统计量的计算及能力评价

能力验证结果通常需要转化为能力统计量，以便与确定的目标（能力评价准则）进行比较来度量与指定值的偏离，最终对实验室能力进行评价。

能力统计量，又称性能统计量，包括：实验室偏倚、百分相对差、秩和秩百分数、z 比分数、z'比分数、E_n值、ζ 比分数。

一、 实验室偏倚

设 x 表示一轮能力验证计划中参加者对能力验证物品的某种特性报告的结果，则该特性的实验室偏倚估计值 D 由公式(5-19) 计算：

$$D=x-X \tag{5-19}$$

式中　X——一轮能力验证计划的指定值。

不推荐使用$|D|$或D^2，这样会掩盖偏倚的方向。

实验室偏倚的能力评价准则如下：

当$|D|>3\hat{\sigma}$，则参加者所在的实验室接到“行动信号”。当$|D|\leqslant 3\hat{\sigma}$且$|D|>2\hat{\sigma}$，则参加者所在的实验室接到“警戒信号”。一轮计划中出现一个“行动信号”，或连续两轮计划中出现“警戒信号”，则认为出现异常数据，需进行原因分析，并采取措施加以改进。

上述能力评价准则的制定依据为：若 x 来自于服从正态分布的总体，且 X 和 $\hat{\sigma}$是总体均值和标准差的最佳估计值，那么 D 值也近似服从正态分布，其均值为零，且其标准差为$\hat{\sigma}$。在此情形下，实验室偏倚的估计值落在$|D|>3\hat{\sigma}$范围内的概率仅有 0.3%，而落在$|D|>2\hat{\sigma}$范围内的概率则有 4.6%。行动信号的发生概率很低，当没有真正的问题存在时行动信号很难出现，所以若出现了行动信号则认为有异常情况发生是合理的。当能力评价标准差为规定值时，此时概率 0.3%和 4.6%可能不适用。其他能力统计量的评价准则与此有相同或相似的制定依据。

二、 百分相对差

百分相对差由公式(5-20) 定义：

$$D_{\%}=100(x-X)/X \tag{5-20}$$

百分相对差的能力评价准则如下：

当$|D_{\%}|>300\hat{\sigma}/X$，则参加者所在的实验室接到“行动信号”。当$|D_{\%}|\leqslant 300\hat{\sigma}/X$ 且$|D_{\%}|>200\hat{\sigma}/X$，则参加者所在的实验室接到“警戒信号”。一轮计划中出现一个“行动信号”，或连续两轮计划中出现“警戒信号”，则认为出现异常数据，需进行原因分析，并采取措施加以改进。

三、 秩和秩百分数

根据 p 个实验室在一轮能力验证计划的结果，指定报告结果最小的实验室的秩为1，结果第二小的实验室的秩为2，以此类推，直到报告最大结果的实验室的秩为 p，由此确定实验室的秩。若有两个或更多的结果相同，则将这几个实验室的秩指定为它们秩的算术平均值。

若秩表示为 $i=1, 2, \cdots, p$，则秩百分数为：$(i-0.5)/p\times100\%$。

秩和秩百分数提供了一种确定能力验证结果最极端的实验室的简单方法，该方法能判定最有可能改进能力的实验室。但秩与秩百分数给出的信息有限，缺乏能力评价准则，因此对秩的使用应慎重。

四、z 比分数

z 比分数，又称 z 值，其定义为：

$$z=(x-X)/\hat{\sigma} \tag{5-21}$$

z 比分数的能力评价准则如下：

若 $|z|>3.0$，则参加者所在的实验室接到“行动信号”。若 $|z|\leqslant3.0$ 且 $|z|>2.0$，则参加者所在的实验室接到“警戒信号”。一轮计划中出现一个“行动信号”，或连续两轮计划中出现“警戒信号”，则认为出现异常数据，需进行原因分析，并采取措施加以改进。

当实验室数很少（如少于10）时，可能没有给出任何“行动信号”或“警戒信号”。此时应使用结合了多轮能力验证结果所得若干 z 比分数的图示法，将提供更多的有关实验室能力的信息。

五、z′ 比分数

z'值，又称 z'分数或 z'值，其定义为：

$$z'=(x-X)/\sqrt{\hat{\sigma}^2+u_X^2} \tag{5-22}$$

公式(5-22) 的适用条件为：指定值与参加者的结果不相关。当指定值的确定未用到参加者的结果或专家实验室没有参加能力验证时，可用公式(5-22) 来计算 z'值。当使用参加者的公议值作为指定值时，指定值与参加者的结果相关，因而此时 z'值是无效的。

z'值与 z 比分数有相同的解释，并有相同的临界值2.0和3.0。

在一轮能力验证计划中，z'值将小于相应的 z 比分数，且相差一个常数因子——$\hat{\sigma}/\sqrt{\hat{\sigma}^2+u_X^2}$。当指定值的不确定度可忽略时，$z'$值与 z 比分数几乎相等。当需要考虑指定值的不确定度时，建议使用 z'值，即使会增加复杂性和向参加者解释的难度。

六、 E_n值

E_n值，又称E_n数，其定义为：

$$E_n=\frac{x-X}{\sqrt{U_x^2+U_X^2}} \tag{5-23}$$

式中 U_x——参加者结果x的扩展不确定度；

U_X——X的扩展不确定度。

与公式(5-22)的适用条件相同：仅当x和X相互独立时，公式(5-23)才成立。

当用扩展因子$k=2$计算扩展不确定度时，E_n值的临界值1.0等价于z比分数的临界值2.0；当用扩展因子$k=3$计算扩展不确定度时，E_n值的临界值1.0等价于z比分数的临界值3.0。因此，E_n值的能力评价准则如下：若$|E_n|>1.0$，则参加者所在的实验室接到“行动信号”或“警戒信号”。一轮计划中出现一个“行动信号”，或连续两轮计划中出现“警戒信号”，则认为出现异常数据，需进行原因分析，并采取措施加以改进。

当参加者可能对其不确定度理解不足，且不能以统一的形式做出不确定度评估报告时，应谨慎使用E_n值。如果能力统计量需使用参加者报告的不确定度估计值时，只有当所有参加者采用一致的方法评估不确定度时，E_n值才有意义。

七、 ζ比分数

ζ比分数，又称ζ值，其定义为：

$$\zeta=(x-X)/\sqrt{u_x^2+u_X^2} \tag{5-24}$$

式中 u_x——参加者结果x的标准不确定度；

u_X——X的标准不确定度。

ζ值与E_n值的差别在于用标准不确定度代替了扩展不确定度。

公式(5-24)成立的条件与公式(5-23)相同：x和X相互独立。

ζ值的能力评价准则与z值相同，具体如下：

若$|\zeta|>3.0$，则参加者所在的实验室接到“行动信号”。若$|\zeta|\leqslant 3.0$且$|\zeta|>2.0$，则参加者所在的实验室接到“警戒信号”。一轮计划中出现一个“行动信号”，或连续两轮计划中出现“警戒信号”，则认为出现异常数据，需进行原因分析，并采取措施加以改进。

通常情况下，计算能力统计量时一般不会把参加实验室不确定度的信息包含在内。只有当存在可确认实验室对于自身结果的标准不确定度估计值的有效方法时，ζ值可代替z比分数使用，且与z比分数使用相同的临界值2.0和3.0。当不存在这样的方法时，ζ值只能与z比分数联合使用，作为评价实验室能力的辅助统计量。

八、定性结果

对于定性数据，宜描述所有参加者结果的分布，以及每一类结果的数量或百分比，并给出总计统计量（如众数和极差）。

众数（mode）：一组数据中出现次数最多的数值。

定性结果评价时，可采用直接将参加者结果与指定值进行比较的方法。如两者相同，则结果是满意的；如两者不相同，可由专家判断参加者结果是否满足预期用途。专家达成一致是评估定性结果的典型方法。某些情况下，能力验证提供者可审查参加者的结果，并确定能力验证物品的适用性和指定值是否准确。

此外，也可根据与指定值的接近程度评价定性结果的可接受性，例如，结果落在指定值上下一个范围内即为可接受的。某些情况下，利用百分比评价能力也是可行的，如可以规定距离众数或指定值最远的5%的结果是不可接受的。

第五节　能力统计量值的图示法

只要可能，能力验证提供者应使用图示法来显示参加者的能力。

一、直方图

绘制 z 比分数的直方图需收集一轮能力验证计划中一种特性值的 z 比分数。为了图示清晰，z 比分数直方图的组距设为0.3～0.5。在±2.0和±3.0处画直线，代表能力评价的临界值。直方图的范围定位±6.0，若所得结果没有超出这个范围，或紧密集中在中间部位，可考虑其他合适的范围。

表5-3给出的一轮能力验证计划中三种不同水平样品的挥发分产率的 z 比分数，样品A的 z 比分数直方图见图5-2。

表5-3　一轮能力验证计划中三种不同水平样品挥发分产率 z 比分数

实验室编号	z 比分数		
	样品A	样品B	样品C
A	0.09	−0.28	0.54
B	−0.90	−2.18	−1.46
C	0.29	0.80	0.64
D	1.50	−0.14	0.64
E	0.78	0.16	0.39

续表

实验室编号	z 比分数		
	样品 A	样品 B	样品 C
F	0.48	−0.24	0.15
G	−0.21	0.10	1.27
H	−0.54	−1.38	−0.68
I	1.04	−0.18	0.10
J	0.35	1.12	0.32
K	−0.96	2.54	−0.52
L	−0.08	−0.88	0.28
M	0.91	−0.62	0.99
N	−1.33	−0.66	−0.76
O	−0.06	−0.06	−1.24
P	−2.91	1.38	−1.98
Q	−0.87	0.00	−0.44
R	−1.34	0.18	−0.66
S	0.25	−0.50	0.41
T	−0.04	2.06	−1.24
U	1.73	1.12	1.00
V	−0.43	−1.24	−0.82
W	−0.17	0.20	0.80
X	0.85	0.80	0.94
Y	−0.31	−0.40	−0.94
Z	1.66	1.72	3.10
a	−0.84	0.66	0.23

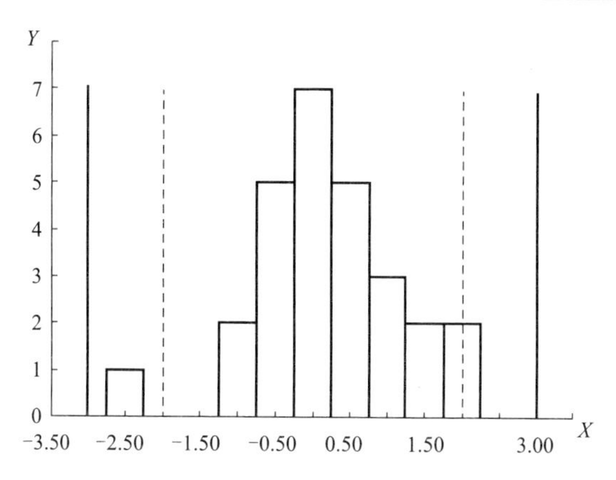

图 5-2　一轮能力验证计划中样品 A 的 z 比分数的直方图

X—z 比分数；Y—实验室数

当需要绘制实验室偏倚或百分相对差的直方图时，与 z 比分数直方图等价的直方图组距、警戒限、行动限和直方图范围等参数如表 5-4 所示。

表 5-4 直方图的参数

能力统计量	直方图组距	警戒限	行动限	直方图范围
实验室偏倚	$0.3\hat{\sigma}\sim0.5\hat{\sigma}$	$\pm2.0\hat{\sigma}$	$\pm3.0\hat{\sigma}$	$\pm6.0\hat{\sigma}$
百分相对差	$30\hat{\sigma}/X\sim50\hat{\sigma}/X$	$\pm200\hat{\sigma}/X$	$\pm300\hat{\sigma}/X$	$\pm600\hat{\sigma}/X$
z 比分数	0.3～0.5	±2.0	±3.0	±6.0

若 z 比分数直方图的尾部超出了－3.0～＋3.0 的比例较多，则表明其原因可能在于使用的检测方法，而不在于参加者的能力，因此需要改进检测方法，或放宽能力评价标准（即，增大$\hat{\sigma}$）。若 z 比分数直方图均在－2.0～＋2.0，或仅有一个或两个 z 比分数在这个范围之外，则建议加严能力评价标准（即减小$\hat{\sigma}$）。

二、 条形图

绘制 z 比分数的条形图需收集一轮能力验证计划中每位参加者相同特性不同水平的若干 z 比分数。条形图适合于将一些相同特性不同水平的 z 比分数表示在同一图中，它可以表示出某个参加者该特性的所有 z 比分数是否存在一些共同特性，从而更为可靠地判断实验室的能力。

根据表 5-3 所给出的一轮能力验证计划中三种不同水平样品的挥发分产率的 z 比分数，其条形图见图 5-3。

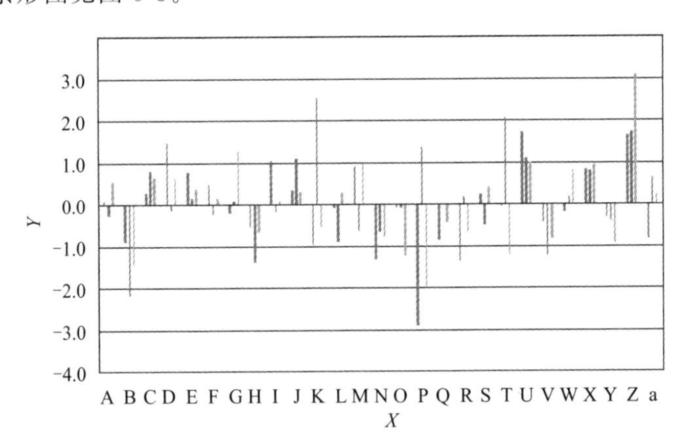

图 5-3 一轮能力验证计划中三种不同水平样品 z 比分数的条形图

X—实验室编号；Y—z 比分数

图 5-3 中，每个参加者检测了三种不同水平样品的挥发分产率。由图 5-3 可知，实验室 B 和 Z 在三个水平上均存在相同方向的实验室偏倚，且偏倚值较大，

应检查原因。实验室 K 和 P 的结果在各个水平上其偏倚的方向是不同的，但变动范围较大，应检查检测方法的精密度和检测结果的复现性。

三、 尧敦图

当在一轮能力验证计划中采用分割水平样品对时，尧敦图提供了评价这些结果的有效的图示方法。

用 A 和 B 表示两种不同水平的样品，A 的检测结果为：$x_{A,1}$，$x_{A,2}$，…，$x_{A,p}$，B 的检测结果为：$x_{B,1}$，$x_{B,2}$，…，$x_{B,p}$，其中 p 为实验室数。

这两组数据的均值、标准差和相关系数分别为：$\overline{x}_A$，$\overline{x}_B$，S_A，S_B，$\hat{\rho}$。

分别计算两样品的 z 比分数：

$$z_A=(x_A-\overline{x}_A)/S_A$$

$$z_B=(x_B-\overline{x}_B)/S_B$$

计算两样品的组合 z 比分数：

$$z_{A,B}=\sqrt{z_A^2-2\hat{\rho}z_Az_B+z_B^2} \tag{5-25}$$

置信椭圆方程可用霍特林（Hotelling）T^2 检验来表示：

$$z_A^2-2\hat{\rho}z_Az_B+z_B^2=(1-\hat{\rho}^2)T^2 \tag{5-26}$$

$$T^2=2\frac{p-1}{p-2}F_{1-\alpha}(2,p-1) \tag{5-27}$$

式中 $F_{1-\alpha}$（2，$p-1$）——自由度为 2 和（$p-1$）的 F 分布的（$1-\alpha$）分位数。

表 5-5 为煤中全硫的能力验证计划结果及其统计处理。样品 A 和 B 为一对分割水平样品。表 5-5 中给出了结果数、中位值、*NIQR*、稳健变异系数（稳健 *CV*）、最小值、最大值和极差等统计量。

表 5-5 煤中全硫能力验证计划结果及其统计处理

实验室代码	样品 A/%	样品 B/%	*S*	*ZB*	*D*	*ZW*
01	0.927	0.857	1.2615	−3.05 §	0.0495	0.35
03	0.952	0.886	1.2997	−0.68	0.0467	−0.12
04	0.977	0.888	1.3188	0.51	0.0629	2.58 *
05	0.995	0.921	1.3548	2.74 *	0.0523	0.82
06	0.915	0.852	1.2495	−3.79 §	0.0445	−0.47
07	0.962	0.900	1.3166	0.37	0.0438	−0.59
08	0.966	0.891	1.3131	0.15	0.0530	0.93
09	0.950	0.889	1.3004	−0.63	0.0431	−0.71
10	0.969	0.901	1.3223	0.73	0.0481	0.11

续表

实验室代码	样品 A/%	样品 B/%	S	ZB	D	ZW
11	0.949	0.904	1.3103	−0.02	0.0318	−2.58 *
12	0.961	0.890	1.3089	−0.11	0.0502	0.47
13	0.940	0.888	1.2926	−1.12	0.0368	−1.76
14	1.020	0.950	1.3930	5.11 §	0.0495	0.35
15	0.956	0.898	1.3110	0.02	0.0410	−1.06
17	0.960	0.912	1.3237	0.81	0.0339	−2.23 *
18	0.943	0.864	1.2777	−2.04 *	0.0559	1.40
结果数	16	16	16		16	
中位值	0.958	0.891	1.3106		0.0474	
$NIQR$	0.0143	0.0106	0.01612		0.00603	
稳健 CV	1.49	1.19	1.23		12.72	
最小值	0.915	0.852	1.2495		0.0318	
最大值	1.020	0.950	1.3930		0.0629	
极差	0.105	0.098	0.1435		0.0311	

注：1. 加 § 的值为不满意结果，即 $|z| \geqslant 3$；加 * 的值为有问题结果，即 $2 < |z| < 3$。

2. 稳健 $CV = NIQR/$中位值$\times 100\%$。

图 5-4 为根据表 5-5 制作的尧敦（Youden）图。每个实验室的结果对，用黑点·表示。图中的椭圆表示约为 95%概率的置信区域，椭圆的中心为两个样品中位值的交点。

处于椭圆外的所有的点都标有相应的实验室代码。但要注意，这些点并不意味着都是离群。这是因为离群的标准（$z \geqslant 3$）的置信水平约为 99%，而椭圆是约 95%的置信水平。

这意味着，如果数据中没有离群值，期望大约有 5%的结果将在椭圆外。然而因为能力验证的数据通常包含一些离群值，所以在大多数情况下将有超过 5%的点在椭圆外。

图中椭圆外的点，大体相当于那些 z 比分数大于 2 或小于 −2 的值。因此，结果在椭圆之外但还不是离群值的实验室应当复查它们的结果。

尧敦图是真实数据的图示。在椭圆外的实验室能清晰地看到它们的结果是怎样不同于其他实验室的。

尧敦图可用来说明：

a）含有明显系统误差（即实验室间变异）的实验室将在椭圆的右上象限或者左下象限，即两个样品的结果异常地高或低；

b）随机误差（即实验室内变异）明显高于其他参加者的实验室将处于椭圆外

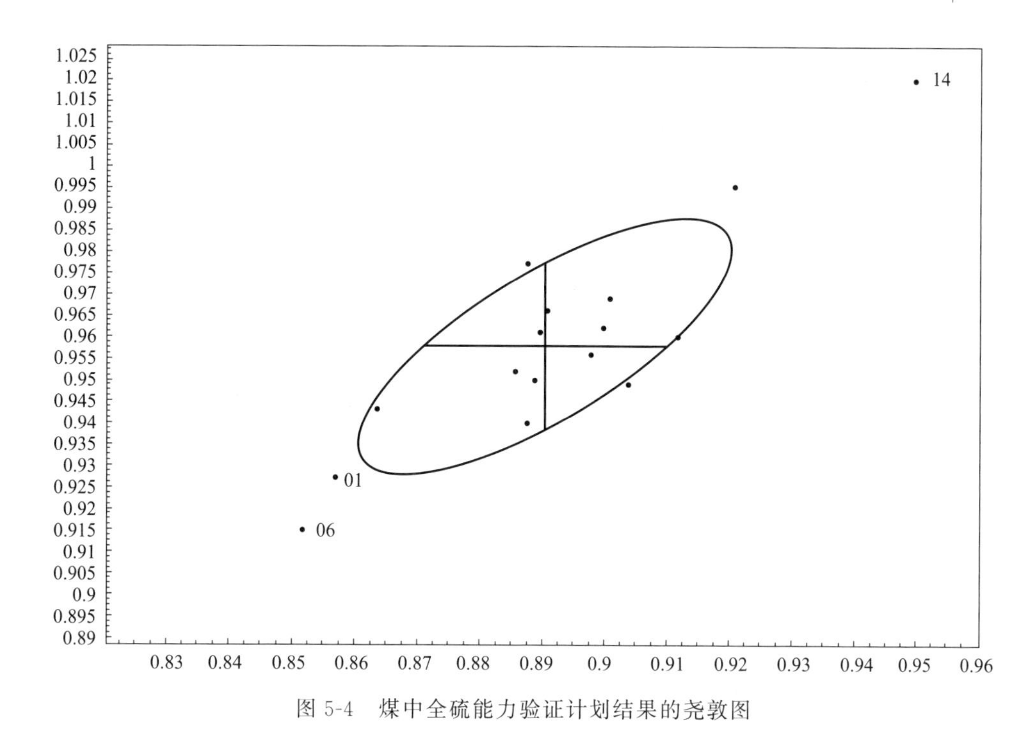

图 5-4 煤中全硫能力验证计划结果的尧敦图

的左上或右下象限，即一个样品的结果过高，而另一个则过低。

然而应注意，尧敦图只是用来说明数据，并不用来准确评价实验室的能力（能力的评价仍由 z 比分数确定）。

组合 z 比分数可确定尧敦图离群的点，当需剔除离群值时，可用组合 z 比分数确定剔除的点。

若要在以原始检测单位为坐标轴的图中绘制置信椭圆，可用下式将上述的点转换为原始单位：

$$x_A = \overline{x}_A + s_A z_A$$

$$x_B = \overline{x}_B + s_B z_B$$

若要在以实验室偏倚 D_A 和 D_B 为坐标轴的图中绘制置信椭圆，可用下式将上述的点转换为实验室偏倚：

$$D_A = s_A z_A$$

$$D_B = s_B z_B$$

若要在以百分相对差 $D_{A\%}$ 和 $D_{B\%}$ 为坐标轴的图中绘制置信椭圆，可用下式将上述的点转换为百分相对差：

$$D_{A\%} = 100 s_A z_A / x_A$$

$$D_{B\%} = 100\, s_B z_B / x_B$$

四、 z比分数的常规控制图

常规控制图是一种能识别 z 比分数出现较大变异的有效方法。用单个实验室在不同时间所参加的能力验证计划所得 z 比分数绘制常规控制图，行动限和警戒限分别设在±3.0和±2.0。不同特性的 z 比分数可放在同一图中，但不同特性的点应标识清楚。

常规控制图中，在下列情况下给出失控信号：

a）有一个点落在行动限（±3.0）外；

b）连续三个点中有两个点落在警戒线（±2.0）外。

当发出失控信号时，说明实验室的稳定性出现问题，需进行原因分析，并采取措施加以改进。

表5-6给出了实验室参加20轮能力验证计划所得 z 比分数。图5-5为根据表5-6中 z 比分数绘制的常规控制图。

表5-6 20轮能力验证计划结果的 z 比分数及其累积和

实验日期	z 比分数	z 比分数累积和
1991年9月	−1.4	−1.4
1991年12月	−0.9	−2.3
1992年3月	0.2	−2.1
1992年6月	1.0	−1.1
1992年9月	−0.4	−1.5
1992年12月	0.0	−1.5
1993年3月	0.9	−0.6
1993年6月	2.0	1.4
1993年9月	1.7	3.1
1993年12月	−0.8	2.3
1994年3月	−1.0	1.3
1994年6月	−2.0	−0.7
1994年9月	−1.6	−2.3
1994年12月	1.5	−0.8
1995年3月	0.1	−0.7
1995年6月	−1.9	−2.6
1995年9月	−0.7	−3.3
1995年12月	0.3	−3.0
1996年3月	−1.3	−4.3
1996年6月	−0.4	−4.7

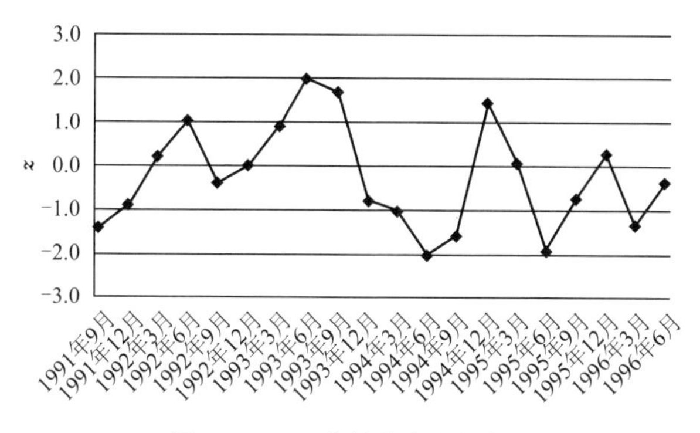

图 5-5　z 比分数的常规控制图

$\hat{\sigma}$值可能在每轮计划中都会有显著的变化。通常，由于参加者逐渐熟悉能力验证计划或者方法得到改进，实验室间标准差会随时间而减小。即便参加者本身的能力没有变化时，也会导致 z 比分数的明显变大。因而利用实验室 z 比分数值来寻找几轮计划中可能的趋势会产生一定的问题。但该缺点可通过规定$\hat{\sigma}$为若干轮计划中所得标准差的稳健联合值来克服，具体计算方法见本章第六节算法 S。

五、 z 比分数的累积和控制图

z 比分数的累积和控制图是一种识别特性值是否存在偏倚的有效方法。绘制 z 比分数的累积和控制图，需计算一个实验室在多轮能力验证计划中所得 z 比分数的累积和。z 比分数累积和的目标值为零。每个特性应分别绘制 z 比分数的累积和控制图。

失控信号的判断见 GB/Z 4887—2006《累积和图　运用累积和技术进行质量控制和数据分析指南》。当累积和控制图给出了失控信号时，实验室应采取措施并加以改进。

表 5-6 给出了实验室参加 20 轮能力验证计划所得 z 比分数的累积和。图 5-6 为根据表 5-6 中 z 比分数累积和绘制的控制图。

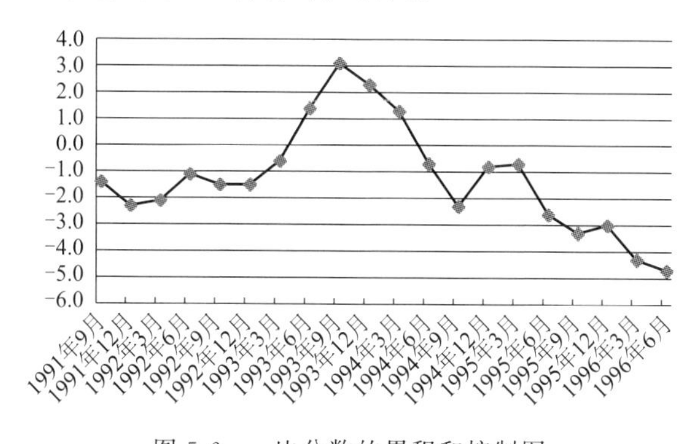

图 5-6　z 比分数的累积和控制图

第六节　能力验证计划中常用稳健统计方法

由能力验证计划参加者的结果确定指定值和能力评价标准差，是能力验证常用的方法。指定值和能力评价标准差的确定可采用经典方法，用格拉布斯(Grubbs)准则等统计方法剔除离群值后计算平均值和标准差，以平均值和标准差作为指定值和能力评价标准差。更为常用的方法是用稳健统计方法计算指定值和能力评价标准差，该方法不需要用统计方法剔除离群值。例如，使用中位值和标准化四分位距法、GB/T 28043—2019 推荐的算法 A 或算法 S，以中位值或稳健平均值作为指定值，以标准化四分位距、稳健标准差或标准差的稳健联合值作为能力评价标准差。

一、算法 A

按递增顺序排列 p 个数据，表示为：x_1，x_2，…，x_i，…，x_p。这些数据的稳健平均值和稳健标准差分别记为x^*和 S^*。

计算x^*和 S^*的初始值如下（med 表示中位数）：

$$x^* = \mathrm{med}(x_i) \quad (i=1,2,\cdots,p) \tag{5-28}$$

$$S^* = 1.483\mathrm{med}(x_i - x^*) \quad (i=1,2,\cdots,p) \tag{5-29}$$

按以下步骤更新x^*和S^*的值，计算 δ：

$$\delta = 1.5\,S^* \tag{5-30}$$

对每个x_i（$i=1$，2，…，p），计算：

$$x_i^* = \begin{cases} x^* - \delta, 若 x_i < x^* - \delta \\ x^* + \delta, 若 x_i > x^* + \delta \\ x_i, 其他 \end{cases} \tag{5-31}$$

再由下式计算x^*和S^*的新的取值：

$$x^* = \sum_{i=1}^{p} x_i^* / p \tag{5-32}$$

$$S^* = 1.134\sqrt{\sum_{i=1}^{p} \frac{(x_i^* - x^*)^2}{p-1}} \tag{5-33}$$

稳健估计值x^*和S^*可由迭代计算得出，直至过程收敛。当稳健标准差的第三位有效数字和稳健平均值相对应的数字在连续两次迭代中不再变化时，即可认为过程是收敛的。

算法 A 的示例见表 5-7。第一列的英文字母为实验室代码，各实验室的结果在第二列中。经过5次迭代，稳健估计值的计算过程收敛。稳健估计值x^*和S^*分别为11.03和3.04。

表5-7 算法A的计算

迭代步骤	0	1	2	3	4	5
$\delta=1.5S^*$	—	5.29	4.78	4.63	4.58	4.56
$x^*-\delta$	—	5.56	6.25	6.40	6.45	6.46
$x^*+\delta$	—	16.14	15.81	15.67	15.61	15.59
P	2.18	5.56	6.25	6.40	6.45	6.46
R	6.95	6.95	6.95	6.95	6.95	6.95
N	7.00	7.00	7.00	7.00	7.00	7.00
K	8.10	8.10	8.10	8.10	8.10	8.10
B	8.29	8.29	8.29	8.29	8.29	8.29
Q	8.39	8.39	8.39	8.39	8.39	8.39
a	8.47	8.47	8.47	8.47	8.47	8.47
H	9.38	9.38	9.38	9.38	9.38	9.38
V	9.71	9.71	9.71	9.71	9.71	9.71
Y	10.10	10.10	10.10	10.10	10.10	10.10
G	10.40	10.40	10.40	10.40	10.40	10.40
W	10.50	10.50	10.50	10.50	10.50	10.50
L	10.80	10.80	10.80	10.80	10.80	10.80
O	10.85	10.85	10.85	10.85	10.85	10.85
T	10.90	10.90	10.90	10.90	10.90	10.90
A	11.30	11.30	11.30	11.30	11.30	11.30
S	11.80	11.80	11.80	11.80	11.80	11.80
C	11.90	11.90	11.90	11.90	11.90	11.90
J	12.10	12.10	12.10	12.10	12.10	12.10
F	12.50	12.50	12.50	12.50	12.50	12.50
E	13.40	13.40	13.40	13.40	13.40	13.40
X	13.60	13.60	13.60	13.60	13.60	13.60
M	13.80	13.80	13.80	13.80	13.80	13.80
I	14.20	14.20	14.20	14.20	14.20	14.20
D	15.60	15.60	15.60	15.60	15.60	15.59
Z	16.07	16.07	15.81	15.67	15.61	15.59
U	16.30	16.14	15.81	15.67	15.61	15.59
平均值	10.91	11.03	11.03	11.03	11.03	11.03
标准差	3.13	2.81	2.72	2.69	2.68	2.68
新的x^*	10.85	11.03	11.03	11.03	11.03	11.03
新的S^*	3.53	3.19	3.09	3.05	3.04	3.04

二、 算法 S

算法 S 用于计算标准差或极差的稳健联合值。算法 S 与算法 A 类似之处在于迭代若干次后最终获得标准差或极差的稳健估计值 w^*。

将 p 个数据（极差或标准差）以递增顺序排列，表示为：

$$w_1,\ w_2,\ \cdots,\ w_i,\ \cdots,\ w_p$$

稳健联合值记为 w^*，每个 w_i 对应的自由度为 v。当 w_i 为极差时，$v=1$。当 w_i 为 n 次结果的标准差时，$v=n-1$。根据表 5-8，查得算法 S 所需的修正系数 ζ 值和限系数 η 值。

表 5-8 稳健分析必需的因子：算法 S

自由度	限系数 η	修正系数 ζ
1	1.645	1.097
2	1.517	1.054
3	1.444	1.039
4	1.395	1.032
5	1.359	1.027
6	1.332	1.024
7	1.310	1.021
8	1.292	1.019
9	1.277	1.018
10	1.264	1.017

注：η 和 ζ 值由 GB/T 6379.5—2006 的附录 B 导出。

计算 w^* 的初始值如下（med 表示中位数）：

$$w^*=\mathrm{med}(w_i)(i=1,2,\cdots,p) \tag{5-34}$$

按以下步骤更新 w^* 的值，计算 Ψ：

$$\Psi=\eta w^* \tag{5-35}$$

对每个 w_i $(i=1,\ 2,\ \cdots,\ p)$，计算：

$$w_i^*=\begin{cases}\Psi,若 w_i>\Psi\\ w_i,其他\end{cases} \tag{5-36}$$

计算新的 w^* 值：

$$w^*=\zeta\sqrt{\sum_{i=1}^{p}(w_i^*)^2/p} \tag{5-37}$$

稳健估计值 w^* 可由迭代算法得到，即不断更新 w^*，直到过程收敛。当稳健估计值的第三位有效数字连续两次迭代后数值不再变化时，即可认为过程是收敛的。

三、 中位值和标准化四分位距法

中位值和标准化四分位距法是一种简单的稳健统计方法。应用此法计算得到数据总体均值和总体标准差的估计值分别为中位值（med）和标准化四分位距（$NIQR$）。中位值和标准化四分位距分别是数据集中和分散的度量。

对一组由小到大排列的数据x_1，x_2，…，x_i，…，x_p，按公式(5-38）计算中位值。若数据个数为奇数，居于中间位置的数据为中位值；若数据个数为偶数，取中间位置两个数的算术平均值为中位值。

$$\mathrm{med}(x)=\begin{cases}x_{(p+1)/2}, p \text{ 为奇数} \\ (x_{p/2}+x_{(p/2+1)})/2, p \text{ 为偶数}\end{cases} \tag{5-38}$$

四分位距按公式(5-39）计算，标准化四分位距按公式(5-40）计算。

$$IQR=Q_3-Q_1 \tag{5-39}$$

$$NIQR=0.7413IQR \tag{5-40}$$

对一组由小到大排列的数据，居于下四分之一位置的数据为下四分位数或低四分位数（Q_1），该组数据的四分之一低于Q_1，四分之三高于Q_1；居于上四分之一位置的数据为上四分位数或高四分位数（Q_3），该组数据的四分之一高于Q_3，四分之三低于Q_3。Q_1和Q_3位置的确定有两种方法：

方法 1：

$$Q_1 \text{的位置 } A=(p+1)\times 0.25$$

$$Q_3 \text{的位置 } B=(p+1)\times 0.75$$

方法 2：

$$Q_1 \text{的位置 } A=(p-1)\times 0.25+1$$

$$Q_3 \text{的位置 } B=(p-2)\times 0.75+1$$

方法 1 和方法 2 分别对应于 Excel 中四分位数的计算函数 QUARTILE. EXC 和 QUARTILE. INC。方法 2 应用较多。

确定位置后，Q_1和Q_3可通过数据值之间的内插法计算获得，计算公式如下：

$$Q_1-x_{[A]}+(A-[A])(x_{[A]+1}-x_{[A]}) \tag{5-41}$$

$$Q_3=x_{[B]}+(B-[B])(x_{[B]+1}-x_{[B]}) \tag{5-42}$$

式中　[A]——数值 A 的整数部分；

　　　[B]——数值 B 的整数部分。

公式(5-40）中因子 0.7413 从标准正态分布中得来，阐述如下：在标准正态分布中，如图 5-7 所示，标准差 $\sigma=1$，即置信区间为 [－1，＋1] 时，其置信概率为 68.27%；当置信概率为 50%时，对应的置信区间为 [－0.6745，＋0.6745]。显然 IQR 的置信概率为 50%。对于该组数据假设置信概率为 68.27%的置信区间宽度为IQR'，则有如下关系：

$$\frac{IQR'}{IQR}=\frac{1+1}{0.6745\times 2}=\frac{2}{1.3490}$$

为了得到与标准差σ相对应的量值，$NIQR$应为置信概率为68.27%的置信区间宽度的一半，即有如下关系：

$$NIQR=\frac{IQR'}{2}=\frac{IQR}{1.3490}=0.7413IQR$$

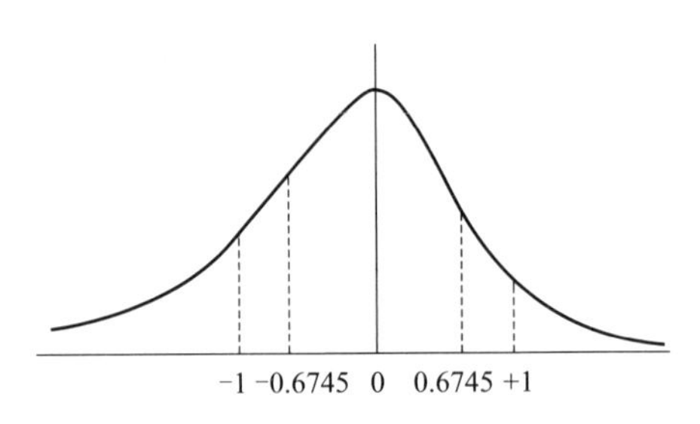

图 5-7　标准正态分布

第七节　能力验证计划设计的有关问题

一、能力验证计划的类型

根据能力验证物品是按顺序发放和按顺序检测还是在规定期限内同时检测，能力验证计划分为顺序计划和同步计划。在顺序计划或同步计划中，根据情况可采用分割水平设计、分割样品设计或部分过程设计。为了使能力验证物品与实验室日常收到的客户委托样品无法区别，能力验证可考虑采用“盲样”设计。根据能力验证轮次的多少，可分为单次计划和连续计划。此外，样品复查也是能力验证计划的一种类型。

单次计划（single occasion exercise）：该类计划中，为单个需求提供能力验证物品。

连续计划（continuous scheme）：该类计划中，按规定间隔提供能力验证物品。

1. 顺序计划

顺序计划（sequential scheme）：该类计划是将一个或多个能力验证物品按顺序分发，并按期返回能力验证提供者。

该计划实施时，先将能力验证物品传递至第一个参加者，检测完成后再按顺序传送到下一个参加者进行检测。有时能力验证物品需要传送回能力验证提供者进行核查以确保指定值没有明显变化。完成检测后，参加者的结果返回至能力验证提供者与指定值进行比对以评价参加者的能力。图 5-8 中的类型（a）简述了这类计划的设计，其主要特点概述如下：

a）指定值可由参考实验室确定，且该指定值具有足够小的不确定度。某些情况下，在所有参加者（或部分参加者）完成检测后，能力验证物品的指定值由公议值确定。对于定性测试，指定值应由专家公议或其他权威公议来确定。

b）按顺序所有参加者完成能力验证计划需要较长时间（有时需若干年），确保物品的稳定性和物品不被污染是需要注意的问题。

c）在计划实施过程中能力验证提供者需向已报告结果的参加者单独反馈结果，无需等到计划结束。

d）据此设计但仅限于单个参加者独立进行检测的计划通常称为“测量审核”。

2. 同步计划

同步计划（simultaneous scheme）：该类计划中，分发能力验证物品，在规定期限内同时进行检测。

该计划实施时，从已均匀分装成最小包装单元的能力验证物品中随机抽样，分发给参加者在规定期限内同时进行检测。有些计划中，要求参加者自己抽取样品作为能力验证物品。完成检测后，将参加者的结果返回至能力验证提供者，与指定值比对，以确定参加者的能力。图 5-8 中的类型（b）简述了这类计划的设计，其主要特点概述如下：

a）指定值可基于参加者（全部参加者或部分“专家”参加者）的公议值，也可基于独立确定的指定值，如配比值法和参考值法。

b）有证标准物质可用于该类计划；之前能力验证所用的能力验证物品如可证明是稳定的，也可用于该类计划。

3. 分割水平设计

一种常用的能力验证设计是分割水平设计。分割水平设计中，两个能力验证物品具有类似（但不相同）水平的相同检测项目。该设计用于评估参加者在某个特定的检测水平下的实验室内误差和实验室间偏倚，以查找造成能力验证结果偏离的原因。

4. 分割样品设计

能力验证分割样品设计是指某种产品或材料的样品被均匀分成两份或多份，每个参加者检测其中的一份。该设计可用于作为检测服务提供方的一个或两个参加者的能力评价，以识别不好的准确度、描述持续偏倚以及验证纠正措施的有效性。图 5-8 中类型（c）简述了这类设计，其主要特点概述如下：

a）分割样品能力验证通常用于少量参加者（通常只有两个参加者）数据的

比较。

b）指定值可为其中一个实验室（可看作能力验证提供者）的检测结果。由于使用了参考方法和更先进的设备，或由于通过参加能力验证计划获得满意结果而证实了其自身的能力，该实验室可认为其检测具有较高的计量水平（即较小的检测不确定度）。

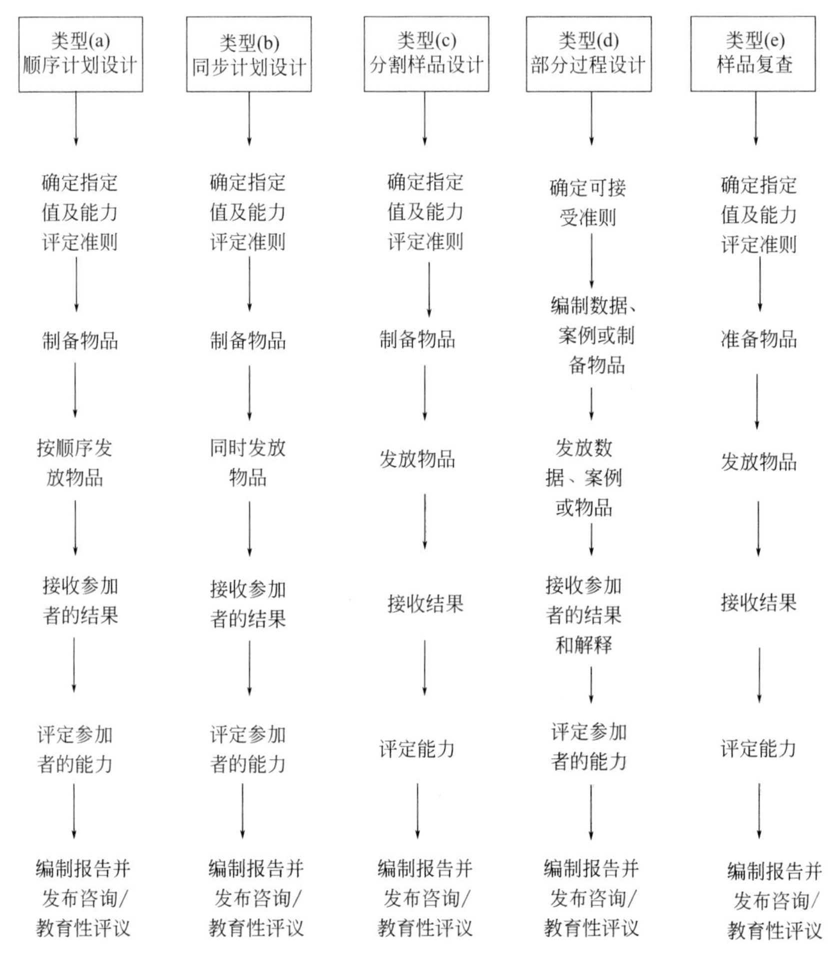

图 5-8 常见能力验证计划类型示例

5. 部分过程设计

部分过程设计是能力验证的一种设计类型，用于评价参加者完成检测全过程中若干部分的能力。例如，基于一套数据出具报告或做出解释的能力，或根据规范采取和制备样品的能力，如图 5-8 类型（d）所示。

“抽样”和“数据转换和解释”是典型的部分过程设计的能力验证计划。

抽样（sampling）：该类计划中，为后续的分析抽取样品。

数据转换和解释（data transformation and interpretation）：该类计划中，提供成组的数据或其他信息，要求对信息进行处理以给出解释（或其他结论）。

6. 样品复查

样品复查是指参加者给另一实验室（可看作能力验证提供者）提交能力验证物品，将此实验室的检测结果作为指定值，参加者的结果与之比较以评价参加者的能力，如图 5-8 类型（e）所示。

二、 测量审核

当利用测量审核对参加者的结果进行评价时，可利用 E_n值或参照相关技术标准（包括统计技术方面的标准）进行判定。

测量审核（measurement audit）：一个参加者对被测物品（材料或制品）进行实际测量，其测量结果与参考值进行比较的活动。

注：测量审核是对一个参加者进行“一对一”能力评价的能力验证计划。

1. 按 E_n值评价

若 $E_n \leqslant 1$，则评价参加者的结果为满意结果，否则评价为不满意结果。

利用 E_n值评价参加者结果，其前提是参加者应能正确评价结果不确定度。如果参加者不能正确评价其不确定度，则无法使用该方法。

2. 按临界值（*CD* 值）评价

当用于测量的标准方法提供有可靠的重复性标准差 σ_r 和复现性标准差 σ_R 时，可采用本方法对测量审核结果进行判定。

根据 GB/T 6379.6—2009《测量方法与结果的准确度（正确度和精密度） 第 6 部分：准确度值的实际应用》，按公式(5-43) 计算 *CD* 值：

$$CD=\frac{1}{\sqrt{2}}\sqrt{(2.8\sigma_R)^2-(2.8\sigma_r)^2\frac{n-1}{n}} \tag{5-43}$$

如果参加者在重复条件下 n 次检测的算术平均值与参考值之差小于 *CD* 值，则该参加者的结果评价为满意结果，否则评价为不满意结果。

3. 按专业标准方法规定评价

如果相应专业标准规定了结果允许差，可按标准规定评价参加者结果。

按公式(5-44) 计算 P_A值：

$$P_A=\frac{x_{lab}-x_{ref}}{\delta_e} \tag{5-44}$$

式中　x_{lab}——参加者结果；

x_{ref}——能力验证物品的参考值；

δ_e——标准中规定的允许差。

若$|P_A|\leqslant 1$，则参加者的结果评价为满意结果，否则评价为不满意结果。

三、双样品能力验证结果的统计处理和能力评价

能力验证计划可设计为使用单一样品，有时，为了查找造成结果偏离的误差原因，也可采用双样品。双样品可以是完全相同的均一样品对，也可以是存在轻微差别的分割水平样品对。均一样品对，其结果预期是相同的；分割水平样品对，其两个样品具有类似水平的相同检测项目，其结果稍有差异。双样品能力验证结果的统计处理是基于结果对的和与差值。

以中位值和标准化四分位距法为例说明双样品能力验证结果的能力统计量和能力评价。

假设结果对是从样品 A 和 B 获得的结果x_A和x_B。

首先按下式计算每个参加者结果对的标准化和（用 S 表示）和标准化差（用 D 表示）：

$$S=(x_A+x_B)/\sqrt{2} \tag{5-45}$$

$$D=(x_A-x_B)/\sqrt{2} \tag{5-46}$$

通过计算每个参加者结果对的标准化和及标准化差，可得出所有参加者的 S 和 D 的中位值和标准化四分位距，即 med（S）、$NIQR$（S）、med（D）、$NIQR$（D）。

根据所有参加者的 S 和 D 的中位值和标准化四分位距，可计算两个 z 比分数，即实验室间 z 比分数（ZB）和实验室内 z 比分数（ZW）：

$$ZB=\frac{S-\mathrm{med}(S)}{NIQR(S)} \tag{5-47}$$

$$ZW=\frac{D-\mathrm{med}(D)}{NIQR(D)} \tag{5-48}$$

ZB 主要反映结果的系统误差，ZW 主要反映结果的随机误差。ZB 和 ZW 的能力评价准则与 z 比分数相同，即：当$|ZB|>3.0$或$|ZW|>3$，则分别表明结果的系统误差（若 $ZB>3$，则结果太高；若 $ZB<-3$，则结果太低）或随机误差过大，参加者所在的实验室接到“行动信号”。当$|ZB|$或$|ZW|\leqslant 3.0$且$|ZB|$或$|ZW|>2.0$，则参加者所在的实验室接到“警戒信号”。一轮计划中出现一个“行动信号”，或连续两轮计划中出现“警戒信号”，则认为出现异常数据，需进行原因分析，并采取措施加以改进。

表 5-9 为双样品能力验证结果的统计处理。样品 A 和 B 为一对分割水平样品。

表 5-9 中给出了结果数、中位值、*NIQR*、稳健变异系数（稳健 *CV*）、最小值、最大值和极差等统计量。

表 5-9　双样品能力验证结果的统计处理

实验室代码	样品 A/%	样品 B/%	*S*	*ZB*	*D*	*ZW*
01	0.927	0.857	1.2615	−3.05 §	0.0495	0.35
03	0.952	0.886	1.2997	−0.68	0.0467	−0.12
04	0.977	0.888	1.3188	0.51	0.0629	2.58 *
05	0.995	0.921	1.3548	2.74 *	0.0523	0.82
06	0.915	0.852	1.2495	−3.79 §	0.0445	−0.47
07	0.962	0.900	1.3166	0.37	0.0438	−0.59
08	0.966	0.891	1.3131	0.15	0.0530	0.93
09	0.950	0.889	1.3004	−0.63	0.0431	−0.71
10	0.969	0.901	1.3223	0.73	0.0481	0.11
11	0.949	0.904	1.3103	−0.02	0.0318	−2.58 *
12	0.961	0.890	1.3089	−0.11	0.0502	0.47
13	0.940	0.888	1.2926	−1.12	0.0368	−1.76
14	1.020	0.950	1.3930	5.11 §	0.0495	0.35
15	0.956	0.898	1.3110	0.02	0.0410	−1.06
17	0.960	0.912	1.3237	0.81	0.0339	−2.23 *
18	0.943	0.864	1.2777	−2.04 *	0.0559	1.40
结果数	16	16	16		16	
中位值	0.958	0.891	1.3106		0.0474	
NIQR	0.0143	0.0106	0.01612		0.00603	
稳健 *CV*	1.49	1.19	1.23		12.72	
最小值	0.915	0.852	1.2495		0.0318	
最大值	1.020	0.950	1.3930		0.0629	
极差	0.105	0.098	0.1435		0.0311	

注：1. 加 § 的值为不满意结果，即 $|z| \geq 3$；加 * 的值为有问题结果，即 $2 < |z| < 3$。
2. 稳健 $CV = NIQR/$中位值$\times 100\%$。

图 5-9 和图 5-10 为根据表 5-9 制作的 z 比分数序列图。该图中按照 z 比分数大小的顺序显示出每个实验室的 z 比分数（*ZB* 和 *ZW*），并标有实验室的代码，使每个实验室能够很容易地与其他实验室的结果进行比较。

四、能力评价准则及评价表述

根据能力评价方式制定能力评价准则，能力评价方式和相应的能力评价准则如下：

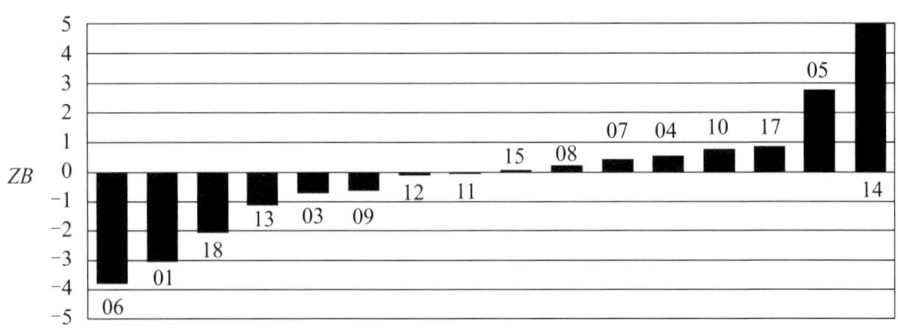

图 5-9　双样品能力验证结果的 ZB 序列图

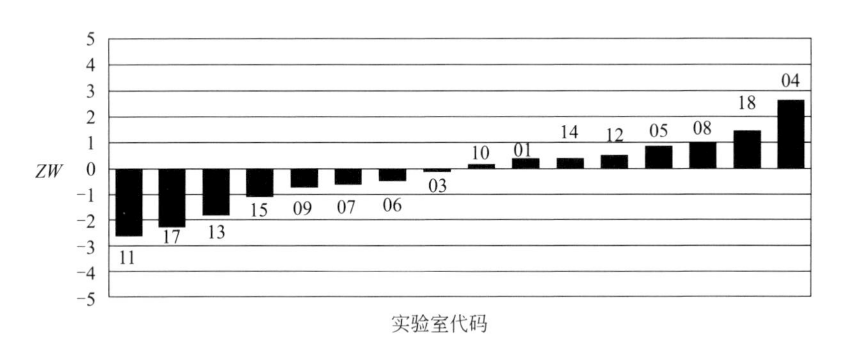

图 5-10　双样品能力验证结果的 ZW 序列图

1. 专家公议

由顾问组或其他有资格的专家直接确定能力验证结果是否与预期目标相符合；专家达成一致是评估定性结果的典型方法。

2. 与目标的符合性

根据方法性能指标和参加者的操作水平等预先确定能力评价准则。

3. 比分数

用统计方法确定比分数，比分数的常用例子和相应的能力评价准则如下：

1）z 比分数、z' 比分数和 ζ 比分数

以 z 比分数为例进行说明，下述能力评价准则同样适用于 z' 比分数和 ζ 比分数。

——$|z|\leqslant 2$ 表明“满意”，无需采取进一步措施；

——$2<|z|<3$ 表明“有问题”，产生警戒信号；

——$|z|\geqslant 3$ 表明“不满意”，产生行动信号。

2）E_n 值

——$|E_n|\leqslant 1$ 表明“满意”，无需采取进一步措施；

——$|E_n|>1$ 表明“不满意”，产生行动信号。

有时，能力验证计划中某些参加者的结果虽为不满意结果，但可能仍在相关标准或规范规定的允许误差范围之内，鉴于此，在能力验证计划中，对参加者的结果进行评价时，通常不做“合格”与否的结论，而是使用“满意”“不满意”或“离群”的表述。

五、 重复检测次数的确定

重复性变异是造成实验室能力验证结果波动的主要原因。当重复性标准差比能力评价标准差大得多时，重复性变异有可能导致无规律的能力验证结果。此时，实验室可能在某一轮试验中存在较大偏倚，但在下一轮中不存在较大偏倚，且很难确定原因。

为了限制重复性变异的影响，能力验证中每个实验室的重复检测次数应满足公式(5-49) 的要求：

$$\sigma_r/\sqrt{n}\leqslant 0.3\hat{\sigma} \tag{5-49}$$

式中 σ_r——实验室间试验（非能力验证试验）确定的检测方法的重复性标准差。

能力验证提供者可利用重复性标准差的典型值来确定重复检测次数 n。所有实验室应进行相同次数的重复检测。参加者报告的结果可能有缺失，且无法补正。若实验室报告的重复检测次数大于 $0.59n$，仍可用这些数据进行数理统计，并看作实验室已报告了 n 个检测值。若实验室报告的重复检测次数小于 $0.59n$，则不应将其结果用于指定值和能力评定标准差的计算，但可用于自身能力统计量的计算。

注：n 次重复检测均值的标准差是 $\sigma_r/\sqrt{n}$；重复检测次数减少时，标准差增大。因而当实际重复检测次数从 n 减少到 $0.59n$ 时，标准差增大到原来的 1.3 倍，此时可认为标准差达到一个可接受的极限值。该规则一定程度上是人为规定的。

六、 检测方法的选择

检测结果与检测方法密切相关。如果参加者使用了一种不同于确定指定值的检测方法时，即使检测过程无任何过错，检测结果也可能发生偏离。

在能力验证中，如果参加者可自由选择检测方法，则很难得到有效的一致结果。为了克服此问题，可考虑以下两种办法：

a）当参加者使用标准检测方法时，应要求其他参加者也使用该检测方法，并应用此方法建立指定值。

b）对所使用的每一种方法各建立其指定值。

七、数据报告

由于能力验证中数据计算的需要，建议单个结果的舍入误差不大于$\sigma_r/2$。参加者应报告结果的实际值，即使逻辑上结果不能为负数时也不应将结果报告为0。如有必要，参加者应指明检测方法的检出限。结果不应表示为区间值。

明显错误的结果，如单位错误、小数点错误、计算错误或者错报为其他能力验证物品的结果，应从数据中剔除。这些结果不再计入离群值检验或稳健统计分析中。明显错误的结果应由专家进行识别和判断。

如某结果作为离群值被剔除，则仅在计算指定值和能力评定标准差时剔除该值，这些结果仍应进行能力评价。

八、精密度的比较

通过各轮能力验证计划的结果可用来估计检测方法的重复性标准差和再现性标准差。若能力验证中所得精密度与精密度试验中所得数值相差两倍或更多，能力验证提供者需调查其原因。如果能力验证得到的精密度没有随时间推移而改善，则建议考虑以下几点：

——参加实验室未调查发出行动信号或警戒信号的原因，或者没有正确执行纠正措施；

——参加实验室不能查出行动信号或警戒信号的原因；

——所采用方法在检测过程中处于统计受控状态，可基于测得的数据得出可靠的结论。

九、结果的有效期

实验室在一轮能力验证计划中所得结果的有效期限定在实验室本轮操作的时间内。因此，实验室在单独一轮计划中获得了满意结果，并不表明其他情况下该实验室也可获得可靠的结果。

对于那些按质量管理体系运作且曾经在多轮能力验证计划中获得了满意结果的实验室，应认定该实验室能获得持续可靠的数据。

十、认可机构对能力验证结果的利用

参加者所在的实验室应从能力验证结果评价中得出有关自身能力的结论。然而，利用能力验证结果确定参加者能力有其一定的限制。某一次能力验证计划的满意表现可以代表这一次的能力，但不能反映出持续的能力；同样，在一次能力验证计划中的不满意表现，也许反映的是参加者偶然地偏离了正常的能力状态。正因如此，在认可过程中，认可机构不能使用能力验证作为唯一评价实验室能力的手段。

对报告了不满意结果的参加者（获准认可机构），认可机构应有以下政策：

a）确保参加者在规定时间内开展调查和评价其能力，并采取适当的纠正措施；

b）必要时，确保参加者进行后续的能力验证以确认所采取的纠正措施有效；

c）必要时，确保由合适的技术评审员对参加者进行现场评价，以确定纠正措施是有效的。

认可机构应将对能力验证计划表现不满意可能采取的后续措施告知参加者（获准认可机构）。这些措施可能包括在规定时间内确认有效纠正措施后维持认可，对相关检测暂停认可（视纠正措施情况而定），直至撤销相关检测的认可。通常认可机构所选择的措施将基于参加者能力的长期表现及最近现场评审的情况。

认可机构应有政策，从参加者（获准认可机构）处反馈其对能力验证结果所采取的措施，尤其是对不满意结果的措施。

参考文献

[1] 中国合格评定国家认可委员会．能力验证提供者认可准则：CNAS-CL03：2010 [S]．2010.

[2] 中华人民共和国国家质量检验检疫总局，中国国家标准化管理委员会．利用实验室间比对进行能力验证的统计方法：GB/T 28043—2011 [S]．2011.

[3] 中国合格评定国家认可委员会．能力验证结果的统计处理和能力评价指南：CNAS-GL002：2018 [S]．2018.

第六章

实验室质量管理体系的要求

许多实验室建立并实施了质量管理体系，通过了中国合格评定国家认可委员会（CNAS）的认可，以证明实验室的能力。实验室质量管理体系的建立是通过CNAS认可的必要条件。

CNAS-CL01:2018《检测和校准实验室能力认可准则》（等同采用ISO/IEC 17025:2017）是CNAS对实验室能力进行认可的基础。申请CNAS认可的实验室必须满足CNAS-CL01:2018的要求。

CNAS-CL01:2018包含了实验室为证明其按管理体系运行、具有技术能力并能提供正确的技术结果所必须满足的所有要求，同时也包含了ISO 9001：2000中与实验室管理体系所覆盖的检测和校准服务有关的所有要求。因此，符合CNAS-CL01:2018的实验室，也是基本依据ISO 9001：2000的原则运作的，但并不意味着其运作符合ISO 9001：2000的所有要求。另外，实验室质量管理体系符合ISO 9001：2000的要求，并不证明实验室具有出具技术上有效数据和结果的能力。

随着ISO/IEC 17025:2017的发布，CNAS-CL01:2006《检测和校准实验室能力认可准则》（等同采用ISO/IEC 17025:2005）进行了修订，2018版准则CNAS-CL01:2018于2018年3月1日发布、2018年9月1日实施。

CNAS-CL01:2018规定了实验室能力、公正性以及一致运作的通用要求，适用于所有从事实验室活动的组织，不论其人员数量多少。实验室的客户、法定管理机构和认可机构均可使用CNAS-CL01:2018确认或承认实验室的能力。

本章根据CNAS-CL01:2018（ISO/IEC 17025:2017）进行编写，主要内容如下：

a）术语和定义；

b）通用要求；

c）结构要求；

d）资源要求；

e）过程要求；

f）管理体系要求。

为了方便CNAS-CL01:2018（以下简称准则）内容的介绍，将准则条文编号及内容放在灰框中原文引出。

第一节 术语和定义

ISO/IEC 指南 99：2007《国际计量学词汇-基本和通用概念及相关术语（VIM）》和 ISO/IEC 17000：2004《合格评定-词汇和通用原则》规定的术语和定义适用于准则。此外，准则还特别介绍了下列术语和定义。

一、公正性

3.1 公正性 impartiality

客观性的存在。

注 1：客观性意味着利益冲突不存在或已解决，不会对后续的实验室（3.6）的活动产生不利影响。

注 2：其他可用于表示公正性的要素的术语有：无利益冲突、没有成见、没有偏见、中立、公平、思想开明、不偏不倚、不受他人影响、平衡。

公正性意味着没有人为因素对检测结果的影响。另外，由于检测技术上已知错误（非人为）导致结果的偏差引起的利益冲突属于公正性的范畴。但是，尚未发现的因素可能引起结果的偏差，由于未发生利益冲突，不涉及公正性问题。

二、投诉

3.2 投诉 complaint

任何人员或组织向实验室（3.6）就其活动或结果表达不满意，并期望得到回复的行为。

向法定管理机构就其活动或结果表达不满意称为申诉。申诉本质上与投诉相同。无论是口头或书面的投诉，实验室均应积极处理。投诉是发现问题、改进实验室管理的重要渠道。

三、实验室间比对

3.3 实验室间比对 interlaboratory comparison

按照预先规定的条件，由两个或多个实验室对相同或类似的物品进行测量或检测的组织、实施和评价。

实验室间比对是重要的质量控制活动。对于没有能力验证计划的检测项目，若没有可用的标准物质，采用实验室间比对是可靠的质量控制方式。

四、实验室内比对

3.4 实验室内比对 intralaboratory comparison

按照预先规定的条件，在同一实验室（3.6）内部对相同或类似的物品进行测量或检测的组织、实施和评价。

实验室内比对包括：人员比对、设备比对、盲样检测等。人员比对是比较不同人员检测结果是否存在差异；设备比对是判断各台设备检测结果间的一致性；盲样检测是评价不同时间测量结果的稳定性。

五、能力验证

3.5 能力验证 proficiency testing

利用实验室间比对，按照预先制定的准则评价参加者的能力。

参加能力验证活动是CNAS实验室认可的要求。目前许多煤炭检测项目均能找到能力验证计划。能力验证结果是实验室检测能力的有力证据。

六、实验室

3.6 实验室 laboratory

从事下列一个或多个活动的机构：

——检测；

——校准；

——与后续检测或校准相关的抽样。

注1：在本准则中，“实验室活动”指上述三种活动。

本书介绍煤炭检测实验室的质量管理。煤炭检测实验室众多，其为煤炭品质出具检测结果，用于煤炭贸易的结算和煤炭加工利用过程。

七、判定规则

3.7 判定规则 decision rule

当声明与规定要求的符合性时，描述如何考虑测量不确定度的规则。

描述什么条件下判定为符合规定要求，什么条件下不符合规定要求。这些条件的集合可理解为判定规则。

八、 验证

3.8　验证 verification

提供客观证据，证明给定项目满足规定要求。

例 1：证实在测量取样量小至 10mg 时，对于相关量值和测量程序，给定标准物质的均匀性与其声称的一致。

例 2：证实已达到测量系统的性能特性或法定要求。

例 3：证实可满足目标测量不确定度。

注 1：适用时，宜考虑测量不确定度。

注 2：项目可以是，例如一个过程、测量程序、物质、化合物或测量系统。

注 3：满足规定要求，如制造商的规定。

注 4：在国际法制计量术语（VIML）中定义的验证，以及通常在合格评定中的验证，是指对测量系统的检查并加标记和（或）出具验证证书。在我国的法制计量领域，“验证”也称为“检定”。

注 5：验证不宜与校准混淆。不是每个验证都是确认（3.9）。

注 6：在化学中，验证实体身份或活性时，需要描述该实体或活性的结构或特性。

验证的范围很广，包括方法验证、性能验证、功能验证、准确度验证、精密度验证等。凡是证明给定项目满足规定要求的活动并提供客观证据均可视为验证。

九、 确认

3.9　确认 validation

对规定要求满足预期用途的验证（3.8）。

例：一个通常用于测量水中氮的质量浓度的测量程序，也可被确认为可用于测量人体血清中氮的质量浓度。

确认是验证的一种形式，即在预期用途方面满足规定要求的验证。例如，实验室对于测定煤中灰分的国家标准方法开展试验，证实已具备能力满足方法规定的煤中灰分测定相关要求，该活动为方法验证；实验室将该方法用于焦炭的灰分测定，证实方法的规定要求同样能够满足，该活动也是一种方法验证，确切地说，称为方法确认。

第二节 通用要求

CNAS-CL01：2018中的通用要求包含两部分内容：公正性、保密性。本节介绍通用要求的内容，并阐释相关要求。

一、公正性

> 4.1 公正性
> 4.1.1 实验室应公正地实施实验室活动，并从组织结构和管理上保证公正性。

实验室应公正地实施检测，客观地出具检测结果，消除人为因素的影响，保证检测结果的准确可靠。设计组织结构时应考虑公正性问题，避免组织结构上的漏洞导致有机可乘，致使检测活动有失公允。同时，加强人员培训，保证人员自觉树立公正性意识，不会做出有违职业道德的事情。此外，加强检测过程的质量监督和质量控制，避免存在利益冲突的检测事故的发生。

> 4.1.2 实验室管理层应做出公正性承诺。

实验室管理层应率先垂范，对内和对外做出庄重承诺：遵守法律、法规，严守职业道德，严格按质量管理体系开展检测活动，客观出具检测结果。这样，客户可知晓实验室的公正性承诺，增强对实验室的信任；上行下效，实验室人员增强公正性意识的自觉性。

实验室需编写“公正性承诺或声明”。

> 4.1.3 实验室应对实验室活动的公正性负责，不允许商业、财务或其他方面的压力损害公正性。

实验室自身活动的公正性自然应由实验室负责。影响公正性的因素可能有：商业上的不正当手段、项目结算方面的压力、人员利益输送、企业内部的压力等等。这些可能损害公正性的因素应通过组织结构的设计和加强管理来消除，最终人员应有自觉维护公正性的意识。

> 4.1.4 实验室应持续识别影响公正性的风险。这些风险应包括其活动、实验室的各种关系，或者实验室人员的关系而引发的风险。然而，这些关系并非一定会对实验室的公正性产生风险。
>
> 注：危及实验室公正性的关系可能基于所有权、控制权、管理、人员、共享资源、财务、合同、市场营销（包括品牌）、支付销售佣金或其他引荐新客户的奖酬等。

影响公正性的风险随着实验室内外部环境的变化而变化，故应持续识别影响公正性的风险。实验室活动导致的结果偏差引发的公正性风险的可能原因有：人员误操作、人员故意失职、设备故障、方法偏离、环境失控、样品污染等。实验室的各种关系可能危及实验室的公正性。实验室所有权人或控制权人的压力、管理层级上的相互关系、人员之间的联系、共享资源所有权人的相互影响、项目费用的支付、合同的约定、客户要求、中间服务商的要求等均可能损害实验室的公正性。

4.1.5　如果识别出公正性风险，实验室应能够证明如何消除或最大程度降低这种风险。

实验室应有文件（如《保证公正性程序》）识别公正性风险，并证明已从组织结构和管理上消除或最大程度降低这种风险。通过最高管理者的公正性承诺、组织结构的合理设计以及人员职责、权力和相互关系的确定可最大程度减小来自外部和内部的各种压力；通过人员培训和能力确认、设备维护、方法验证或确认、环境监控和样品管理可消除相关风险；遵守法律法规、严守职业道德、合同约定保证公正性、加强客户沟通、拒绝客户的无理要求等也是消除风险的有效途径。

二、 保密性

4.2　保密性

4.2.1　实验室应通过做出具有法律效力的承诺，对在实验室活动中获得或产生的信息承担管理责任。实验室应将其准备公开的信息事先通知客户。除非客户公开的信息，或实验室与客户有约定（例如：为回应投诉的目的），其他所有信息都被视为专有信息，应予保密。

实验室应做出保密承诺，并在文件（如《保密程序》）上规定对在实验室活动中获得或产生的信息承担管理责任。除下述情况外，其他所有信息都应为客户保密：

a）客户公开的信息；

b）实验室与客户约定可公开的客户信息；

c）法律要求公开的信息。

实验室准备公开的信息应事先通知客户。

4.2.2　实验室依据法律要求或合同授权透露保密信息时，应将所提供的信息通知到相关客户或个人，除非法律禁止。

实验室按要求向有关方透漏（非公开）保密信息时，应告知与信息相关的客户或个人，除非法律禁止。

> 4.2.3　实验室从客户以外渠道（如投诉人、监管机构）获取有关客户的信息时，应在客户和实验室间保密。除非信息的提供方同意，实验室应为信息提供方（来源）保密，且不应告知客户。

从客户以外渠道获取的信息不应告知客户，且信息来源也应保密，除非信息的提供方同意。

> 4.2.4　人员，包括委员会委员、合同方、外部机构人员或代表实验室的个人，应对在实施实验室活动过程中获得或产生的所有信息保密，法律要求除外。

实验室人员应对客户信息保密。涉及的合同方和外部机构人员也应对客户信息保密。由于不在实验室管理的范围内，外部组织人员可通过合同约定保密义务。

第三节　结构要求

CNAS-CL01：2018中的结构要求除了包括实验室的组织结构要求外，还包括实验室活动范围。

> 5.1　实验室应为法律实体，或法律实体中被明确界定的一部分，该实体对实验室活动承担法律责任。
>
> 注：在本准则中，政府实验室基于其政府地位被视为法律实体。

这里的法律实体应理解为法人组织。当实验室不是法人组织时，实验室也应为法人组织的一部分，如下属部门或二级单位，且被明确界定，此时，法人组织应出具授权委托书委托实验室主任全面负责实验室的管理工作，并承担相应的法律责任。法人组织按照民法通则的有关规定对实验室活动承担应负的法律责任。

> 5.2　实验室应确定对实验室全权负责的管理层。

实验室管理层包括主任、副主任（若设置）、总工程师（若设置）、技术主管、质量主管等。

> 5.3　实验室应规定符合本准则的实验室活动范围，并制定成文件。实验室仅应声明符合本准则的实验室活动范围，不应包括持续从外部获得的实验室活动。

实验室应明确界定符合本准则的检测项目范围，并形成文件，如在质量手册中介绍。那些不符合本准则的检测项目应清晰指出，实验室活动范围不应包括分包出去的检测项目。

5.4 实验室应以满足本准则、实验室客户、法定管理机构和提供承认的组织要求的方式开展实验室活动，这包括实验室在固定设施、固定设施以外的地点、临时或移动设施、客户的设施中实施的实验室活动。

实验室活动可在不同场所实施。固定设施通常是实验室开展活动的主要场所，也是CNAS认可的关键场所。固定设施以外的地点，如现场检测地点，是实验室开展活动的主要建筑场所以外的地点。设施可能具有如下特点：

a）临时的，如在建筑内临时作为制样室的房间；

b）可移动的，如可移动的采样车；

c）客户的设施。

5.5 实验室应：

a）确定实验室的组织和管理结构、其在母体组织中的位置，以及管理、技术运作和支持服务间的关系；

b）规定对实验室活动结果有影响的所有管理、操作或验证人员的职责、权力和相互关系；

c）将程序形成文件的程度，以确保实验室活动实施的一致性和结果有效性为原则。

实验室应确定组织结构，即实验室内部部门构成；若实验室不是法人组织，还应确定其在母体组织中的位置。

实验室应确定部门职责，明确各部门之间的关系，保证实验室活动的顺利实施。例如，检测部作为实验室的重要部门，其职责如下：

a）按时保质保量完成检测工作，并对结果的准确性与有效性负责；

b）负责本部门的检测样品的管理等工作；

c）负责仪器设备的日常维护，协助完成仪器设备的量值溯源工作；

d）负责仪器设备使用记录及相关技术文件的保管工作，按规定及时归档保存；

e）开展检测技术的研究，严格执行相关检测标准和操作规程，确保检测工作的正常运行；

f）保管国家标准、国际标准、行业标准等，保证检测工作在现行有效的文本指导下进行；

g）负责本部门安全生产、内务等工作。

实验室应规定人员职责，且实验室应给予人员履行职责相应的权利。例如，检测员的工作职责如下：

a）完成下达的检测任务和其他任务；

b）严格执行相关标准和检测方法，按照规定标准与方法开展检测工作；

c）按时完成任务，并对检测数据负责；

d）认真做好检测记录，并按规定程序送审，对有疑问的数据要进行核对，确认无误后才能报出；

e）爱护仪器设备，做好保养工作，发生故障或出现异常情况应立即报告有关领导，不得擅自处理；

f）遵守安全规程，工作中不得擅自离开工作岗位，离开检验室前必须关好门窗，关好水源、气源和断开电源，防止发生事故；

g）爱护检测样品，对样品丢失或非检测性损坏负责；

h）保持实验室清洁卫生，确保检测环境条件符合要求；

i）努力学习文化技术，不断提高检测技术水平；

j）保护与客户有关的信息，不得擅自透露任何检测数据和相关资料。

以上两项内容均应形成文件，可在质量手册上描述，其详略程度以确保实验室活动实施的一致性和结果有效性为原则。

5.6 实验室应有人员（不论其他职责）具有履行职责所需的权力和资源，这些职责包括：

a）实施、保持和改进管理体系；

b）识别与管理体系或实验室活动程序的偏离；

c）采取措施以预防或最大程度减少这类偏离；

d）向实验室管理层报告管理体系运行状况和改进需求；

e）确保实验室活动的有效性。

实验室人员应具有相应的权利和资源以履行职责。实验室人员主要的职责包括：实施、保持和改进管理体系，质量监控，内部审核，采取纠正/预防措施，管理评审，改进。

5.7 实验室管理层应确保：

a）针对管理体系有效性、满足客户和其他要求的重要性进行沟通；

b）当策划和实施管理体系变更时，保持管理体系的完整性。

除了其他职责外，实验室管理层应确保实验室内部的充分沟通和保持管理体系的完整性。管理者间、不同部门间和上下层级间均应沟通顺畅。实验室应有制度以保证内部沟通。当管理体系有变更时，应及时宣贯并按期实施已更改的管理体系内容，避免过期的管理体系要求仍在使用，保持新版管理体系的完整性。

第四节 资源要求

6.1 总则

实验室应获得管理和实施实验室活动所需的人员、设施、设备、系统及支持服务。

资源是管理和实施实验室活动的必要条件。这里的资源包括人员、设施、设备、系统和支持服务。系统通常指多台设备的集成以实现复杂的功能。设备和系统均需校准/检定以建立并保持测量结果的计量溯源性。支持服务是指外部提供的产品和服务。下面分别介绍各类资源的要求。

一、人员

6.2 人员

6.2.1 所有可能影响实验室活动的人员，不论是内部人员还是外部人员，应行为公正、有能力、并按照实验室管理体系要求工作。

这是对人员的总体要求。人员行为公正是实现实验室公正的最重要的要求。人员具有能力是正确管理和实施实验室活动的前提。需要指出的是，外部人员，如客户或供应商，可能影响实验室活动，但这些人员工作关系不在实验室管理范围之内，只能通过实验室自身防御体系和质量监控措施来避免其可能对实验室活动的影响。

6.2.2 实验室应将影响实验室活动结果的各职能的能力要求制定成文件，包括对教育、资格、培训、技术知识、技能和经验的要求。

实验室应制定人员任职条件，包括对教育、资格、培训、技术知识、技能和经验的能力要求。例如，对检测员的任职条件要求如下：具备相关专业大专以上学历。如果学历或专业不满足要求，应有10年以上相关检测经历。所有检测员应具有相应专业知识，经考核合格，持有岗位考核合格证。

6.2.3 实验室应确保人员具备其负责的实验室活动的能力，以及评估偏离影响程度的能力。

实验室通过培训确保人员具备实施实验室活动的能力。此外，实验室应确保人员具备评估偏离影响程度的能力。这里的偏离可理解为与正确实施实验室活动的偏离或与所应具备能力的偏离。评估偏离还可通过对人员的质量监督来实现。

> 6.2.4 实验室管理层应向实验室人员传达其职责和权限。

为确保实验室管理体系的有效性以及满足客户和其他要求，实验室管理层应向实验室人员传达其职责和权限，要求实验室人员遵照执行，并形成记录。

> 6.2.5 实验室应有以下活动的程序，并保存相关记录：
> a）确定能力要求；
> b）人员选择；
> c）人员培训；
> d）人员监督；
> e）人员授权；
> f）人员能力监控。

实验室应制定包含以上内容的程序（如《人员管理程序》）。人员管理从任职条件开始，到人员选择和培训，人员监督主要指新来人员的监督，考核/监督合格后授权从事相关检测项目，在后续的检测过程中持续对人员能力进行质量监控。

> 6.2.6 实验室应授权人员从事特定的实验室活动，包括但不限于下列活动：
> a）开发、修改、验证和确认方法；
> b）分析结果，包括符合性声明或意见和解释；
> c）报告、审查和批准结果。

从事特定实验室活动的人员需被授权，除了上述活动，从事下列活动的人员也应授权：质量监督、内部审核、特种设备的操作、样品管理、标准物质管理等。

二、设施和环境条件

> 6.3 设施和环境条件
> 6.3.1 设施和环境条件应适合实验室活动，不应对结果有效性产生不利影响。
> 注：对结果有效性有不利影响的因素可能包括但不限于：微生物污染、灰尘、电磁干扰、辐射、湿度、供电、温度、声音和振动。

这是对设施和环境条件的总体要求。设施和环境条件宜便于实验室活动的实施，以不对结果有效性产生不利影响为前提。

> 6.3.2 实验室应将从事实验室活动所必需的设施及环境条件的要求制定成文件。

实验室应制定程序（如《设施和环境条件控制程序》），规定对设施及环境条件的要求。

6.3.3　当相关规范、方法或程序对环境条件有要求时，或环境条件影响结果的有效性时，实验室应监测、控制和记录环境条件。

例如，煤的发热量测定中，室温影响测定结果，因此，在发热量测定时需控制室温，并监测和记录室温，以判断室温变化是否符合方法的要求。

6.3.4　实验室应实施、监控并定期评审控制设施的措施，这些措施应包括但不限于：

a）进入和使用影响实验室活动的区域的控制；

b）预防对实验室活动的污染、干扰或不利影响；

c）有效隔离不相容的实验室活动区域。

影响实验室活动的区域的进入和使用应加以控制，通常经批准后方可进入，且有专人陪同，做好记录。阳光直射对发热量测定有不利影响，故量热室宜朝北，或安装挡光窗帘。天平室需要室温恒定环境，而加热室温度较高，故天平室与加热室应有效隔离。上述措施应监控并定期评审其有效性。

6.3.5　当实验室在永久控制之外的地点或设施中实施实验室活动时，应确保满足本准则中有关设施及环境条件的要求。

例如，采取的煤样在现场客户的制样室制样，客户制样室及设施不属于实验室所有，但实验室在该设施中开展的活动应满足上述要求。

三、设备

6.4　设备

6.4.1　实验室应获得正确开展实验室活动所需的并影响结果的设备，包括但不限于：测量仪器、软件、测量标准、标准物质、参考数据、试剂、消耗品或辅助装置。

注1：标准物质和有证标准物质有多种名称，包括标准样品、参考标准、校准标准、标准参考物质和质量控制物质。ISO 17034 给出了标准物质生产者的更多信息。满足 ISO 17034 要求的标准物质生产者被认为是有能力的。满足 ISO 17034 要求的标准物质生产者提供的标准物质会提供产品信息单/证书，除其他特性外至少包含规定特性的均匀性和稳定性，对于有证标准物质，信息中包含规定特性的标准值、相关的测量不确定度和计量溯源性。

注2：ISO 指南 33 给出了标准物质选择和使用指南。ISO 指南 80 给出了内部制备质量控制物质的指南。

设备的范围广泛，既包含硬件（测量仪器），又包含软件，还包括影响结果的物质、设备或数据，如测量标准、标准物质、参考数据、试剂、消耗品、辅助装置。测量标准和标准物质可用于质量监控或设备校准。试剂和消耗品是检测过程所需的物质。辅助装置有时影响检测结果，如量热室的空调。参考数据如分子量、原子量等，也影响结果的计算。此外，系统也要满足对设备的要求。

6.4.2　实验室使用永久控制以外的设备时，应确保满足本准则对设备的要求。

实验室使用非自有设备时也应满足与自有设备同样的要求。

6.4.3　实验室应有处理、运输、储存、使用和按计划维护设备的程序，以确保其功能正常并防止污染或性能退化。

实验室应制定程序（如《设备管理程序》）来规定上述内容。

6.4.4　当设备投入使用或重新投入使用前，实验室应验证其符合规定要求。

新设备投入使用前，应验证符合检测要求。久未使用的设备再次使用前也要验证。

6.4.5　用于测量的设备应能达到所需的测量准确度和（或）测量不确定度，以提供有效结果。

例如，量热仪的测量精密度（重复性）和正确度应同时满足标准方法要求。

6.4.6　在下列情况下，测量设备应进行校准：

——当测量准确度或测量不确定度影响报告结果的有效性；和（或）

——为建立报告结果的计量溯源性，要求对设备进行校准。

注：影响报告结果有效性的设备类型可包括：

——用于直接测量被测量的设备，例如使用天平测量质量；

——用于修正测量值的设备，例如温度测量；

——用于从多个量计算获得测量结果的设备。

按照上述要求，大多数设备都需进行校准。

6.4.7　实验室应制定校准方案，并进行复核和必要的调整，以保持对校准状态的信心。

实验室应制定设备校准计划，并组织实施。校准周期以保持对校准状态的信心为原则。

6.4.8　所有需要校准或具有规定有效期的设备应使用标签、编码或以其他方式标识，使设备使用人方便地识别校准状态或有效期。

设备上应贴有标识以识别校准状态或有效期，如设备已校准并给出有效期、或设备已校准但已过期、设备未校准等。

6.4.9　如果设备有过载或处置不当、给出可疑结果、已显示有缺陷或超出规定要求时，应停止使用。这些设备应予以隔离以防误用，或加贴标签或标记以清晰表明该设备已停用，直至经过验证表明能正常工作。实验室应核查设备缺陷或偏离规定要求的影响，并应启动不符合工作管理程序（见7.10）。

有缺陷的设备应停止使用并隔离或标识该设备已停止使用。在发现缺陷设备前应核查使用该设备造成的影响，并启动不符合工作管理程序。

6.4.10　当需要利用期间核查以保持对设备性能的信心时，应按程序进行核查。

对于性能不稳定的和频繁使用的设备有必要对设备进行期间核查。实验室应制定程序（如《设备期间核查程序》）进行核查。

6.4.11　如果校准和标准物质数据中包含参考值或修正因子，实验室应确保该参考值和修正因子得到适当的更新和应用，以满足规定要求。

设备校准得到的修正因子应及时更新和应用，例如灰熔融性测定仪的温度校准值应及时更新。用标准物质校准设备时，其参考值应能在校准曲线中得到正确应用。

6.4.12　实验室应有切实可行的措施，防止设备被意外调整而导致结果无效。

设备应由专人管理。由软件控制的设备宜设置密码，避免非授权人员的使用。

6.4.13　实验室应保存对实验室活动有影响的设备记录。适用时，记录应包括以下内容：

a）设备的识别，包括软件和固件版本；

b）制造商名称、型号、系列号或其他唯一性标识；

c）设备符合规定要求的验证证据；

d）当前的位置；

e）校准日期、校准结果、设备调整、验证准则、下次校准的预定日期或校准周期；

f）标准物质的文件、结果、验收准则、相关日期和有效期；

g）与设备性能相关的维护计划和已进行的维护；

h）设备的损坏、故障、改装或维修的详细信息。

实验室应保存设备档案，其内容包括设备名称、制造商名称、设备型号、唯一性标识、当前的位置、维护和维修情况，可能还包括设备校准信息、性能验证证据。校准信息中给出校准日期、校准结果及评价（验收准则）、设备调整、校准周期等。对于标准物质，应存档标准物质证书及验收记录。

《设备管理程序》中应规定校准结果的评价要求（验收准则）和标准物质的验收要求。

四、计量溯源性

CNAS-CL01：2018中有两个条款描述计量溯源性，即6.5和附录A。

> 附录A（资料性附录）计量溯源性
>
> A.1 总则
>
> 计量溯源性是确保测量结果在国内和国际上可比性的重要概念，本附录给出了计算溯源性的更详细的信息。

附录A是资料性附录，不包含对计量溯源性的要求，旨在帮助理解和实施计量溯源性的要求。

1. 计量溯源性的建立

> A.2 建立计量溯源性
>
> A.2.1 建立计量溯源性需考虑并确保以下内容：
>
> a）规定被测量（被测量的量）；
>
> b）一个形成文件的不间断的校准链，可以溯源到声明的适当参考对象（适当参考对象包括国家标准或国际标准以及自然基准）；
>
> c）按照约定的方法评定溯源链中每次校准的测量不确定度；
>
> d）溯源链中每次校准均按照适当的方法进行，并有测量结果及相关的已记录的测量不确定度；
>
> e）在溯源链中实施一次或多次校准的实验室应提供其技术能力的证据。

为了确保测量结果具有可比性，不同的检测结果需溯源到适当的参考对象，溯源通过不间断的校准链完成，每次校准均带有测量不确定度。测量不确定度关系到测量结果误差的大小。

> A.2.2 当使用被校准的设备将计量溯源性传递至实验室的测量结果时，需考虑该设备的系统测量误差（有时称为偏倚）。有几种方法来考虑测量计量溯源性传递中的系统测量误差。

实验室的测量结果应考虑所使用的被校准设备的系统测量误差。

> A.2.3 具备能力的实验室报告测量标准的信息中，如果只有与规范的符合性声明（省略了测量结果和相关不确定度），该测量标准有时也可用于传递计量溯源性，其规范限是不确定度的来源，但此方法取决于：
>
> ——使用适当的判定规则确定符合性；

——在后续的不确定度评估中，以技术上合适的方式来处理规范限。

此方法的技术基础在于与规范符合性声明确定了测量值的范围，预计真值以规定的置信度在该范围内，该范围考虑了真值的偏倚以及测量不确定度。

例：使用国际法制计量组织（OIML）R111 各种等级砝码校准天平。

例如，某等级 10g 砝码符合规范要求，但该砝码的准确质量和不确定度未知，规范规定的限量为 95%置信度下 10g 砝码质量变化范围在±0.0005g 以内，若以此测量标准传递计量溯源性，则以 B 类不确定度的评估方式处理规范限。

2. 计量溯源性的证明

A.3 计量溯源性的证明

A.3.1 实验室负责按本准则建立计量溯源性。符合本准则的实验室提供的校准结果具有计量溯源性。符合 ISO 17034 的标准物质生产者提供的有证标准物质的标准值具有计量溯源性。有不同的方式来证明与本准则的符合性，即第三方承认（如认可机构）、客户进行的外部评审或自我评审。国际上承认的途径包括但不限于：

a）已通过适当同行评审的国家计量院及其指定机构提供的校准和测量能力。该同行评审是在国际计量委员会相互承认协议（CIPM MRA）下实施的。CIPM MRA 所覆盖的服务可以在国际计量局的关键比对数据库（BIPM KCDB）附录 C 中查询，其给出了每项服务的范围和测量不确定度。

b）签署国际实验室认可合作组织（ILAC）协议或 ILAC 承认的区域协议的认可机构认可的校准和测量能力能够证明具有测量溯源性。获认可的实验室的能力范围可从相关认可机构公开获得。

符合本准则的计量溯源性的证明有不同的方式：第三方承认（如认可机构）、客户进行的外部评审或自我评审。此外，国家颁布的有证标准物质的标准值具有计量溯源性。

A.3.2 当需要证明计量溯源链在国际上被承认的情况时，BIPM、OIML（国际法制计量组织）、ILAC 和 ISO 关于计量溯源性的联合声明提供了专门指南。

合理的计量溯源链需要被证明时可参考有关专门指南。

3. 计量溯源性的要求

6.5 计量溯源性

6.5.1 实验室应通过形成文件的不间断的校准链将测量结果与适当的参考对象相关联，建立并保持测量结果的计量溯源性，每次校准均会引入测量不确定度。

注1：在ISO/IEC指南99中，计量溯源性定义为“测量结果的特性，结果可以通过形成文件的不间断的校准链与参考对象相关联，每次校准均会引入测量不确定度”。

注2：关于计量溯源性的进一步信息见附录A。

这是计量溯源性的定义。测量结果通常由设备测量获得，测量设备的校准是测量结果计量溯源性的主要影响因素。

本条款可编制程序（如《计量溯源程序》），规定测量结果的计量溯源性。

6.5.2 实验室应通过以下方式确保测量结果溯源到国际单位制（SI）：

a）具备能力的实验室提供的校准；或

注1：满足本准则要求的实验室可视为是有能力的。

b）具备能力的标准物质生产者提供并声明计量溯源至SI的有证标准物质的标准值；或

注2：满足ISO 17034要求的标准物质生产者被认为是有能力的。

c）SI单位的直接复现，并通过直接或间接与国家或国际标准比对来保证。

注3：SI手册给出了一些重要单位定义的实际复现的详细信息。

测量结果溯源到国际单位制的方式有以上三种，每种方式均需满足相应要求以确保测量结果的溯源性。

6.5.3 技术上不可能计量溯源到SI单位时，实验室应证明可计量溯源至适当的参考对象，如：

a）具备能力的标准物质生产者提供的有证标准物质的标准值；

b）描述清晰的参考测量程序、规定方法或协议标准的结果，其测量结果满足预期用途，并通过适当比对予以保证。

很多情况下，测量结果不可能计量溯源到SI单位，此时应溯源至参考对象。参考对象包括有证标准物质的标准值、描述清晰的参考测量程序、规定方法或协议标准的结果等。

五、外部提供的产品和服务

6.6 外部提供的产品和服务

6.6.1 实验室应确保影响实验室活动的外部提供的产品和服务的适宜性，这些产品和服务包括：

a）用于实验室自身的活动；

b）部分或全部直接提供给客户；

c）用于支持实验室的运作。

注：产品可包括测量标准和设备、辅助设备、消耗材料和标准物质。服务可包括校准服务、抽样服务、检测服务、设施和设备维护服务、能力验证服务以及评审和审核服务。

适宜性可理解为：实验室对外部产品和服务要求的适宜性；外部供应商选择的适宜性；根据对外部供应商评价结果所采取措施的适宜性。

用于实验室自身活动的产品包括：测量标准、设备、辅助设备、消耗材料。部分或全部直接提供给客户的服务包括：抽样服务、检测服务（分包）。用于支持实验室运作的产品和服务包括：测量标准和设备、辅助设备、消耗材料和标准物质、校准服务、设施和设备维护服务、能力验证服务、评审和审核服务。

6.6.2　实验室应有以下活动的程序，并保存相关记录：

a）确定、审查和批准实验室对外部提供的产品和服务的要求；

b）确定评价、选择、监控表现和再次评价外部供应商的准则；

c）在使用外部提供的产品和服务前，或直接提供给客户之前，应确保符合实验室规定的要求，或适用时满足本准则的相关要求；

d）根据对外部供应商的评价、监控表现和再次评价的结果采取措施。

实验室应制定程序（如《外部产品和服务采购程序》，以规定上述活动的要求，并记录相应内容。分包项目的检测结果提供给客户之前，应确保符合实验室规定的要求。根据对外部供应商的评价结果采取措施确保外部产品和服务符合本准则的相关要求。

6.6.3　实验室应与外部供应商沟通，明确以下要求：

a）需提供的产品和服务；

b）验收准则；

c）能力，包括人员需具备的资格；

d）实验室或其客户拟在外部供应商的场所进行的活动。

外部供应商需提供的产品和服务、产品和服务的验收准则、外部供应商的能力以及拟在外部供应商的场所进行的活动等要求宜在双方协议上确定；否则，实验室也应记录与外部供应商的沟通结果。

第五节　过程要求

检测过程描述如下：有检测需求的客户提出要求，有时客户发出招标文件，具有资质和能力的实验室进行投标，经双方商洽客户和实验室确定检测合同，实验室实施确定的检测活动；实验室选择经验证或确认过的检测方法，有时抽取有代表性的样品后进行检测，规范检测样品的运输、接收、保护、存储、清理或返还，整个检测过程有完整的技术记录，测量结果进行不确定度的评定，确保结果的有效性，出具检测报告；处理客户投诉，出现不符合工作时采取措施；建立、运行和维护实验室信息管理系统。

一、要求、标书和合同的评审

7.1 要求、标书和合同的评审

7.1.1 实验室应有要求、标书和合同评审程序。该程序应确保：

a）明确规定要求，形成文件，并被理解；

b）实验室有能力和资源满足这些要求；

c）当使用外部供应商时，应满足6.6条款的要求，实验室应告知客户由外部供应商实施的实验室活动，并获得客户同意；

注1：在下列情况下，可能使用外部提供的实验室活动；

——实验室有实施活动的资源和能力，但由于不可预见的原因不能承担部分或全部活动；

——实验室没有实施活动的资源和能力。

d）选择适当的方法或程序，并能满足客户的要求。

注2：对于内部或例行客户，要求、标书和合同的评审可简化进行。

实验室应制定程序（如《要求、标书和合同的评审程序》。对于内部或例行客户，评审可简化进行。当检测项目需要采用分包时应告知客户，并获得客户同意。实验室所需要采用的检测方法应获得客户的同意。

7.1.2 当客户要求的方法不合适或是过时的，实验室应通知客户。

实验室应按照客户选择的方法实施检测活动。当客户要求的方法不合适时，实验室应通知客户，并与客户确定合适的方法；当客户要求的方法已过时时，实验室应与客户确定按照更新的方法还是仍然按照已过时的方法进行检测。

7.1.3 当客户要求针对检测或校准做出与规范或标准符合性的声明时（如通过/未通过，在允许限内/超过允许限），应明确规定规范或标准以及判定规则。选择的判定规则应通知客户并得到同意，除非规范或标准本身已包含判定规则。

注：符合性声明的进一步指南见ISO/IEC 98-4。

当实验室出具的报告除了包含结果外还包括符合性声明时，合同中应明确规定规范或标准以及判定规则，出具的报告也应写明上述信息。

7.1.4　要求或标书与合同之间的任何差异，应在实施实验室活动前解决。每项合同应被实验室和客户双方接受。客户要求的偏离不应影响实验室的诚信或结果的有效性。

当合同与客户要求存在差异时，不应实施实验室活动，直至合同被实验室和客户双方接受。实验室不应有意偏离客户要求，否则实验室的诚信和结果的有效性受到质疑。

7.1.5　与合同的任何偏离应通知客户。

合同签订后，由于环境和条件的改变，合同的部分内容无法或无需实现，此时，实验室活动与合同的任何偏离应告知客户，实验室和客户共同确定对偏离所采取的措施，如补充协议等。

7.1.6　如果工作开始后修改合同，应重新进行合同评审，并与所有受影响的人员沟通修改的内容。

由于客户要求或实验室情况的变化，正执行的合同需要修改，此时应重新进行合同评审。新签订的合同，特别是修改的内容，应与有关人员进行沟通，保证新合同完整地实施。

7.1.7　在澄清客户要求和允许客户监控其相关工作表现方面，实验室应与客户或其代表合作。

注：这种合作可包括：

a）允许适当进入实验室相关区域，以见证与该客户相关的实验室活动。

b）客户出于验证目的所需的物品的准备、包装和发送。

服务客户方面的要求可体现在书面合同或口头约定。在合同中客户要求的进一步明确或解释说明可看作服务客户的一项内容。此外，允许客户进入实验室区域以见证与其相关的实验室活动，但客户进入的区域范围应加以限制，避免对结果有效性的影响。

7.1.8　实验室应保存评审记录，包括任何重大变化的评审记录。针对客户要求或实验室活动结果与客户的讨论，也应作为记录予以保存。

客户要求、标书和合同评审记录应保存。合同实施中实验室与客户的讨论结果也应作为记录保存。

二、方法的选择、验证和确认

1. 方法的选择和验证

7.2 方法的选择、验证和确认

7.2.1 方法的选择和验证

7.2.1.1 实验室应使用适当的方法和程序开展所有实验室活动，适当时，包括测量不确定度的评定以及使用统计技术进行数据分析。

注：本准则所用“方法”可视为是ISO/IEC指南99定义的“测量程序”的同义词。

这里的“方法”可理解为检测方法，有时也包括结果测量不确定度的评定和用于数据分析的统计技术。

实验室应制定程序（如《方法选择、验证和确认程序》），以合理地实施方法的选择、验证和确认。

7.2.1.2 所有方法、程序和支持文件，例如与实验室活动相关的指导书、标准、手册和参考数据，应保持现行有效并易于人员取阅（见8.3）。

所有方法应保持现行有效，若存在失效版本的方法应清晰标明，避免误用。“手册”指包含方法或数据的支持文件。“参考数据”指方法中用到的基础数据，如原子量等。

7.2.1.3 实验室应确保使用最新有效版本的方法，除非不合适或不可能做到。必要时，应补充方法使用的细节以确保应用的一致性。

注：如果国际、区域或国家标准，或其他公认的规范文本包含了实施实验室活动充分且简明的信息，并便于实验室操作人员使用时，则不需再进行补充或改写为内部程序。对方法中的可选择步骤，可能有必要制定补充文件或细则。

当具备技术能力时，实验室应尽可能使用最新有效版本的方法。当方法细节不明确或方法中存在可选择步骤时，应制定方法细则以确保方法应用的一致性。

7.2.1.4 当客户未指定所用的方法时，实验室应选择适当的方法并通知客户。推荐使用以国际标准、区域标准或国家标准发布的方法，或由知名技术组织或有关科技文献或期刊中公布的方法，或设备制造商规定的方法。实验室开发或修改的方法也可使用。

按客户指定的方法进行实验室活动。当客户要求的方法不合适时，实验室应通知客户，并与客户确定合适的方法；当客户要求的方法已过时时，实验室应与客户确定按照更新的方法还是仍然按照已过时的方法进行检测（见7.1.2）。

当客户未指定方法时，实验室应选择适当的方法、并被客户接受。

7.2.1.5　实验室在引入方法前，应验证能够适当地运用该方法，以确保能实现所需的方法性能。应保存验证记录。如果发布机构修订了方法，应在所需的程度上重新进行验证。

实验室是否具备能力运用方法需进行验证，保存验证记录。方法修订后，应重新进行验证。

7.2.1.6　当需要开发方法时，应予策划，指定具备能力的人员，并为其配备足够的资源。在方法开发的过程中，应进行定期评审，以确定持续满足客户需求。开发计划的任何变更应得到批准和授权。

实验室方法的开发应定期评审，以确认持续满足客户需求。这里的客户需求是实验室理解到的客户要求。

7.2.1.7　对实验室活动方法的偏离，应事先将该偏离形成文件、做技术判断、获得授权并被客户接受。

注：客户接受偏离可以事先在合同中约定。

进行方法偏离包含以下条件：

a）将偏离形成文件；

b）对偏离做技术判断；

c）获得授权；

d）偏离被客户接受。

2. 方法确认

7.2.2　方法确认

7.2.2.1　实验室应对非标准方法、实验室制定的方法、超过预定范围使用的标准方法或其他修改的标准方法进行确认。确认应尽可能全面，以满足预期用途或应用领域的需要。

注1：确认可包括检测或校准物品的抽取、处置和运输程序。

注2：可用以下一种或多种技术进行方法确认：

a）使用参考标准或标准物质进行校准或评估偏倚和精密度；

b）对影响结果的因素进行系统性评审；

c）通过改变控制检验方法的稳健度，如培养箱温度、加样体积等；

d）与其他已确认的方法进行结果比对；

e）实验室间比对；

f）根据对方法原理的理解以及抽样或检测方法的实践经验，评定结果的测量不确定度。

方法确认是方法验证的一种方式，以验证在预期用途方面规定要求同样能够被满足。作为方法一部分的抽样和样品处置过程，也可进行确认。例如，用于煤炭的制样方法被确认同样适用于焦炭样品的制备。可采用多种技术进行方法确认，如使用标准物质评估方法的准确度，使用相同基体的参考标准或标准物质生成校准曲线，对方法的影响因素进行研究，对方法测量结果进行不确定度的评定等。当没有已确认的方法进行比对时，可进行实验室间比对以确认方法的复现性。

7.2.2.2　当修改已确认过的方法时，应确定这些修改的影响。当发现影响原有的确认时，应重新进行方法确认。

例如，通过与双炉法比对确认挥发分单炉法适用于褐煤，当修改加热温度时应重新进行方法确认，而当修改马弗炉的校准周期时，因不影响原有的确认，无需再次进行方法确认。

7.2.2.3　当按预期用途评估被确认方法的性能特性时，应确保与客户需求相关，并符合规定要求。

注：方法性能特性可包括但不限于：测量范围、准确度、结果的测量不确定度、检出限、定量限、方法的选择性、线性、重复性或复现性、抵御外部影响的稳健度或抵御来自样品或测试物基体干扰的交互灵敏度以及偏倚。

例如，煤中全硫的测定方法用于生物质中全硫的测定时，方法的实测精密度应满足客户的需求，并符合生物质中全硫测定的精密度要求。

7.2.2.4　实验室应保存以下方法确认记录：

a）使用的确认程序；

b）规定的要求；

c）确定的方法性能特性；

d）获得的结果；

e）方法有效性声明，并详述与预期用途的适宜性。

实验室记录每项方法确认中方法性能特性应符合的规定要求、实测的方法性能特性、确认结果及方法有效性声明。

三、抽样

7.3　抽样

7.3.1　当实验室为后续检测或校准对物质、材料或产品实施抽样时，应有抽样计划和方法。抽样方法应明确需要控制的因素，以确保后续检测或校准结果的有效性。在抽样地点应能得到抽样计划和方法。只要合理，抽样计划应基于适当的统计方法。

煤炭采样应有采样计划和方法。采样方法应明确影响煤样代表性的因素。采样计划应规定由谁、在什么时间和地点、采用何种方法完成采样活动。采样计划和方法在现场应能获得。

7.3.2 抽样方法应描述：

a）样品或地点的选择；

b）抽样计划；

c）从物质、材料或产品中取得样品的制备和处理，以作为后续检测或校准的物品。

注：实验室接收样品后，进一步处置要求见7.4条款的规定。

子样分布和采样地点应在采样方法中描述。采取的煤样在现场制备出实验室煤样的过程也应在采样方法中叙述。实验室接收的样品可能直接作为检测用试样，也可能尚需进一步制备成分析试样，无论哪种情况均需按照“7.4 检测或校准物品的处置”的规定执行。

7.3.3 实验室应将抽样数据作为检测或校准工作记录的一部分予以保存。相关时，这些记录应包括以下信息：

a）所用的抽样方法；

b）抽样日期和时间；

c）识别和描述样品的数据（如编号、数量和名称）；

d）抽样人的识别；

e）所用设备的识别；

f）环境或运输条件；

g）适当时，识别抽样位置和图示或其他等效方式；

h）与抽样方法和抽样计划的偏离或增减。

采样作为检测工作的一部分，其记录应保留，并包括以下信息：

a）所用的采样方法，适当时，将采样方法改写为作业指导书；

b）采样日期和时间；

c）样品数量、编号和名称；

d）采样人员的签名；

e）采样工具或设备；

f）采样地点、天气情况、所用运输工具；

g）适当时，子样分布的图示；

h）与采样计划和方法的偏离。

四、 检测或校准物品的处置

> 7.4 检测或校准物品的处置
>
> 7.4.1 实验室应有运输、接收、处置、保护、存储、保留、清理或返还检测或校准物品的程序，包括为保护检测或校准物品的完整性以及实验室与客户利益需要的所有规定。在处置、运输、保存/等候、制备、检测或校准过程中，应注意避免物品变质、污染、丢失或损坏。应遵守随物品提供的操作说明。

实验室应制定程序（如《样品处置程序》），以规定样品的运输、接收、处置、保护、存储、保留、清理或返还的要求。在整个样品管理过程中，应注意避免物品变质、污染、丢失或损坏。实验室应遵守随样品提供的操作说明，如要求在小于 6mm 处制备全水分煤样。

> 7.4.2 实验室应有清晰标识检测或校准物品的系统。物品在实验室负责的期间内应保留该标识。标识系统应确保物品在实物上、记录或其他文件中不被混淆。适当时，标识系统应包含一个物品或一组物品的细分和物品的传递。

样品应按统一的规定进行标识，如样品编号为 20200001。样品标识应贴在或标识在样品容器上，确保样品不被混淆。当同一编号的样品有多个时，如编号为 20200001 的全水分试样、灰熔融性试样、二氧化碳反应性试样、胶质层试样等，样品编号可增加细分标识，如 20200001-M、20200001-F、20200001-R、20200001-Y……适当时，样品编号还可考虑样品传递环节，如样品从制样室传递到检测室，再保存到样品库中 20200001-㊢、20200001-(测)、20200001-(库)。

> 7.4.3 接收检测或校准物品时，应记录与规定条件的偏离。当对物品是否适于检测或校准有疑问，或当物品不符合所提供的描述时，实验室应在开始工作之前询问客户，以得到进一步的说明，并记录询问的结果。当客户知道偏离了规定条件仍要求进行检测或校准时，实验室应在报告中做出免责声明，并指出偏离可能影响的结果。

样品不符合客户提供的描述或与检测要求有偏离时，实验室应在开始工作之前询问客户，并记录偏离情况和询问的结果。例如，客户提供的样品粒度在 3mm 以下，要求测定样品的全水分，而全水分测定要求的样品粒度在 13mm 或 6mm 以下，客户提供的样品粒度与规定条件有偏离，此时实验室应在样品全水分测定之前询问客户，若客户仍要求进行检测，实验室可按照客户要求完成全水分测定，但在结果报告中应注明“客户提供的样品粒度在 3mm 以下，且客户要求对此样品进行全水分测定，测得的全水分仅代表来样中的全水分”。

7.4.4 如物品需要在规定环境条件下储存或调置，应保持、监控和记录这些环境条件。

例如，黏结指数样品宜在低温下冷藏储存，此时应记录存放样品的冷藏柜的温度和冷藏时间。

五、 技术记录

7.5 技术记录

7.5.1 实验室应确保每一项实验室活动的技术记录包含结果、报告和足够的信息，以便在可能时识别影响测量结果及其测量不确定度的因素，并确保能在尽可能接近原条件的情况下重复该实验室活动。技术记录应包括每项实验室活动以及审查数据结果的日期和负责人。原始的观察结果、数据和计算应在观察或获得时予以记录，并应按特定任务予以识别。

技术记录应包含足够的信息以便确保能在尽可能接近原条件的情况下重复该实验室活动。技术记录中不但包括实验室活动的日期和人员，而且还包括审查数据结果的日期和人员。原始记录应在观察或获得时记录，且每项活动应有特定的原始记录以便于识别。

7.5.2 实验室应确保技术记录的修改可以追溯到前一个版本或原始观察结果。应保存原始的以及修改后的数据和文档，包括更改的日期、标识修改的内容和负责修改的人员。

技术记录的修改应留下痕迹，保留原始的以及修改后的数据和文档。原始记录的修改通常保留原始的数据和信息，并标识修改的内容。报告的审批可增加“报告审批单”以记录报告签批前进行的修改。已出具报告的修改应在新报告中注明代替版本报告的编号和修改的内容。

六、 测量不确定度的评定

7.6 测量不确定度的评定

7.6.1 实验室应识别测量不确定度的贡献。评定测量不确定度时，应采用适当的分析方法考虑所有显著贡献，包括来自抽样的贡献。

结果的测量不确定度的评定应考虑到所有影响测量结果的因素，包括煤炭采样和制样。当仅对客户来样负责时，采样贡献不被考虑；当对客户批煤出具报告时，采样误差是影响结果的测量不确定度的主要因素。

7.6.2 开展校准的实验室，包括校准自有设备，应评定所有校准的测量不确定度。

校准实验室的所有校准项目应评定结果的测量不确定度。具有自校准项目的实验室应评定自校准项目的测量不确定度。

7.6.3 开展检测的实验室应评定测量不确定度。当由于检测方法的原因难以严格评定测量不确定度时，实验室应基于对理论原理的理解或使用该方法的实践经验进行评估。

注1：某些情况下，公认的检测方法对测量不确定度主要来源规定了限值，并规定了计算结果的表示方式，实验室只要遵守检测方法和报告要求，即满足7.6.3条款的要求。

注2：对一特定方法，如果已确定并验证了结果的测量不确定度，实验室只要证明已识别的关键影响因素受控，则不需要对每个结果评定测量不确定度。

注3：更多信息参见ISO/IEC指南98-3、ISO 21748和ISO 5725系列标准。

检测实验室应评定结果的测量不确定度。对于煤炭检测标准，通常规定了方法精密度值，实验室只要遵守检测方法，即满足测量不确定度评定的要求。

七、确保结果有效性

7.7 确保结果有效性

7.7.1 实验室应有监控结果有效性的程序。记录结果数据的方式应便于发现其发展趋势，如可行，应采用统计技术审查结果。实验室应对监控进行策划和审查，适当时，监控应包括但不限于以下方式：

a）使用标准物质或质量控制物质；

b）使用其他已校准能够提供可溯源结果的仪器；

c）测量和检测设备的功能核查；

d）适用时，使用核查或工作标准，并制作控制图；

e）测量设备的期间核查；

f）使用相同或不同方法重复检测或校准；

g）留存样品的重复检测或重复校准；

h）物品不同特性结果之间的相关性；

i）审查报告的结果；

j）实验室内比对；

k）盲样测试。

实验室应制定程序（如《结果有效性监控程序》），以确保结果有效性。实验室应策划质量监控活动，制定质量监控计划，经批准后实施。煤炭检测项目通常进行两次重复测定，若不超差则以两次测定值的平均值报出，重复检测也是保证结果有效性的方式之一。

7.7.2　可行和适当时，实验室应通过与其他实验室的结果比对监控能力水平。监控应予以策划和审查，包括但不限于以下一种或两种措施：

a）参加能力验证；

注：GB/T 27043 包含能力验证和能力验证提供者的详细信息。满足 GB/T 27043 要求的能力验证提供者被认为是有能力的。

b）参加除能力验证之外的实验室间比对。

实验室间比对是确保结果有效性的一种方式。按照规定周期参加能力验证是实验室 CNAS 认可的要求。

7.7.3　实验室应分析监控活动的数据用于控制实验室活动，适用时实施改进。如果发现监控活动数据分析结果超出预定的准则时，应采取适当措施防止报告不正确的结果。

当采用标准物质监控时，预定的准则为监控结果是否在标准值不确定度范围内。当制作控制图时，预定的准则为控制图的判定规则。监控结果超出预定的准则时，应停止检测活动，查找原因，执行《不符合工作控制程序》。

八、报告结果

1. 总则

7.8.1　总则

7.8.1.1　结果在发出前应经过审查和批准。

实验室在出具结果报告时应进行多次审查，例如原始记录的审核、报告的审核，最后经授权签字人批准出具结果报告。

7.8.1.2　实验室应准确、清晰、明确和客观地出具结果，并且应包括客户同意的、解释结果所必需的以及所用方法要求的全部信息。实验室通常以报告的形式提供结果（例如检测报告、校准证书或抽样报告），所有发出的报告应作为技术记录予以保存。

注 1：检测报告和校准证书有时称为检测证书和校准报告。

注 2：只要满足本准则的要求，报告可以硬拷贝或电子方法发布。

检测结果以报告的形式提供。结果的表述应准确、清晰、明确和客观。作为技术记录，结果报告应按要求保存，修订前后的报告均应存档。报告可以纸质或电子形式发布。

7.8.1.3　经客户同意，可用简化方式报告结果。如果未向客户报告7.8.2至7.8.7条款中所列的信息，客户应能方便地获得。

对于长期的客户，经双方商议结果报告可以简化。对于7.8.2至7.8.7中的属客户委托检测的其他信息，客户可通过多种方式获得，例如口头告知、传真或邮件。

2.（检测、校准或抽样）报告的通用要求

7.8.2　（检测、校准或抽样）报告的通用要求

7.8.2.1　除非实验室有有效的理由，每份报告应至少包括下列信息，以最大限度地减少误解或误用的可能性：

a）标题（例如“检测报告”“校准证书”或“抽样报告”）；

b）实验室的名称和地址；

c）实施实验室活动的地点，包括客户设施、实验室固定设施以外的地点、相关的临时或移动设施；

d）将报告中所有部分标记为完整报告一部分的唯一性标识，以及表明报告结束的清晰标识；

e）客户的名称和联络信息；

f）所用方法的识别；

g）物品的描述、明确的标识以及必要时物品的状态；

h）检测或校准物品的接收日期，以及对结果的有效性和应用至关重要的抽样日期；

i）实施实验室活动的日期；

j）报告的发布日期；

k）如与结果的有效性或应用相关时，实验室或其他机构所用的抽样计划和抽样方法；

l）结果仅与被检测、被校准或被抽样物品有关的声明；

m）结果，适当时，带有测量单位；

n）对方法的补充、偏离或删减；

o）报告批准人的识别；

p）当结果来自于外部提供者时，清晰标识。

注：报告中声明除全文复制外，未经实验室批准不得部分复制报告，可以确保报告不被部分摘用。

有时实验室活动地点与实验室地址并不相同，因此结果报告应分别列出实验室地址和活动地点。报告中应有页码和总页码标识，以及报告结束的清晰标识。报告中应给出所用方法，当存在方法偏离时应予以说明。煤样的粒度和重量以及煤样编号等信息应清晰描述。当对批煤检测时，应描述批煤量、粒度、采样方法等信息。检测结果仅与被检测物品（来样或批煤）有关的声明应给出。当报告中存在分包结果时，应清晰注明。

7.8.2.2　实验室对报告中的所有信息负责，客户提供的信息除外。客户提供的数据应予以明确标识。此外，当客户提供的信息可能影响结果的有效性时，报告中应有免责声明。当实验室不负责抽样（如样品由客户提供）时，应在报告中声明结果仅适用于收到的样品。

客户提供的信息由客户对其真实性、准确性和完整性负责。客户提供的数据不但应明确标识，而且当客户提供的信息可能影响结果的有效性时实验室应在报告中有免责声明，例如，全水分值由客户提供，实验室对全水分值的准确性以及由于全水分值不准确而造成的其他计算结果的失真不承担责任。

3. 检测报告的特定要求

7.8.3　检测报告的特定要求

7.8.3.1　除 7.8.2 条款所列要求之外，当解释检测结果需要时，检测报告还应包含以下信息：

a）特定的检测条件信息，如环境条件；

b）相关时，与要求或规范的符合性声明（见 7.8.6）；

c）适用时，在下列情况下，带有与被测量相同单位的测量不确定度或被测量相对形式的测量不确定度（如百分比）：

——测量不确定度与检测结果的有效性或应用相关时；

——客户有要求时；

——测量不确定度影响与规范限量的符合性时。

d）适当时，意见和解释（见 7.8.7）；

e）特定方法、法定管理机构或客户要求的其他信息。

相关时，报告给出与要求的符合性声明，例如当需要判别煤样的产品种类时，将检测结果与标准要求进行对照，做出产品种类的声明。与结果的有效性或应用相关时，结果的测量不确定度应给出。使用非标准方法等特定方法，需给出方法的信息。

7.8.3.2　如果实验室负责抽样活动，当解释检测结果需要时，检测报告还应满足 7.8.5 条款的要求。

如果实验室负责抽样活动，结果报告中应包括必要的抽样信息。

4. 校准证书的特定要求

7.8.4 校准证书的特定要求

7.8.4.1 除7.8.2条款的要求外，校准证书应包含以下信息：

a）与被测量相同单位的测量不确定度或被测量相对形式的测量不确定度（如百分比）；

注：根据ISO/IEC指南99，测量结果通常表示为一个被测量值，包括测量单位和测量不确定度。

b）校准过程中对测量结果有影响的条件（如环境条件）；

c）测量如何计量溯源的声明（见附录A）；

d）如可获得，任何调整或修理前后的结果；

e）相关时，与要求或规范的符合性声明（见7.8.6）；

f）适当时，意见和解释（见7.8.7）。

校准报告中应给出计量溯源性的声明，包括计量溯源性的证明。当被校准的仪器已被调整或修理时，如可获得，应报告调整或修理前后的校准结果。如预做出符合性声明，应指明符合规范的哪些条款。做出符合性声明时，应考虑测量不确定度。

7.8.4.2 如果实验室负责抽样活动，当解释校准结果需要时，校准证书还应满足7.8.5条款的要求。

如果实验室负责抽样活动，结果报告中应包括必要的抽样信息。

7.8.4.3 校准证书或校准标签不应包含校准周期的建议，除非已与客户达成协议。

校准周期与设备性能稳定性和使用情况相关，对于使用频率高、性能稳定性欠佳的设备，校准周期应较短。校准周期应由客户确定，除非实验室已与客户达成协议，否则校准证书不应包含校准周期的建议。

5. 报告抽样——特定要求

7.8.5 报告抽样——特定要求

如果实验室负责抽样活动，除7.8.2条款中的要求外，当解释结果需要时，报告还应包括以下信息：

a）抽样日期；

b）抽取的物品或物质的唯一性标识（适当时，包括制造商的名称、标示的型号或类型以及序列号）；

c）抽样位置，包括图示、草图或照片；

d）抽样计划和抽样方法；

e）抽样过程中影响结果解释的环境条件的详细信息；

f）评定后续检测或校准的测量不确定度所需的信息。

对于批煤，其唯一性标识可能为客户的名称、煤炭的品种、粒度和数量、煤炭存放的地点、车厢编号等信息。采样过程中的天气条件应在报告中描述。适用时，也应给出评定采样过程中测量不确定度所需的数据。

6. 报告符合性声明

7.8.6　报告符合性声明

7.8.6.1　当做出与规范或标准符合性声明时，实验室应考虑与所用判定规则相关的风险水平（如错误接受、错误拒绝以及统计假设），将所使用的判定规则制定成文件，并应用判定规则。

注：如果客户、法规或规范性文件规定了判定规则，无需进一步考虑风险水平。

如果规范或标准中没有规定判定规则，实验室在确定判定规则时应考虑判定规则相关的风险水平，即判定规则所用统计假设的置信水平。

7.8.6.2　实验室在报告符合性声明时应清晰标识：

a）符合性声明适用的结果；

b）满足或不满足的规范、标准或其中的部分；

c）应用的判定规则（除非规范或标准中已包含）。

哪些结果应用到符合性声明中应在报告中标识，符合性声明应结论明确，应用的判定规则应清晰表述。例如，煤炭采样精密度试验的判定规则应描述清楚。

7. 报告意见和解释

7.8.7　报告意见和解释

7.8.7.1　当表述意见和解释时，实验室应确保只有授权人员才能发布相关意见和解释。实验室应将意见和解释的依据制定成文件。

注：应注意区分意见和解释与 GB/T 27020（ISO/IEC 17020，IDT）中的检验声明、GB/T 27065（ISO/IEC 17065，IDT）中的产品认证声明以及7.8.6条款中符合性声明的差异。

发布意见和解释的人员应经实验室授权，且意见和解释的依据应制定成文件。

7.8.7.2　报告中的意见和解释应基于被检测或校准物品的结果，并清晰地予以标注。

意见和解释是对结果本身而言的，包括结果的可能原因、结果的用途等，这也是与符合性声明的主要差异。

7.8.7.3 当以对话方式直接与客户沟通意见和解释时，应保存对话记录。

意见和解释常常以对话方式与客户沟通，此时应保存对话记录。

8. 修改报告

7.8.8 修改报告

7.8.8.1 当更改、修订或重新发布已发布的报告时，应在报告中清晰标识修改的信息，适当时标注修改的原因。

无论以何种方式修改已发布的报告，修改后的报告中均应清晰标识修改的信息。

7.8.8.2 修改已发布的报告时，应仅以追加文件或数据传送的形式，并包含以下声明：

"对序列号为……（或其他标识）报告的修改"或其他等效的文字。

这类修改应满足本准则的所有要求。

追加文件是修改已发布报告的一种方式，追加的文件中清晰地写明"对序列号为……（或其他标识）报告的修改"的内容，并附上修改后的报告。

7.8.8.3 当有必要发布全新的报告时，应给予唯一性标识，并注明所替代的原报告。

发布新报告是修改已发布报告的另一种方式，新报告应给予原报告不同的唯一性标识，并注明所替代的原报告，并声明原报告作废。

九、投诉

7.9 投诉

7.9.1 实验室应有形成文件的过程来接收和评价投诉，并对投诉做出决定。

实验室应制定程序（如《投诉处理程序》），以接收和评价投诉，并对投诉做出决定。

7.9.2 利益相关方有要求时，应可获得对投诉处理过程的说明。在接到投诉后，实验室应确认投诉是否与其负责的实验室活动相关，如相关，则应处理。实验室应对投诉处理过程中的所有决定负责。

客户或利益相关方有要求时，实验室应对投诉处理过程进行说明。如果投诉与实验室活动相关，则应处理；否则，实验室应与投诉方沟通以消除误解。

7.9.3 投诉处理过程应至少包括以下要素和方法：

a）对投诉的接收、确认、调查以及决定采取处理措施过程的说明；

b）跟踪并记录投诉，包括为解决投诉所采取的措施；

c）确保采取适当的措施。

从接收投诉开始，确认投诉是否需要处理，需要处理的投诉调查存在的问题和其产生的原因以及决定采取的措施，跟踪采取措施的有效性，确保采取适当的措施。

7.9.4 接到投诉的实验室应负责收集并验证所有必要的信息，以便确认投诉是否有效。

需要处理的投诉还需确认投诉是否有效，即投诉的问题是否属于不符合要求的活动还是属于实验室需改进的问题；否则投诉可能无效，需与投诉人进行沟通。

7.9.5 只要可能，实验室应告知投诉人已收到投诉，并向其提供处理过程的报告和结果。

及时告知投诉人相关处理信息是实验室重视投诉的表现，也是实验室自身形象的体现。

7.9.6 通知投诉人的处理结果应由与所涉及的实验室活动无关的人员做出，或审查和批准。

注：可由外部人员实施。

为了保证投诉处理的公正性，投诉处理结果应由与投诉所涉及的实验室活动无关的人员做出。

7.9.7 只要可能，实验室应正式通知投诉人投诉处理完毕。

秉持公正和客观的原则，将投诉处理结果与投诉人充分沟通，当投诉人无异议或投诉问题无其他新情况时，此投诉处理完毕，并正式通知投诉人。

十、不符合工作

7.10 不符合工作

7.10.1 当实验室活动或结果不符合自身的程序或与客户协商一致的要求时（例如，设备或环境条件超出规定限值，监测结果不能满足规定的准则），实验室应有程序予以实施。该程序应确保：

a）确定不符合工作管理的职责和权力；

b）基于实验室建立的风险水平采取措施（包括必要时暂停或重复工作以及扣发报告）；

c）评价不符合工作的严重性，包括分析对先前结果的影响；

d）对不符合工作的可接受性做出决定；

e）必要时，通知客户并召回；

f）规定批准恢复工作的职责。

实验室应制定程序（如《不符合工作控制程序》），以确定不符合工作管理的职责和权力、评价不符合工作的严重性、为消除不符合所采取的措施等。

7.10.2　实验室应保存不符合工作和7.10.1条款中b）至f）规定措施的记录。

实验室应保存不符合工作处理过程的记录。

7.10.3　当评价表明不符合工作可能再次发生时，或对实验室的运行与其管理体系的符合性产生怀疑时，实验室应采取纠正措施。

当不符合工作可能再次发生时，实验室应采取纠正措施，以消除不符合工作生产的原因。

十一、数据控制和信息管理

7.11　数据控制和信息管理

7.11.1　实验室应获得开展实验室活动所需的数据和信息。

实验室应能获得人员培训和授权、设备校准和评定、方法验证、样品管理、环境监控等数据和信息，以便于开展实验室活动。

7.11.2　用于收集、处理、记录、报告、存储或检索数据的实验室信息管理系统，在投入使用前应进行功能确认，包括实验室信息管理体统中界面的适当运行。当对管理系统的任何变更，包括修改实验室软件配置或现成的商业化软件，在实施前应被批准、形成文件并确认。

注1：本准则中“实验室信息管理体系”包括计算机化和非计算机化系统中的数据和信息管理。相比非计算机化的系统，有些要求更适用于计算机化的系统。

注2：常用的现成商业化软件在其设计的应用范围内使用可被视为已经过充分的确认。

实验室信息管理系统在投入使用前应逐项进行功能确认，确认方法主要与人工方法进行比对。变更管理系统时，在实施前应确认、被批准，并保存记录。非计算机化的系统指手工处理的系统，例如以前图书馆的纸质检索系统。

7.11.3　实验室信息管理系统应：

a）防止未经授权的访问；

b）安全保护以防止篡改和丢失；

c）在符合系统供应商或实验室规定的环境中运行，或对于非计算机化的系统，提供保护人工记录和转录准确性的条件；

d）以确保数据和信息完整性的方式进行维护；

e）包括记录系统失效和适当的紧急措施及纠正措施。

实验室信息管理系统应实行用户名和密码管理以防止未经授权的访问。所有访问均应留下痕迹，包括保留修改前后的数据。系统数据和信息应及时备份，特别是在维护前，避免数据丢失而无法找回。系统宜包括一键恢复功能，在紧急情况下可恢复系统运行。

7.11.4　当实验室信息管理系统在异地或外部供应商进行管理和维护时，实验室应确保系统的供应商或运营商符合本准则的所有适用要求。

系统的供应商或运营商对系统数据和信息负有保密责任，应制定保密措施，防止系统未经授权的访问及数据和信息的丢失或外泄。

7.11.5　实验室应确保员工易于获取与实验室信息管理系统相关的说明书、手册和参考数据。

说明书在系统使用处存放，以方便系统授权使用人员查阅。

7.11.6　应对计算和数据传输进行适当和系统的检查。

当系统具有计算和数据传输功能时，在使用前应进行功能确认。

第六节　管理体系要求

管理体系要求包括：管理体系文件、管理体系文件的控制、记录控制、应对风险和机遇的措施、改进、纠正措施、内部审核、管理评审。

一、方式

8.1　方式

8.1.1　总则

实验室应建立、编制、实施和保持管理体系，该管理体系应能够支持和证明实验室持续满足本准则要求，并且保证实验室结果的质量。除满足第 4 条款至第 7 条款的要求，实验室应按方式 A 或方式 B 实施管理体系。

注：更多信息参见附录 B。

附录 B（资料性附录）管理体系方式

B.1 随着管理体系的广泛应用，日益需要实验室运行的管理体系既符合 GB/T 19001，又符合本准则。因此，本准则提供了实施体系相关要求的两种方式。

B.4 两种方式的目的都是为了在管理体系的运行，以及符合第 4 条款至第 7 条款的要求方面达到同样的结果。

注：如同 GB/T 19001 和其他管理体系标准，文件、数据和记录是成文信息的组成部分。8.3 条款规定文件控制。8.4 条款和 7.5 条款规定了记录控制。7.11 条款规定了有关实验室活动的数据控制。

实施管理体系要求有两种方式：方式 A 和方式 B。这两种方式能达到同样的结果。

8.1.2 方式 A

实验室管理体系至少应包括下列内容：

——管理体系文件（见 8.2）；

——管理体系文件的控制（见 8.3）；

——记录控制（见 8.4）；

——应对风险和机遇的措施（见 8.5）；

——改进（见 8.6）；

——纠正措施（见 8.7）；

——内部审核（见 8.8）；

——管理评审（见 8.9）。

附录 B（资料性附录）管理体系方式

B.2 方式 A（见 8.1.2）给出了实施实验室管理体系的最低要求，其已纳入 GB/T 19001 中与实验室活动范围相关的管理体系所有要求。因此，遵循了本准则第 4 条款至第 7 条款，并实施第 8 条款方式 A 的实验室，其运作也基本符合 GB/T 19001 的原则。

方式 A 为实施实验室管理体系的最低要求，其已纳入 ISO 9001 中与实验室活动范围相关的管理体系所有要求。

8.1.3 方式 B

实验室按照 GB/T 19001 的要求建立并保持管理体系，能够支持和证明持续符合第 4 条款至第 7 条款要求，也至少满足了第 8.2 条款至第 8.9 条款中规定的管理体系要求。

附录B（资料性附录）管理体系方式

B.3 方式B（见8.1.3）允许实验室按照GB/T 19001的要求建立和保持管理体系，并能支持和证明持续符合第4条款至第7条款的要求。因此实验室实施第8条款的方式B，也是按照GB/T 19001运作的。实验室管理体系符合GB/T 19001的要求，并不证明实验室在技术上具备出具有效的数据和结果的能力。实验室还应符合第4条款至第7条款。

方式B为按照ISO 9001的要求建立和保持管理体系，同时能支持和证明持续符合第4条款至第7条款的要求。

二、管理体系文件

8.2　管理体系文件（方式A）

8.2.1　实验室管理层应建立、编制和保持符合本准则目的的方针和目标，并确保该方针和目标在实验室组织的各级人员得到理解和执行。

实验室应制定质量方针和质量目标。实验室人员应理解质量方针和目标，并贯彻执行。

8.2.2　方针和目标应能体现实验室的能力、公正性和一致运作。

质量方针和质量目标的内容应能体现实验室的能力和公正性。一致运作是指实验室活动按照规定的要求实施，相同活动的运行操作一致。

8.2.3　实验室管理层应提供建立和实施管理体系以及持续改进其有效性承诺的证据。

除了体系文件外，实验室还应提供记录和其他文件，以证明管理体系的实施和其有效性的持续改进，实验室管理层对此负责。

8.2.4　管理体系应包含、引用或链接与满足本准则要求相关的所有文件、过程、系统和记录等。

管理体系包含与满足本准则要求相关的所有文件、过程、系统和记录等。

8.2.5　参与实验室活动的所有人员应可获得适用其职责的管理体系文件和相关信息。

实验室人员应可获得与其职责适用的管理体系文件，并被理解和执行。

三、管理体系文件的控制

8.3　管理体系文件的控制（方式A）

8.3.1　实验室应控制与满足本准则要求有关的内部和外部文件。

注：本准则中，“文件”可以是政策声明、程序、规范、制造商的说明书、校准表格、图表、教科书、张贴品、通知、备忘录、图纸、计划等。这些文件可能承载在各种载体上，例如硬拷贝或数字形式。

实验室应控制管理体系文件。文件包含的种类很多，其中记录也是一类文件。

8.3.2 实验室应确保：

a）文件发布前由授权人员审查其充分性并批准；

b）定期审查文件，必要时更新；

c）识别文件更改和当前修订状态；

d）在使用地点应可获得适用文件的相关版本，必要时，应控制其发放；

e）文件有唯一性标识；

f）防止误用作废文件，无论出于任何目的而保留的作废文件，应有适当的标识。

文件修改应有审批记录，文件标识中应体现其版本号以识别修订次数。重要文件的发放应有记录。保留的作废文件应清晰标识。

实验室宜制定程序（如《文件控制程序》），以对上述内容做出规定。

四、 记录控制

8.4 记录控制（方式 A）

8.4.1 实验室应建立和保存清晰的记录以证明满足本准则的要求。

作为一类文件，记录能够支持和证明实验室满足本准则的要求。

8.4.2 实验室应对记录的标识、存储、保护、备份、归档、检索、保存期和处置实施所需的控制。实验室记录保存期限应符合合同义务。记录的调阅应符合保密承诺，记录应易于获得。

注：对技术记录的其他要求见 7.5 条款。

实验室宜制定程序（如《记录控制程序》），以对记录的标识、存储、保护、备份、归档、检索、保存期和处置实施所需的控制。

五、 应对风险和机遇的措施

8.5 应对风险和机遇的措施（方式 A）

8.5.1 实验室应考虑与实验室活动相关的风险和机遇，以：

a）确保管理体系能够实现其预期结果；

b）增强实现实验室目的和目标的机遇；

c）预防或减少实验室活动中的不利影响和可能的失败；

d）实现改进。

实验室活动以增强机遇、减少风险为原则，确保管理体系实现预期目标。

8.5.2　实验室应策划：

a）应对这些风险和机遇的措施；

b）如何：

——在管理体系中整合并实施这些措施；

——评价这些措施的有效性。

注：虽然本准则规定实验室应策划应对风险的措施，但并未要求运用正式的风险管理方法或形成文件的风险管理过程。实验室可决定是否采用超出本准则要求的更广泛的风险管理方法，如通过应用其他指南或标准。

例如，为了保证检测结果的公正性，加强监督，以及应对可能的人为造假风险，策划由三个部门负责检测过程，即检测委托、检测、报告出具，样号进行盲码处理，采取的措施为对组织机构和职责进行调整。该措施如何实施和评价其有效性需要策划。

8.5.3　应对风险和机遇的措施应与其对实验室结果有效性的潜在影响相适应。

注1：应对风险的方式包括识别和规避威胁，为寻求机遇承担风险，消除风险源，改变风险的可能性或后果，分担风险，或通过信息充分的决策而保留风险。

注2：机遇可能促使实验室拓展活动范围，赢得新客户，使用新技术和其他方式应对客户需求。

例如，为了赢得一个新客户，实验室需在24 h内出具结果报告，为此实验室需增加人员和设备，在这些资源的投入与赢得新客户间进行利益权衡，决定是否采取该措施。

六、改进

8.6　改进（方式A）

8.6.1　实验室应识别和选择改进机遇，并采取必要措施。

注：实验室可通过评审操作程序、实施方针、总体目标、审核结果、纠正措施、管理评审、人员建议、风险评估、数据分析和能力验证结果识别改进机遇。

例如，发热量的能力验证结果为不满意，采取改进措施，对设备、环境、操作进行检查，查找原因，加以改进。

8.6.2 实验室应向客户征求反馈，无论是正面的还是负面的。应分析和利用这些反馈，以改进管理体系、实验室活动和客户服务。

注：反馈的类型示例包括：客户满意度调查、与客户的沟通记录和共同评价报告。

征求客户反馈是识别改进机遇的重要方式。

七、纠正措施

8.7 纠正措施（方式 A）

8.7.1 当发生不符合时，实验室应：

a）对不符合做出应对，并且适用时：

——采取措施以控制和纠正不符合；

——处置后果；

b）通过下列活动评价是否需要采取措施，以消除产生不符合的原因，避免其再次发生或者在其他场合发生：

——评审和分析不符合；

——确定不符合的原因；

——确定是否存在或可能发生类似的不符合；

c）实施所需的措施；

d）评审所采取的纠正措施的有效性；

e）必要时，更新在策划期间确定的风险和机遇；

f）必要时，变更管理体系。

例如，发现一份记录上的数据有涂改之处，没有正确划改。联系该份记录的实验人员，要求其进行纠正，正确划改，并注明划改人名和日期，该不符合和纠正没有对其他实验室活动造成影响。分析不符合产生的原因，得知记录修改的方法未进行宣贯，导致实验室人员对此不了解。为了避免再次发生，组织专项培训，使实验人员熟悉记录修改的正确方法。同时，对其他记录进行检查，纠正类似的不符合。几天后，对最近填写的记录进行抽查，没有发现记录修改的不规范行为，证明纠正措施有效。

实验室宜制定程序（如《纠正措施程序》），以对上述内容做出规定。

8.7.2 纠正措施应与不符合产生的影响相适应。

采取纠正措施投入的资源与不符合引起的风险后果损失相适应，考虑消除不符合产生的次要的概率小的原因而采取成本太高的措施的适宜性。

8.7.3　实验室应保存记录，作为下列事项的证据：

a）不符合的性质、产生原因和后续所采取的措施；

b）纠正措施的结果。

实验室应保存纠正措施记录以作为实施纠正措施的证据。

八、内部审核

8.8　内部审核（方式 A）

8.8.1　实验室应按照策划的时间间隔进行内部审核，以提供有关管理体系的下列信息：

a）是否符合：

——实验室自身的管理体系要求，包括实验室活动；

——本准则的要求；

b）是否得到有效的实施和保持。

实验室审核自身活动与管理体系要求和本准则要求的符合性即为内部审核。实验室按照制定的计划开展内部审核，一年内开展 1 次或多次内部审核，审核出的不符合应采取措施纠正。

8.8.2　实验室应：

a）考虑实验室活动的重要性、影响实验室的变化和以前审核的结果，策划、制定、实施和保持审核方案，审核方案包括频次、方法、职责、策划要求和报告；

b）规定每次审核的审核准则和范围；

c）确保将审核结果报告给相关管理层；

d）及时采取适当的纠正和纠正措施；

e）保存记录，作为实施审核方案以及审核结果的证据。

注：内部审核相关指南参见 GB/T 19001（ISO 19011，IDT）。

实验室按计划开展内部审核，实施前制定审核方案，包括审核准则、范围、职责等内容。对查出的不符合及时采取措施纠正，审核报告提交给实验室管理层，并作为管理评审的输入项之一。保存记录作为实施内部审核的证据。

实验室宜制定程序（如《内部审核程序》），以对上述内容做出规定。

九、 管理评审

8.9 管理评审（方式 A）

8.9.1 实验室管理层应按照策划的时间间隔对实验室的管理体系进行评审，以确保其持续的适宜性、充分性和有效性，包括执行本准则的相关方针和目标。

实验室管理层按照计划开展管理评审，管理评审的典型周期为 1 年。

8.9.2 实验室应记录管理评审的输入，并包括以下相关信息：

a）与实验室相关的内外部因素的变化；

b）目标实现；

c）政策和程序的适宜性；

d）以往管理评审所采取措施的情况；

e）近期内部审核的结果；

f）纠正措施；

g）由外部机构进行的评审；

h）工作量和工作类型的变化或实验室活动范围的变化；

i）客户和员工的反馈；

j）投诉；

k）实施改进的有效性；

l）资源的充分性；

m）风险识别的结果；

n）保证结果有效性的输出；

o）其他相关因素，如监控活动和培训。

实验室管理评审的输入内容很多，包括外部环境的变化、组织结构的调整、人员的调整、工作量的变化、质量目标的完成情况、制度和程序的合理性、内部审核发现的不符合项以及纠正措施完成情况、外部评审发现的不符合项以及纠正情况、检测范围的变化、意见反馈、相关方投诉、改进情况、所需资源的充分性、风险和机遇情况、质量监控活动、人员培训等。

8.9.3 管理评审的输出至少应记录与下列事项相关的决定和措施：

a）管理体系及其过程的有效性；

b）履行本准则要求相关的实验室活动的改进；

c）提供所需的资源；

d）所需的变更。

评审各项输入后，就下述事项做出决定：是否调整体系结构、是否更改过程要求、是否改进实验室活动、是否需提供更多的资源、是否变更文件等。

实验室宜制定程序（如《管理评审程序》），以对上述内容做出规定。

参考文献

[1] 中国合格评定国家认可委员会．检测和校准实验室能力认可准则：CNAS-CL01：2018［S］．北京：中国标准出版社，2018.

[2] 中华人民共和国国家质量监督检验检疫总局，中国国家标准化管理委员会．质量管理体系　要求：GB/T 19001—2016［S］．北京：中国标准出版社，2016.

第七章

质量管理基础知识

检测质量是煤炭检测实验室开展业务的基础。质量管理显著影响着检测质量。国际上有通行的质量管理知识，并作为国际标准发布。我国等同采用这些国际标准且在国内推广使用。

GB/T 19000—2016《质量管理体系 基础和术语》（等同采用 ISO 9000:2015）给出了通用的质量管理原则和术语定义，GB/T 19001—2016《质量管理体系 要求》（等同采用 ISO 9001:2015）对质量管理体系提出了一般要求，这两项最新的标准均适用于各行业的质量管理，是质量管理的基础知识。

本章根据 GB/T 19000—2016（ISO 9000:2015）和 GB/T 19001—2016（ISO 9001:2015）进行编写，主要内容如下：

a）质量管理主要术语和定义；

b）质量管理基本概念、原则和方法；

c）GB/T 19001—2016（ISO 9001:2015）内容简介。

第一节　质量管理主要术语和定义

GB/T 19000—2016《质量管理体系　基础和术语》（ISO 9000:2015）给出了与质量管理有关的 138 个术语和定义。通过对术语进行分类和归纳相互关系，本节介绍其中主要的术语和定义。

一、术语关系

术语关系主要有三种形式：属种关系、从属关系、关联关系。

1. 属种关系

在层级机构中，下层术语具有上层术语的所有特征，并包含有区别于上层和同层术语的某些特征，如春、夏、秋、冬与季节的关系。

如图 7-1 所示，通过一条没有箭头的线绘出属种关系。

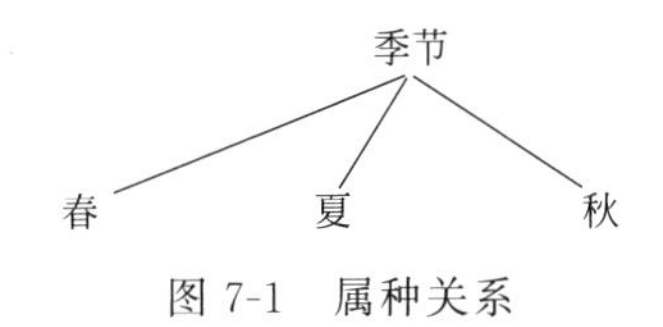

图 7-1　属种关系

2. 从属关系

在层级机构中，下层术语是上层术语的组成部分，如春、夏、秋、冬可被定义为年的一部分。

如图 7-2 所示，通过一个没有箭头的耙形图绘出从属关系。

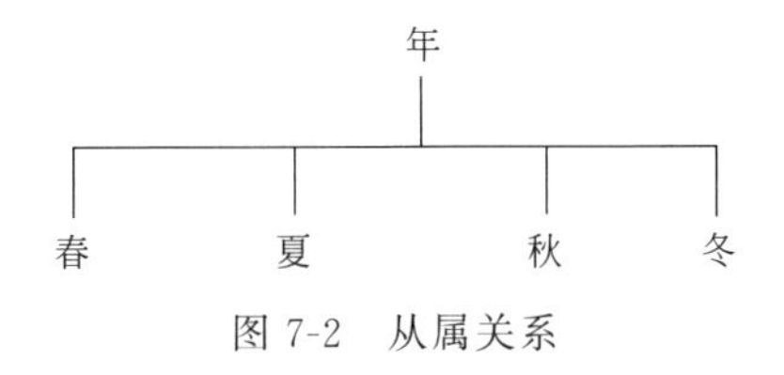

图 7-2　从属关系

3. 关联关系

在某一术语体系中，术语间不属于属种关系和从属关系，但相互间存在着一定的关系。

如图 7-3 所示，通过一条在两端带有箭头的线绘出关联关系。

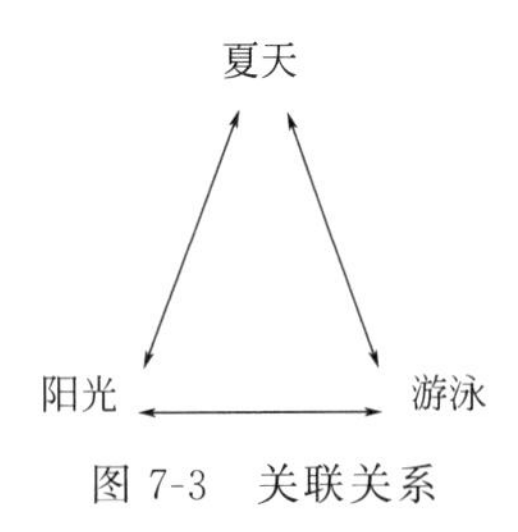

图 7-3　关联关系

二、　术语及其定义

为了方便介绍，将 GB/T 19000—2016 的主要术语条文编号及其核心内容放在灰框中原文引出。

1. 有关人员的术语

> 3.1.1　最高管理者 top management
>
> 在最高层指挥和控制组织的一个人或一组人。
>
> 注 1：最高管理者在组织内有授权和提供资源的权力。

注 2：如果管理体系的范围仅覆盖组织的一部分，在这种情况下，最高管理者是指挥和控制组织的这部分的一个人或一组人。

3.1.2　质量管理体系咨询师 quality management system consultant

对组织的质量管理体系实现给予帮助、提供建议或信息的人员。

注 1：质量管理体系咨询师也可以在部分质量管理体系的实现方面提供帮助。

3.1.6　调解人 dispute resolver

调解过程提供方指定的帮助相关各方解决争议的人。

图 7-4 给出了有关人员术语的相互关系。

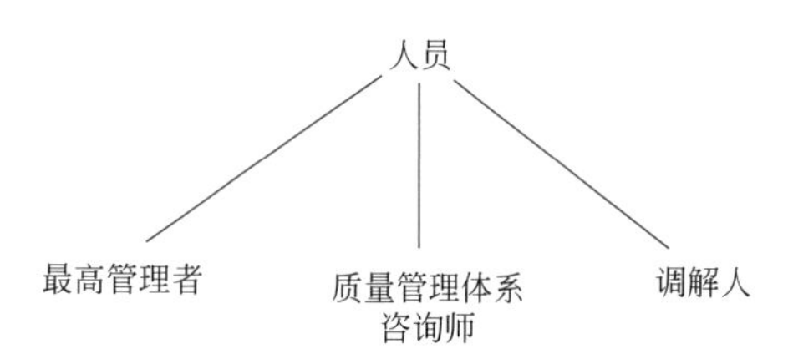

图 7-4　有关人员术语的相互关系

2. 有关组织的术语

3.2.1　组织 organization

为实现目标，由职责、权限和相互关系构成自身功能的一个人或一组人。

注 1：组织的概念包括，但不限于代理商、公司、集团、商行、企事业单位、行政机构、合营公司、协会、慈善机构或研究机构，或上述组织的部分或组合，无论是否为法人组织，共有的或私有的。

3.2.2　组织环境 context of the organization

对组织建立和实现目标的方法有影响的内部和外部因素的组合。

注 1：组织的目标可能涉及其产品和服务、投资和对其相关方的行为。

注 2：组织环境的概念，除了适用于营利性组织，还同样能适用于非营利或公共服务组织。

注 4：了解基础设施（3.5.2）对确定组织环境会有帮助。

3.2.3　相关方 interested party；stakeholder

可影响决策或活动、受决策或活动所影响、或自认为受决策或活动影响的个人或组织。

示例：顾客、所有者、组织内的人员、供方、银行、监管者、工会、合作伙伴以及可包括竞争对手或相对立的社会群体。

3.2.4　顾客 customer

能够或实际接受为其提供的或按其要求提供的产品或服务的个人或组织。

示例：消费者、委托人、最终使用者、零售商、内部过程的产品或服务的接收人、受益者和采购方。

注：顾客可以是组织内部的或外部的。

3.2.5　供方 provider；supplier

提供产品或服务的组织。

示例：产品或服务的制造商、批发商、零售商或商贩。

注1：供方可以是组织内部的或外部的。

注2：在合同情况下，供方有时称为“承包方”。

3.2.6　外部供方 external provider；external supplier

组织以外的供方。

示例：产品或服务的制造商、批发商、零售商或商贩。

3.2.7　调解过程提供方 DRP-provider；dispute resolution process provider

提供和实施外部争议解决过程的个人或组织。

注1：通常，调解过程提供方是一个法律实体，独立于组织和投诉者，因此具有独立性和公正性。

注2：调解过程提供方与各方约定调解过程，并对执行情况负责。调解过程提供方安排调解人。调解过程提供方也利用支持人员、行政人员和其他人员提供资金、文秘、日程安排、培训、会议室、监管和类似职能。

注3：调解过程提供方可以是多种类型，包括非营利、营利和公共事业实体。协会也可作为调解过程提供方。

3.2.8　协会 association

由成员组织或个人组成的组织。

图7-5给出了有关组织术语的相互关系。

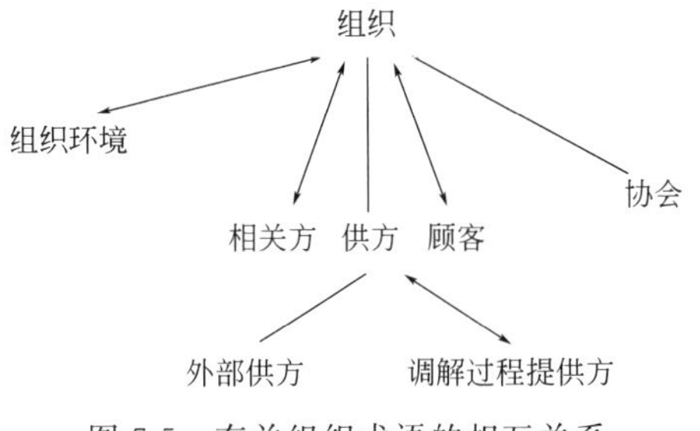

图7-5　有关组织术语的相互关系

3. 有关活动的术语

3.3.1 改进 improvement

提高绩效的活动。

注：活动可以是循环的或一次性的。

3.3.2 持续改进 continual improvement

提高绩效的循环活动。

注1：为改进制定目标和寻找机会的过程是一个通过利用审核发现和审核结论、数据分析、管理评审或其他方法的持续过程，通常会产生纠正措施或预防措施。

3.3.3 管理 management

指挥和控制组织的协调活动。

注1：管理可包括制定方针和目标以及实现这些目标的过程。

3.3.4 质量管理 quality management

关于质量的管理。

注：质量管理可包括制定质量方针和质量目标，以及通过质量策划、质量保证、质量控制和质量改进实现这些质量目标的过程。

3.3.5 质量策划 quality planning

质量管理的一部分，致力于制定质量目标并规定必要的运行过程和相关资源以实现质量目标。

注：编制质量计划可以是质量策划的一部分。

3.3.6 质量保证 quality assurance

质量管理的一部分，致力于提供质量要求会得到满足的信任。

3.3.7 质量控制 quality control

质量管理的一部分，致力于满足质量要求。

3.3.8 质量改进 quality improvement

质量管理的一部分，致力于增强满足质量要求的能力。

注：质量要求可以是有关任何方面的，如有效性、效率或可追溯性。

3.3.11 活动 activity

在项目中识别出的最小的工作项。

3.3.12 项目管理 project management

对项目各方面的策划、组织、监视、控制和报告，并激励所有参与者实现项目目标。

图7-6给出了有关活动术语的相互关系。

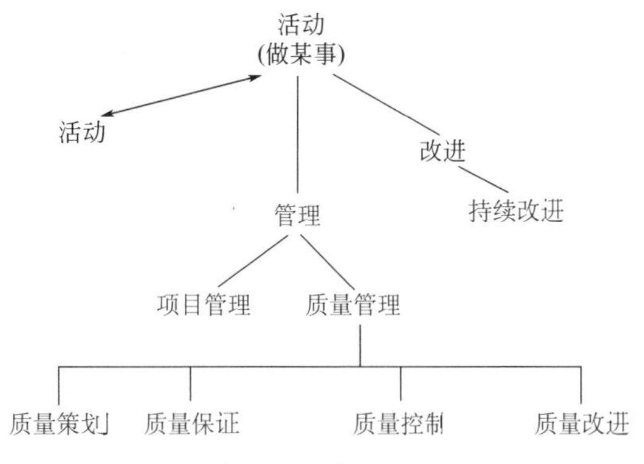

图 7-6　有关活动术语的相互关系

4. 有关过程的术语

3.4.1　过程 process

利用输入实现预期结果的相互关联或相互作用的一组活动。

注 1：过程的“预期结果”称为输出，还是称为产品或服务，随相关语境而定。

注 2：一个过程的输入通常是其他过程的输出，而一个过程的输出又通常是其他过程的输入。

注 3：两个或两个以上相互关联和相互作用的连续过程也可作为一个过程。

注 4：组织通常对过程进行策划，并使其在受控条件下运行，以增加价值。

注 5：不易或不能经济地确认其输出是否合格的过程，通常称之为“特殊过程”。

3.4.2　项目 project

由一组有起止日期的、相互协调的受控活动组成的独特过程，该过程要达到符合包括时间、成本和资源的约束条件在内的规定要求的目标。

注 1：单个项目可作为一个较大项目结构中的组成部分，且通常规定开始和结束日期。

注 2：在一些项目中，随着项目的进展，目标和范围被更新，产品或服务特性被逐步确定。

注 3：项目的输出可以是一个或几个产品或服务单元。

注 4：项目组织通常是临时的，是根据项目的生命期而建立的。

注 5：项目活动之间相互作用的复杂性与项目规模没有必然的联系。

3.4.3　质量管理体系实现 quality management system realization

建立、形成文件、实施、保持和持续改进质量管理体系的过程。

3.4.5　程序 procedure

为进行某项活动或过程所规定的途径。

注：程序可以形成文件，也可以不形成文件。

3.4.6　外包 outsource

安排外部组织承担组织的部分职能或过程。

注 1：虽然外包的职能或过程是在组织的管理体系范围内，但是外部组织是处在范围之外。

3.4.8　设计和开发 design and development

将对客体的要求转换为对其更详细的要求的一组过程。

注 1：形成的设计和开发输入的要求，通常是研究的结果，与形成的设计和开发输出的要求相比较，可以用更宽泛和更通用的含意予以表达。通常这些要求以特性来规定。在一个项目中，可以有多个设计和开发阶段。

图 7-7 给出了有关过程术语的相互关系。

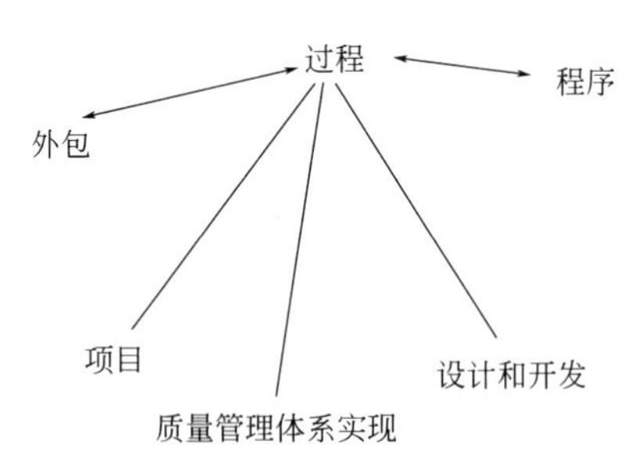

图 7-7　有关过程术语的相互关系

5. 有关体系的术语

3.5.1　体系 system

系统

相互关联或相互作用的一组要素。

3.5.2　基础设施 infrastructure

组织运行所必需的设施、设备和服务的系统。

3.5.3　管理体系 management system

组织建立方针和目标以及实现这些目标的过程的相互关联或相互作用的一组要素。

注 1：一个管理体系可以针对单一的领域或几个领域，如质量管理、财务管理或环境管理。

注 2：管理体系要素规定了组织的结构、岗位和职责、策划、运行、方针、惯例、规则、理念、目标，以及实现这些目标的过程。

注3：管理体系的范围可能包括整个组织，组织中可被明确识别的职能或可被明确识别的部门，以及跨组织的单一职能或多个职能。

3.5.4　质量管理体系 quality management system

管理体系中关于质量的部分。

3.5.5　工作环境 work environment

工作时所处的一组条件。

注：条件包括物理的、社会的、心理的或环境的因素，如温度、光照、表彰方案、职业压力、人因工效和大气成分等。

3.5.7　测量管理体系 measurement management system

实现计量确认和测量过程控制所必需的相互关联或相互作用的一组要素。

3.5.8　方针 policy

由最高管理者正式发布的组织的宗旨和方向。

3.5.9　质量方针 quality policy

关于质量的方针。

注1：通常，质量方针与组织的总方针相一致，可以与组织的愿景和使命相一致，并为制定质量目标提供框架。

注2：质量管理原则可以作为制定质量方针的基础。

3.5.10　愿景 vision

由最高管理者发布的对组织的未来展望。

3.5.11　使命 mission

由最高管理者发布的组织存在的目的。

3.5.12　战略 strategy

实现长期或总目标的计划。

图7-8给出了有关体系术语的相互关系。

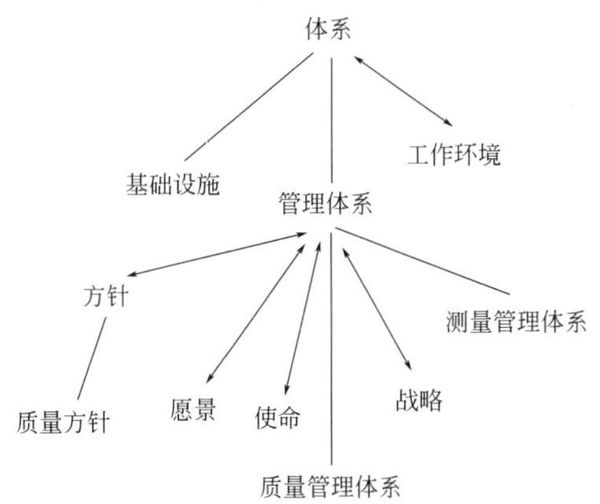

图7-8　有关体系术语的相互关系

6. 有关要求的术语

3.6.1 客体 object；entity；item

可感知或可想象到的任何事物。

示例：产品、服务、过程、人员、组织、体系、资源。

注：客体可能是物质的（如：一台发动机、一张纸、一颗钻石）、非物质的（如：转换率、一个项目计划）或想象的（如：组织未来的状态）。

3.6.2 质量 quality

客体的一组固有特性满足要求的程度。

注1：术语“质量”可使用形容词来修饰，如：差、好或优秀。

注2：“固有”（其对应的是“赋予”）是指存在于客体中。

3.6.3 等级 grade

对功能用途相同的客体按不同要求所做的分类或分级。

示例：飞机的舱级和宾馆的等级分类。

注：在确定质量要求时，等级通常是规定的。

3.6.4 要求 requirement

明示的、通常隐含的或必须履行的需求或期望。

注1：“通常隐含”是指组织和相关方的惯例或一般做法，所考虑的需求或期望是不言而喻的。

注2：规定要求是经明示的要求，如：在成文信息中阐明。

注3：特定要求可使用限定词表示，如：产品要求、质量管理要求、顾客要求、质量要求。

注4：要求可由不同的相关方或组织自己提出。

注5：为实现较高的顾客满意，可能有必要满足那些顾客既没有明示、也不是通常隐含或必须履行的期望。

3.6.5 质量要求 quality requirement

关于质量的要求。

3.6.6 法律要求 statutory requirement

立法机构规定的强制性要求。

3.6.7 法规要求 regulatory requirement

立法机构授权的部门规定的强制性要求。

3.6.9 不合格 nonconformity

不符合

未满足要求。

3.6.10　缺陷 defect

与预期或规定用途有关的不合格。

注 1：区分缺陷与不合格的概念是重要的，这是因为其中有法律内涵，特别是与产品和服务责任问题有关。

注 2：顾客希望的预期用途可能受供方所提供的信息的性质影响，如操作或维护说明。

3.6.11　合格 conformity

符合

满足要求。

3.6.12　能力 capability

客体实现满足要求的输出的本领。

3.6.13　可追溯性 traceability

追溯客体的历史、应用情况或所处位置的能力。

注 1：当考虑产品或服务时，可追溯性可涉及：

——原材料和零部件的来源；

——加工的历史；

——产品或服务交付后的分布和所处位置。

3.6.14　可信性 dependability

在需要时完成规定要求的能力。

3.6.15　创新 innovation

实现或重新分配价值的、新的或变化的客体。

注 1：以创新为结果的活动通常需要管理。

注 2：创新通常具有重要影响。

图 7-9 给出了有关要求术语的相互关系。

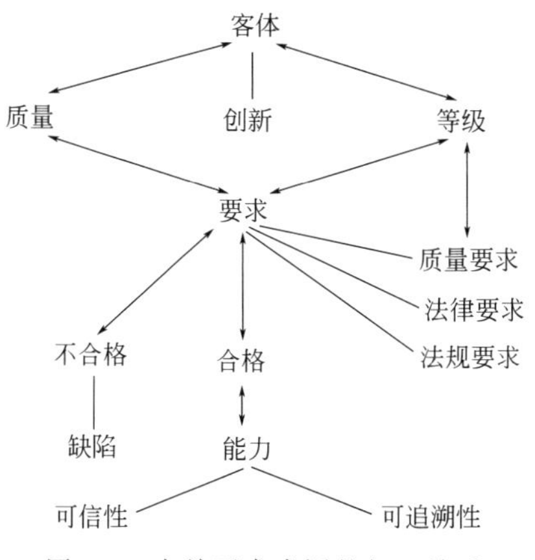

图 7-9　有关要求术语的相互关系

7. 有关结果的术语

3.7.1 目标 objective

要实现的结果。

注1：目标可以是战略的、战术的或操作层面的。

注2：目标可以涉及不同的领域（如：财务的、职业健康与安全的或环境的目标），并可应用于不同的层次（如：战略的、组织整体的、项目的、产品和过程的）。

注3：可以采用其他的方式表述目标，例如：采用预期的结果、活动的目的或运行准则作为质量目标，或使用其他有类似含义的词（如：目的、终点或标的）。

注4：在质量管理体系环境中，组织制定的质量目标与质量方针保持一致，以实现特定的结果。

3.7.2 质量目标 quality objective

关于质量的目标。

注1：质量目标通常依据组织的质量方针制定。

注2：通常，组织的相关职能、层级和过程分别制定质量目标。

3.7.3 成功 success

目标的实现。

注：组织的成功强调需要在其经济或财务利益与相关方需求之间取得平衡，相关方可包括：顾客、用户、投资者/受益者（所有者）、组织内的人员、供方、合作伙伴、利益团体和社区。

3.7.4 持续成功 sustained success

在一段时期内自始至终的成功。

注1：持续成功强调组织的经济利益与社会的和生态环境的需求之间的平衡。

注2：持续成功涉及组织的相关方，如顾客、所有者、组织内的人员、供方、银行、协会、合作伙伴或社会。

3.7.5 输出 output

过程的结果。

注：组织的输出是产品还是过程，取决于其主要特性，如：画廊销售的一幅画是产品，而接受委托绘画则是服务；在零售店购买的汉堡是产品，而在饭店里接受点餐并提供汉堡则是服务的一部分。

3.7.6 产品 product

在组织和顾客之间未发生任何交易的情况下，组织能够产生的输出。

注1：在供方和顾客之间未发生任何必要交易的情况下，可以实现产品的生产。但是，当产品交付给顾客时，通常包含服务的因素。

注2：通常，产品的主要要素是有形的。

注3：硬件是有形的，其量具有计数的特性（如：轮胎）。流程性材料是有形的，其量具有连续的特性（如：润滑油和软饮料）。硬件和流程性材料经常被称为货物。软件由信息组成、无论采用何种介质传递（如：计算机程序、音乐作品版权）。

3.7.7 服务 service

至少有一项活动必须在组织和顾客之间进行的组织的输出。

注1：通常，服务的主要要素是无形的。

注2：通常，服务包含与顾客在接触面的活动，除了确定顾客的要求以提供服务外，可能还包括与顾客建立持续的关系，如：银行、会计师事务所或公共组织（如：学校或医院）等。

注3：服务的提供可能涉及，例如：

——在顾客提供的有形产品（如需要维修的汽车）上所完成的活动。

——在顾客提供的无形产品（如为准备纳税申报单所需的损益表）上所完成的活动。

——无形产品的交付（如知识传授方面的信息提供）。

——为顾客创造氛围（如在宾馆和饭店）。

注4：通常，服务由顾客体验。

3.7.8 绩效 performance

可测量的结果。

注1：绩效可能涉及定量的或定性的结果。

注2：绩效可能涉及活动、过程、产品、服务、体系或组织的管理。

3.7.9 风险 risk

不确定性的影响。

注1：影响是指偏离预期，可以是正面的或负面的。

注2：不确定度是一种对某个事件，或是事件的局部的结果或可能性缺乏理解或缺乏知识方面的信息的情形。

注3：通常，风险是通过有关可能事件和结果或两者的结合来描述其特性的。

注4：通常，风险是以某个事件的后果及其发生的可能性的组合来表述的。

注5："风险"一词有时仅在有负面后果的可能性时使用。

3.7.10 效率 efficiency

得到的结果与所使用的资源之间的关系。

3.7.11 有效性 effectiveness

完成策划的活动并得到策划结果的程度。

图 7-10 给出了有关结果术语的相互关系。

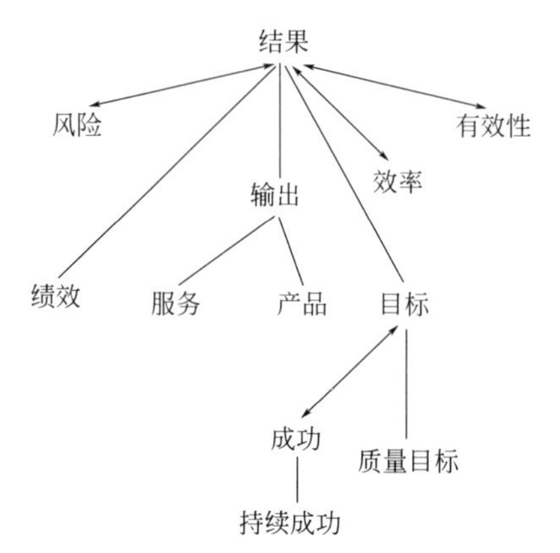

图 7-10 有关结果术语的相互关系

8. 有关数据、信息和文件的术语

3.8.1 数据 data

关于客体的事实。

3.8.2 信息 information

有意义的数据。

3.8.3 客观证据 objective evidence

支持事物存在或其真实性的数据。

注 1：客观证据可通过观察、测量、试验或其他方法获得。

注 2：通常，用于审核目的的客观证据，是由与审核准则相关的记录、事实陈述或其他信息所组成并可验证。

3.8.4 信息系统 information system

组织内部使用的沟通渠道的网络。

3.8.5 文件 document

信息及其载体。

示例：记录、规范、程序文件、图样、报告、标准。

注 1：载体可以是纸张，磁性的、电子的、光学的计算机盘片，照片或标准样品，或他们的组合。

注 2：一组文件，如若干个规范和记录，英文中通常被称为“documentation”。

注 3：某些要求（如易读的要求）与所有类型的文件有关，而另外一些对规范（如修订受控的要求）和记录（可检索的要求）的要求可能有所不同。

3.8.6　成文信息 documented information

组织需要控制和保持的信息及其载体。

注1：成文信息可以任何格式和载体存在，并可来自任何来源。

注2：成文信息可涉及：

——管理体系，包括相关过程；

——为组织运行产生的信息（一组文件）；

——结果实现的证据（记录）。

3.8.7　规范 specification

阐明要求的文件。

示例：质量手册、质量计划、技术图纸、程序文件、作业指导书。

注1：规范可能与活动有关（如：程序文件、过程规范和试验规范）或与产品有关（如：产品规范、性能规范和图样）。

注2：规范可以陈述要求，也可以附带设计和开发实现的结果。

3.8.8　质量手册 quality manual

组织的质量管理体系的规范。

注：为了适应某个组织的规模和复杂程度，质量手册在其详略程度和编排格式方面可以不同。

3.8.9　质量计划 quality plan

对特定的客体，规定由谁及何时应用程序和相关资源的规范。

注1：这些程序通常包括所涉及的那些质量管理过程以及产品和服务实现过程。

注2：通常，质量计划引用质量手册的部分内容或程序文件。

注3：质量计划通常是质量策划的结果之一。

3.8.10　记录 record

阐明所取得的结果或提供所完成活动的证据的文件。

注1：记录可用于正式的可追溯性活动，并为验证、预防措施和纠正措施提供证据。

注2：通常，记录不需要控制版本。

3.8.11　项目管理计划 project management plan

规定满足项目目标所必需的事项的文件。

注1：项目管理计划应当包括或引用项目质量计划。

注2：适当时，项目管理计划还包括或引用其他计划，如与组织结构、资源、进度、预算、风险管理、环境管理、健康安全管理以及安保管理有关的计划。

3.8.12 验证 verification

通过提供客观证据对规定要求已得到满足的认定。

注1：验证所需的客观证据可以是检验结果或其他形式的确定结果，如：变换方法进行计算或文件评审。

注2：为验证所进行的活动有时被称为鉴定过程。

注3："已验证"一词用于表明相应的状态。

3.8.13 确认 validation

通过提供客观证据对特定的预期用途或应用要求已得到满足的认定。

注1：确认所需的客观证据可以是试验结果或其他形式的确定结果，如：变换方法进行计算或文件评审。

注2："已确认"一词用于表明相应的状态。

注3：确认所使用的条件可以是实际的或是模拟的。

图7-11给出了有关数据、信息和文件术语的相互关系。

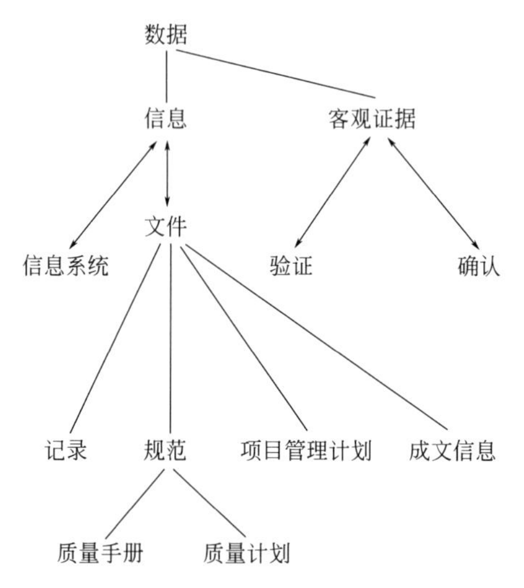

图7-11 有关数据、信息和文件术语的相互关系

9. 有关顾客的术语

3.9.1 反馈 feedback

对产品、服务或投诉处理过程的意见、评价和诉求。

3.9.2 顾客满意 customer satisfaction

顾客对其期望已被满足程度的感受。

注1：在产品或服务交付之前，组织有可能不了解顾客的期望，甚至顾客也在考虑之中。为了实现较高的顾客满意，可能有必要满足那些顾客既没有明示，也不是通常隐含或必须履行的期望。

注2：投诉是一种满意程度低的最常见的表达方式，但没有投诉并不一定表明顾客很满意。

注3：即使规定的顾客要求符合顾客的愿望并得到满足，也不一定确保顾客很满意。

3.9.3　投诉 complaint

就产品、服务或投诉处理过程表达对组织的不满，无论是否明确地期望得到答复或解决问题。

3.9.4　顾客服务 customer service

在产品或服务的整个寿命周期内，组织与顾客之间的互动。

3.9.6　争议 dispute

提交给调解过程提供方的对某一投诉的不同意见。

注：一些组织允许顾客首先向调节过程提供方表示其不满，这种不满意的表示如果反馈给组织就变为投诉；如果在调解过程提供方未进行干预的情况下组织未能解决，这种不满意的表示就变为争议。许多组织都希望顾客在采取外部争议解决之前，首先向组织表达其不满意。

图7-12给出了有关顾客术语的相互关系。

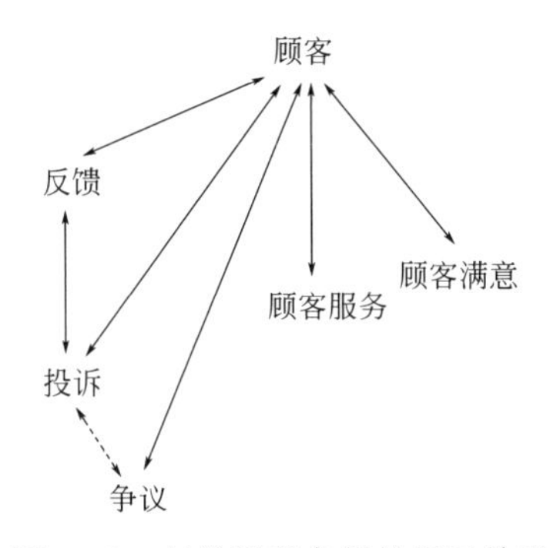

图7-12　有关顾客术语的相互关系

10. 有关特性的术语

3.10.1　特性 characteristic

可区分的特征。

注1：特性可以是固有的或赋予的。

注 2：特性可以是定性的或定量的。

注 3：有各种类别的特性，如：

——物理的（如：机械的、电的、化学的或生物学的特性）；

——感官的（如：嗅觉、触觉、味觉、视觉、听觉）；

——行为的（如：礼貌、诚实、正直）；

——时间的（如：准时性、连续性）；

——人因工效的（如：生理的特性或有关人身安全的特性）；

——功能的（如：飞机的最高速度）。

3.10.2 质量特性 quality characteristic

与要求有关的客体的固有特性。

注 1：固有意味着本身就存在的，尤其是那种永久的特性。

注 2：赋予客体的特性（如客体的价格）不是它们的质量特性。

3.10.3 人为因素 human factor

对所考虑的客体有影响的人的特性。

注 1：特性可以是物理的、认知的或社会的。

注 2：人为因素可对管理体系产生重大影响。

3.10.4 能力 competence

应用知识和技能实现预期结果的本领。

注 1：经证实的能力有时是指资格。

3.10.5 计量特性 metrological characteristic

能影响测量结果的特性。

注 1：测量设备通常有若干个计量特性。

注 2：计量特性可作为校准的对象。

图 7-13 给出了有关特性术语的相互关系。

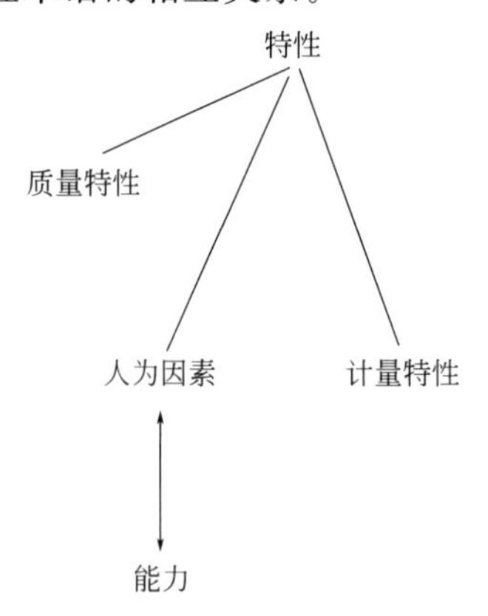

图 7-13 有关特性术语的相互关系

11. 有关确定的术语

3.11.1　确定 determination

查明一个或多个特性及特性值的活动。

3.11.2　评审 review

对客体实现所规定目标的适宜性、充分性或有效性的确定。

示例：管理评审、设计和开发评审、顾客要求评审、纠正措施评审和同行评审。

注：评审也可包括确定效率。

3.11.3　监视 monitoring

确定体系、过程、产品、服务或活动的状态。

注1：确定状态可能需要检查、监督或密切观察。

注2：通常，监视是在不同的阶段或不同的时间，对客体状态的确定。

3.11.4　测量 measurement

确定数值的过程。

3.11.5　测量过程 measurement process

确定量值的一组操作。

3.11.7　检验（nspection）：

对符合规定要求的确定。

注1：显示合格的检验结果可用于验证的目的。

注2：检验的结果可表明合格、不合格或合格的程度。

3.11.8　试验 test

按照要求对特定的预期用途或应用的确定。

注：显示合格的试验结果可用于确认的目的。

3.11.9　进展评价 progress evaluation

针对实现项目目标所做的进展情况的评定。

注1：评定应当在整个项目过程中，在项目生命周期的适当点，依据项目过程和产品或服务的准则进行。

注2：进展评价的结果可能导致对项目管理计划的修订。

图7-14给出了有关确定术语的相互关系。

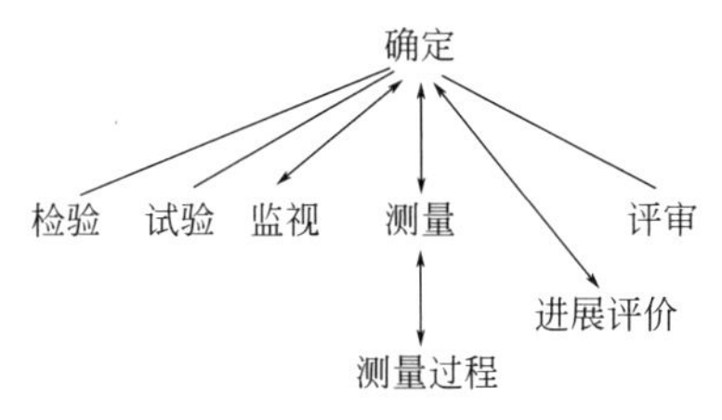

图7-14　有关确定术语的相互关系

12. 有关措施的术语

3.12.1 预防措施 preventive action

为消除潜在不合格或其他潜在不期望情况的原因所采取的措施。

注1：一个潜在不合格可以有若干个原因。

注2：采取预防措施是为了防止发生，而采取纠正措施是为了防止再发生。

3.12.2 纠正措施 corrective action

为消除不合格的原因并防止再发生所采取的措施。

注1：一个潜在不合格可以有若干个原因。

注2：采取纠正措施是为了防止再发生，而采取预防措施是为了防止发生。

3.12.3 纠正 correction

为消除已发现的不合格所采取的措施。

注1：纠正可与纠正措施一起实施，或在其之前或之后实施。

注2：返工或降级可作为纠正的示例。

3.12.4 降级 regrade

为使不合格产品或服务符合不同于原有的要求而对其等级的变更。

3.12.5 让步 concession

对使用或放行不符合规定要求的产品或服务的许可。

注：通常，让步仅限于在规定的时间或数量内及特定的用途，对含有限定的不合格特性的产品和服务的交付。

3.12.6 偏离许可 deviation permit

产品或服务实现前，对偏离原规定要求的许可。

注：偏离许可通常是在限定的产品和服务数量或期限内并针对特定的用途。

3.12.7 放行 release

对进入一个过程的下一阶段或下一过程的许可。

3.12.8 返工 rework

为使不合格产品或服务符合要求而对其采取的措施。

注：返工可影响或改变不合格的产品或服务的某些部分。

3.12.9 返修 repair

为使不合格产品或服务满足预期用途而对其采取的措施。

注1：不合格的产品或服务的成功返修未必能使产品符合要求。返修可能需要连同让步。

注2：返修包括对以前是合格的产品或服务，为重新使用所采取的修复措施，如作为维修的一部分。

注3：返修可影响或改变不合格的产品或服务的某些部分。

3.12.10 报废 scrap

为避免不合格产品或服务原有的预期使用而对其采取的措施。

示例：回收、销毁。

注：对不合格服务的情况，通过终止服务来避免其使用。

许可（permit）：正式授权的措施。

图7-15给出了有关措施术语的相互关系。

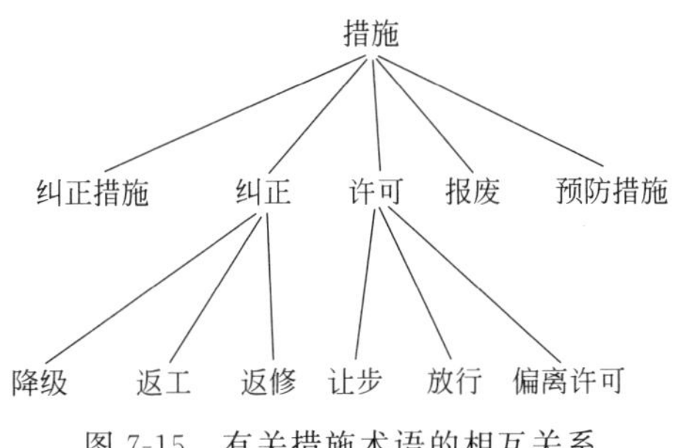

图7-15 有关措施术语的相互关系

13. 有关审核的术语

3.13.1 审核 audit

为获得客观证据并对其进行客观的评价，以确定满足审核准则的程度所进行的系统的、独立的并形成文件的过程。

注1：审核的基本要素包括由对被审核客体不承担责任的人员，按照程序对客体是否合格所做的确定。

注2：审核可以是内部（第一方）审核，或外部（第二方或第三方）审核，也可以是多体系审核或联合审核。

注3：内部审核，有时称为第一方审核，由组织自己或以组织的名义进行，用于管理评审和其他内部目的，可作为组织自我合格声明的基础。内部审核可以由与正在被审核的活动无责任关系的人员进行，以证实独立性。

注4：通常，外部审核包括第二方和第三方审核。第二方审核由组织的相关方，如顾客或由其他人员以相关方的名义进行。第三方审核由外部独立的审核组织进行，如提供合格认证/注册的组织或政府机构。

3.13.2 多体系审核 combined audit

在一个受审核方，对两个或两个以上管理体系一起实施的审核。

注：被包含在多体系审核中的管理体系的一部分，可通过组织应用的相关管理体系标准、产品标准、服务标准、或过程标准来加以识别。

3.13.3 联合审核 joint audit

在一个受审核方，由两个或两个以上审核组织同时实施的审核。

3.13.4 审核方案 audit program

针对特定时间段所策划并具有特定目标的一组（一次或多次）审核安排。

3.13.5 审核范围 audit scope

审核的内容和界限。

注：审核范围通常包括对实际位置、组织单元、活动和过程的描述。

3.13.6 审核计划 audit plan

对审核活动和安排的描述。

3.13.7 审核准则 audit criteria

用于与客观证据进行比较的一组方针、程序或要求。

3.13.8 审核证据 audit evidence

与审核准则有关并能够证实的记录、事实陈述或其他信息。

3.13.9 审核发现 audit finding

将收集的审核证据对照审核准则进行评价的结果。

注1：审核发现表明符合或不符合。

注2：审核发现可导致识别改进的机会或记录良好实践。

注3：如果审核准则选自法律要求或法规要求，审核发现可被称为合规或不合规。

3.13.10 审核结论 audit conlusion

考虑的审核目标和所有审核发现后得出的审核结果。

3.13.11 审核委托方 audit client

要求审核的组织或个人。

3.13.12 受审核方 auditee

被审核的组织。

3.13.13 向导 guide

由受审核方指定的协助审核组的人员。

3.13.14 审核组 audit team

实施审核的一名或多名人员，需要时，由技术专家提供支持。

注1：审核组中的一名审核员被指定作为审核组长。

注2：审核组可包括实习审核员。

3.13.15 审核员 auditor

实施审核的人员。

3.13.16 技术专家 technical expert

向审核组提供特定知识或专业技术的人员。

注 1：特定知识或专业技术是指与受审核的组织、过程或活动以及语音或文化有关的知识或技术。

注 2：在审核组中，技术专家不作为审核员。

3.13.17　观察员 observer

随同审核组但不作为审核员的人员。

注：观察员可来自受审核方、监管机构或其他见证审核的相关方。

图 7-16 给出了有关审核术语的相互关系。

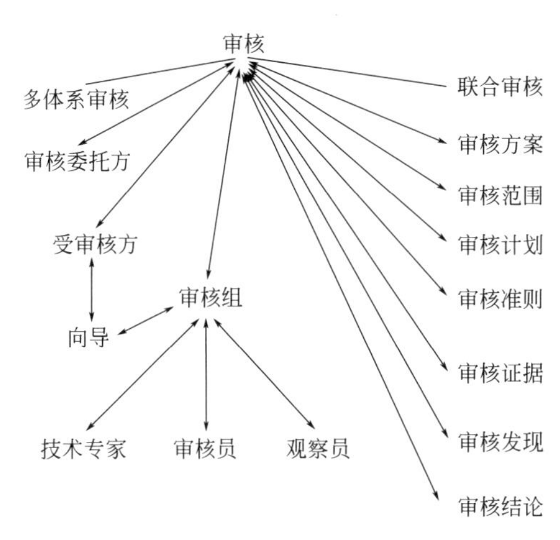

图 7-16　有关审核术语的相互关系

第二节　质量管理基本概念、原则和方法

质量管理基本概念、原则和方法可帮助组织获得应对与最近数十年截然不同的环境所提出的挑战的能力。当前，组织的工作所面临的环境表现出如下特性：变化加快、市场全球化以及知识作为主要资源出现。质量的影响已经超出了顾客满意的范畴，它也可直接影响到组织的声誉。

社会教育水平的提高、需求的增长，使得相关方的影响力在增强。通过提出建立质量管理体系的基本概念和原则，为组织更加广阔地进行思考提供了一种方式。

所有的基本概念、原则和方法及其相互关系应被看成一个整体，而不是彼此孤立的。没有哪一个基本概念、原则或方法比另一个更重要。在应用时，进行适当的权衡是至关重要的。

一、 质量管理基本概念

1. 质量

一个关注质量的组织倡导一种通过满足顾客和其他有关相关方的需求和期望来实现其价值的文化，这种文化将反映在其行为、态度、活动和过程中。

组织的产品和服务质量取决于满足顾客的能力，以及对有关相关方的有意和无意的影响。

产品和服务的质量不仅包括预期的功能和性能，而且还涉及顾客对其价值和受益的感知。

2. 质量管理体系

质量管理体系包括组织确定其目标以及为获得期望的结果确定其过程和所需资源的活动。

质量管理体系管理相互作用的过程和所需的资源，以向有关相关方提供价值并实现结果。

质量管理体系能够使最高管理者通过考虑其决策的长期和短期影响而优化资源的利用。

质量管理体系给出了在提供产品和服务方面，针对预期和非预期的结果确定所采取措施的方法。

3. 组织环境

理解组织环境是一个过程。这个过程确定了影响组织的宗旨、目标和可持续性的各种因素。它既需要考虑内部因素，例如组织的价值观、文化、知识和绩效，还需要考虑外部因素，例如法律、技术、竞争、市场、文化、社会和经济环境。

组织的宗旨可被表述为包括其愿景、使命、方针和目标。

4. 相关方

相关方的概念扩展了仅关注顾客的观点，而考虑所有有关相关方是至关重要的。

识别相关方是理解组织环境的过程的组成部分。有关相关方是指若其需求和期望未能满足，将对组织的持续发展产生重大风险的那些相关方。为降低这些风险，组织需确定向有关相关方提供何种必要的结果。

组织的成功，有赖于吸引、赢得和保持有关相关方的支持。

5. 支持

最高管理者对质量管理体系和全员参与的支持，能够：

——提供充分的人力和其他资源；

——监视过程和结果；

——确定和评估风险和机遇；

——采取适当的措施。

负责任地获取、分配、维护、提高和处置资源，以支持组织实现其目标。

1）人员

人员是组织内不可缺少的资源。组织的绩效取决于体系内人员的工作表现。

通过对质量方针和组织所期望的结果的共同理解，可使组织内人员积极参与并协调一致。

2）能力

当所有人员理解并应用所需的技能、培训、教育和经验，履行其岗位职责时，质量管理体系是最有效的。为人员提供拓展必要能力的机会是最高管理者的职责。

3）意识

意识来源于人员认识到自身的职责，以及它们的行为如何有助于实现组织的目标。

4）沟通

经过策划并有效开展的内部（如整个组织）和外部（如有关相关方）沟通，可提高人员的参与程度并更加深入地理解：

——组织环境；

——顾客和其他有关相关方的需求和期望；

——质量管理体系。

二、 质量管理原则

1. 以顾客为关注焦点

质量管理的首要关注点是满足顾客要求并且努力超越顾客期望。

组织只有赢得和保持顾客和其他有关相关方的信任才能获得持续成功。与顾客相互作用的每个方面，都提供了为顾客创造更多价值的机会。理解顾客和其他相关方当前和未来的需求，有助于组织的持续成功。

该原则的主要益处可能有：

——提升顾客价值；

——增强顾客满意；

——增强顾客忠诚；

——增加重复性业务；

——提高组织的声誉；

——扩展顾客群；

——增加收入和市场份额。

该原则可开展的活动包括：

——识别从组织获得价值的直接顾客和间接顾客；

——理解顾客当前和未来的需求和期望；

——将组织的目标与顾客的需求和期望联系起来；

——在整个组织内沟通顾客的需求和期望；

——为满足顾客的需求和期望，对产品和服务进行策划、设计、开发、生产、交付和支持；

——测量和监视顾客满意情况，并采取适当的措施；

——在有可能影响到顾客满意的有关相关方的需求和适宜的期望方面，确定并采取措施；

——主动管理与顾客的关系，以实现持续成功。

2. 领导作用

各级领导建立统一的宗旨和方向，并创造全员积极参与实现组织的质量目标的条件。

统一的宗旨和方向的建立，以及全员的积极参与，能够使组织将战略、方针、过程和资源协调一致，以实现其目标。

该原则的主要益处可能有：

——提高实现组织质量目标的有效性和效率；

——组织的过程更加协调；

——改善组织各层级、各职能间的沟通；

——开发和提高组织及其人员的能力，以获得期望的结果。

该原则可开展的活动包括：

——在整个组织内，就其使命、愿景、战略、方针和过程进行沟通；

——在组织的所有层级创建并保持共同的价值观以及公平和道德的行为模式；

——培育诚信和正直的文化；

——鼓励在整个组织范围内履行对质量的承诺；

——确保各级领导者成为组织中的榜样；

——为员工提供履行职责所需的资源、培训和权限；

——激发、鼓励和表彰员工的贡献。

3. 全员积极参与

整个组织内各级胜任、经授权并积极参与的人员，是提高组织创造和提供价值能力的必要条件。

为了有效和高效地管理组织，各级人员得到尊重并参与其中是极其重要的。

通过表彰、授权和提高能力，促进在实现组织的质量目标过程中的全员积极参与。

该原则的主要益处可能有：

——组织内人员对质量目标有更深入的理解，以及更强的加以实现的动力；

——在改进活动中，提高人员的参与程度；

——促进个人发展、主动性和创造性；

——提高人员的满意程度；

——增强整个组织内的相互信任和协作；

——促进整个组织对共同价值观和文化的关注。

该原则可开展的活动包括：

——与员工沟通，以增强他们对个人贡献的重要性的认识；

——促进整个组织内部的协作；

——提倡公开讨论，分享知识和经验；

——让员工确定影响执行力的制约因素，并且毫无顾虑地主动参与；

——赞赏和表彰员工的贡献、学识和进步；

——针对个人目标进行绩效的自我评价；

——进行调查以评估人员的满意程度，沟通结果并采取适当的措施。

4. 过程方法

将活动作为相互关联、功能连贯的过程组成的体系来理解和管理时，可更加有效和高效地得到一致的、可预知的结果。

质量管理体系是由相互关联的过程所组成的。理解体系是如何产生结果的，能够使组织尽可能地完善其体系并优化其绩效。

该原则的主要益处可能有：

——提高关注关键过程的结果和改进的机会的能力；

——通过由协调一致的过程所构成的体系，得到一致的、可预知的结果；

——通过过程的有效管理、资源的高效利用及跨职能壁垒的减少，尽可能提升其绩效；

——使组织能够向相关方提供关于其一致性、有效性和效率方面的信任。

该原则可开展的活动包括：

——确定体系的目标和实现这些目标所需的过程；

——为管理过程确定职责、权限和义务；

——了解组织的能力，预先确定资源约束条件；

——确定过程相互依赖的关系，分析个别过程的变更对整个体系的影响；

——将过程及其相互关系作为一个体系进行管理，以有效和高效地实现组织的质量目标；

——确保获得必要的信息，以运行和改进过程并监视、分析和评价整个体系的绩效；

——管理可能影响过程的输出和质量管理体系整体结果的风险。

5. 改进

成功的组织持续关注改进。

改进对于组织保持当前的绩效水平，对其内、外部条件的变化做出反应，并创造新的机会，都是非常必要的。

该原则主要益处可能有：

——提高过程绩效、组织能力和顾客满意；

——增强对调查和确定根本原因及后续的预防和纠正措施的关注；

——提高对内外部风险和机遇的预测和反应能力；

——增加对渐进性和突破性改进的考虑；

——更好地利用学习来改进；

——增强创新的动力。

该原则可开展的活动包括：

——促进在组织的所有层级建立改进目标；

——对各层级人员进行教育和培训，使其懂得如何应用基本工具和方法实现改进目标；

——确保员工有能力成功地促进和完成改进项目；

——开发和展开过程，以在整个组织内实施改进项目；

——跟踪、评审和审核改进项目的策划、实施、完成和结果；

——将改进与新的或变更的产品、服务和过程的开发结合在一起予以考虑；

——赞赏和表彰改进。

6. 循证决策

基于数据和信息的分析和评价的决策，更有可能产生期望的结果。

决策是一个复杂的过程，并且总是包含某些不确定性。它经常涉及多种类型和来源的输入及其理解，而这些理解可能是主观的。重要的是理解因果关系和潜在的非预期后果。对事实证据和数据的分析可导致决策更加客观、可信。

该原则的主要益处可能有：

——改进决策过程；

——改进对过程绩效和实现目标的能力的评估；

——改进运行的有效性和效率；

——提高评审、挑战和改变观点和决策的能力；

——提高证实以往决策有效性的能力。

该原则可开展的活动包括：

——确定、测量和监视关键指标，以证实组织的绩效；

——使相关人员能够获得所需的全部数据；

——确保数据和信息足够准确、可靠和安全；

——使用适宜的方法对数据和信息进行分析和评价；

——确保人员有能力分析和评价所需的数据；

——权衡经验和直觉，基于证据进行决策并采取措施。

7. 关系管理

为了持续成功，组织需要管理与有关相关方（如供方）的关系。

有关相关方影响组织的绩效。当组织管理与所有相关方的关系，以尽可能有效地发挥其在组织绩效方面的作用时，持续成功更有可能实现。对供方及合作伙伴网络的关系管理是尤为重要的。

该原则的主要益处可能有：

——通过对每一个与相关方有关的机会和限制的响应，提高组织及其有关相关方的绩效；

——对目标和价值观，与相关方有共同的理解；

——通过共享资源和人员能力，以及管理与质量有关的风险，增强为相关方创造价值的能力；

——具有管理良好、可稳定提供产品和服务的供应链。

该原则可开展的活动包括：

——确定有关相关方（如：供方、合作伙伴、顾客、投资者、雇员或整个社会）及其与组织的关系；

——确定和排序需要管理的相关方的关系；

——建立平衡短期利益与长期考虑的关系；

——与有关相关方共同收集和共享信息、专业知识和资源；

——适当时，测量绩效并向相关方报告，以增加改进的主动性；

——与供方、合作伙伴及其他相关方合作开展开发和改进活动；

——鼓励和表彰供方及合作伙伴的改进和成绩。

三、质量管理方法

GB/T 19001—2016《质量管理体系 要求》采用过程方法，该方法结合了“策划-实施-检查-处置”（PDCA）循环和基于风险的思维。过程方法使组织能够策划过程及其相互作用。PDCA 循环使组织能够确保其过程得到充分的资源和管理，确定改进机会并采取行动。基于风险的思维使组织能够确定可能导致其过程和质量管理体系偏离策划结果的各种因素，采取预防控制，最大限度地降低不利影响，并最大限度地利用出现的机遇。

在日益复杂的动态环境中持续满足要求，并针对未来需求和期望采取适当行动，这无疑是组织面临的一项挑战。为了实现这一目标，组织可能会发现，除了纠正和持续改进，还有必要采取各种形式的改进，如突破性变革、创新和重组。

1. 过程方法

GB/T 19001—2016《质量管理体系　要求》倡导在建立、实施质量管理体系以及提高其有效性时采用过程方法，以满足顾客要求和增强顾客满意。采用过程方法所需考虑的具体要求见 GB/T 19001—2016 中条款 4.4。

将相互关联的过程作为一个体系加以理解和管理，有助于组织有效和高效地实现其预期结果。这种方法使组织能够对其体系的过程之间相互关联和相互依赖的关系进行有效控制，以提高组织整体绩效。

过程方法包括按照组织的质量方针和战略方向，对各过程及其相互作用进行系统的规定和管理，从而实现预期结果。可通过采用 PDCA 循环以及始终基于风险的思维对过程和整个体系进行管理，旨在有效利用机遇并防止发生不良结果。

在质量管理体系中应用过程方法能够：

a）理解并持续满足要求；

b）从增值的角度考虑过程；

c）获得有效的过程绩效；

d）在评价数据和信息的基础上改进过程。

单一过程各要素及其相互作用如图 7-17 所示。每一过程均有特定的监视和测量检查点以用于控制，这些检查点根据相关的风险有所不同。

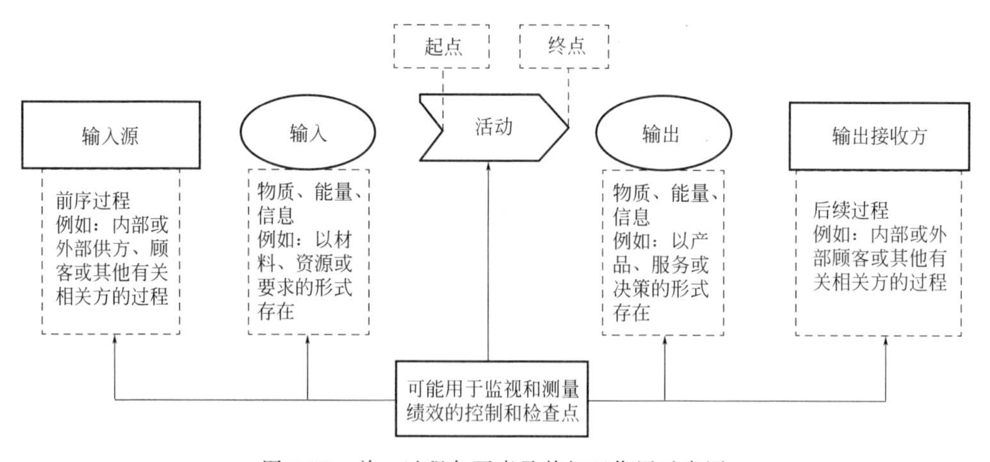

图 7-17　单一过程各要素及其相互作用示意图

2. PDCA 循环

PDCA 循环能够应用于所有过程以及整个质量管理体系。图 7-18 表明了GB/T 19001—2016 中第 4 章至第 10 章是如何构成 PDCA 循环的。

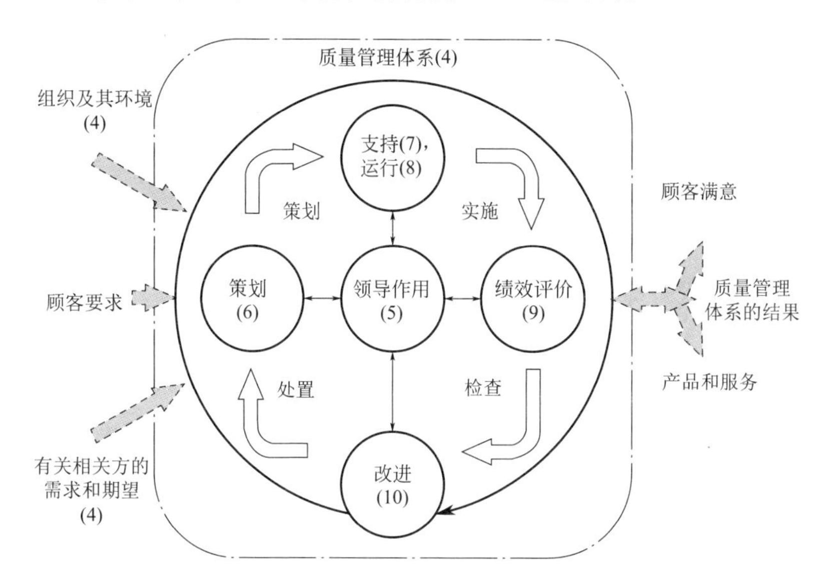

图 7-18 GB/T 19001—2016 的结构在 PDCA 循环中的展示

PDCA 循环可以简要描述如下：

——策划（plan）：根据顾客的要求和组织的方针，建立体系的目标及其过程，确定实现结果所需的资源，并识别和应对风险和机遇。

——实施（do）：执行所做的策划。

——检查（check）：根据方针、目标、要求和所策划的活动，对过程以及形成的产品和服务进行监视和测量（适用时），并报告结果。

——处置（act）：必要时，采取措施提高绩效。

3. 基于风险的思维

基于风险的思维是实现质量管理体系有效性的基础。

质量管理体系的主要用途之一是作为预防工具。因此，GB/T 19001—2016 并未就“预防措施”设置单独条款或子条款，预防措施的概念是通过在质量管理体系要求中融入基于风险的思维来表达的。

GB/T 19001 以前的版本中已经隐含有基于风险的思维的概念，例如：有关策划、评审和改进的要求。GB/T 19001—2016 要求组织理解其组织环境，并以确定风险作为策划的基础。这意味着将基于风险的思维应用于策划和实施质量管理体系过程，并有助于确定成文信息的范围和程度。

为了满足 GB/T 19001—2016 的要求，组织需策划和实施应对风险和机遇的措施。这为提高质量管理体系有效性、获得改进结果以及防止不利影响奠定基础。然而，GB/T 19001—2016 并未要求组织运用正式的风险管理方法或将风险管理过程形成文件。组织可以决定是否采用超出本标准要求的更多风险管理方法，如：应用其他指南或标准。

某些有利于实现预期结果的情况可能导致机遇的出现，例如：有利于组织吸引顾客、开发新产品和服务、减少浪费或提高生产率的一系列情形。利用机遇所采取的措施也可能包括考虑相关风险。风险是具有不确定性的影响，不确定性可能有正面的影响，也可能有负面的影响。风险的正面影响可能提供机遇，但并非所有的正面影响均可提供机遇。

由于 GB/T 19001—2016 中使用基于风险的思维，因而一定程度上减少了规定性要求，并以基于绩效的要求替代。GB/T 19001—2016 在过程、成文信息和组织职责方面的要求比 GB/T 19001—2008 具有更大的灵活性。

在组织实现其预期目标的能力方面，并非质量管理体系的全部过程表现出相同的风险等级，并且不确定性的影响对于各组织不尽相同。根据 GB/T 19001—2016 中条款 6.1 的要求，组织有责任应用基于风险的思维，并采取应对风险的措施，包括是否保留成文信息，以作为其确定风险的证据。

第三节　GB/T 19001—2016《质量管理体系　要求》内容简介

采用质量管理体系是组织的一项战略决策，能够帮助其提高整体绩效，为推动可持续发展奠定良好基础。

GB/T 19001—2016《质量管理体系　要求》使用翻译法等同采用 ISO 9001：2015《质量管理体系　要求》，因此两者在内容上是完全相同的。对 GB/T 19001—2016 内容的阐述也就是对 ISO 9001：2015 内容的介绍。本节简单介绍 GB/T 19001—2016 的条文，以使读者了解质量管理体系要求的基础知识。

为了方便 GB/T 19001—2016 条文的介绍，将 GB/T 19001—2016 条文编号和内容放在灰框中原文引出。

一、范围

本标准为下列组织规定了质量管理体系要求：

a）需要证实其具有稳定提供满足顾客要求及适用法律法规要求的产品和服务的能力；

b）通过体系的有效应用，包括体系改进的过程，以及保证符合顾客要求和适用的法律法规要求，旨在增强顾客满意。

本标准规定的所有要求是通用的，旨在适用于各种类型、不同规模和提供不同产品和服务的组织。

注1：本标准中的术语“产品”或“服务”仅适用于预期提供给顾客或顾客所要求的产品和服务。

注2：法律法规要求可称作法定要求。

可见，GB/T 19001—2016 规定的质量管理体系要求可为组织（如检测实验室）“证实能力”和“增强顾客满意”。

组织根据 GB/T 19001—2016 实施质量管理体系的潜在益处是：

a）稳定提供满足顾客要求以及适用的法律法规要求的产品和服务的能力；

b）促成增强顾客满意的机会；

c）应对与组织环境和目标相关的风险和机遇；

d）证实符合规定的质量管理体系要求的能力。

此外，所规定的要求是通用的，适用于各行各业的组织，也可用于组织内部和外部各方。

二、 规范性引用文件

下列文件对于本文件的应用是必不可少的。凡是注日期的引用文件，仅注日期的版本适用于本文件。凡是不注日期的引用文件，其最新版本（包括所有的修改单）适用于本文件。

GB/T 19000—2016 质量管理体系 基础和术语（ISO 9000:2015，IDT）

GB/T 19000—2016《质量管理体系 基础和术语》是理解和掌握 GB/T 19001—2016 的基础，对于有效应用 GB/T 19001—2016 是不可或缺的。

三、 术语和定义

GB/T 19000—2016 界定的术语和定义适用于本文件。

为了各管理体系标准之间具有兼容性，有关术语和定义应统一。

四、 组织环境

4.1 理解组织及其环境

组织应确定与其宗旨和战略方向相关并影响其实现质量管理体系预期结果

的能力的各种外部和内部因素。

组织应对这些外部和内部因素的相关信息进行监视和评审。

注1：这些因素可能包括需要考虑的正面和负面要素或条件。

注2：考虑来自于国际、国内、地区和当地的各种法律法规、技术、竞争、市场、文化、社会和经济环境的因素，有助于理解外部环境。

注3：考虑与组织的价值观、文化、知识和绩效等有关的因素，有助于理解内部环境。

理解组织及其环境是质量管理体系的关键要素和过程，其过程的输出也是其他要素或过程的重要输入，例如为质量管理体系的范围、质量管理体系及其过程、质量方针、策划、质量目标、风险和机遇、管理评审等提供了必要的信息。

组织所处的环境是动态变化的，组织应时刻关注影响组织的内外部因素的变化。

理解组织环境是一个过程，包括：

a）确定获得信息的渠道。信息渠道不同，信息质量也不尽相同。因此，需识别较为权威或较为可信的信息渠道。

b）获取信息。组织应主动获取影响其能力和声誉的动态信息。

c）进行信息评审。整理出与组织宗旨和战略有关，并影响质量管理体系预期结果的内外部因素。

d）对组织内外部环境进行持续的监视和评审。

4.2 理解相关方的需求和期望

由于相关方对组织稳定提供符合顾客要求及适用法律法规要求的产品和服务的能力具有影响或潜在影响，因此，组织应确定：

a）与质量管理体系有关的相关方；

b）与质量管理体系有关的相关方的要求。

组织应监视和评审这些相关方的信息及其相关要求。

相关方的概念扩展了仅关注顾客的观点，而考虑所有有关相关方是至关重要的。

识别相关方是理解组织环境的组成部分。有关相关方是指若其需求和期望未能满足，将对组织的持续发展产生重大风险的那些相关方。为降低这些风险，组织需确定向有关相关方提供何种必要的结果。组织的成功，有赖于吸引、赢得和保持有关相关方的支持。

该条款未要求组织考虑其确定的与质量管理体系无关的相关方。有关相关方的某个特定要求是否与其质量管理体系相关，需要由组织自行判断。

4.3 确定质量管理体系的范围

组织应确定质量管理体系的边界和适用性，以确定其范围。

在确定范围时，组织应考虑：

a）4.1 中提及的各种外部和内部因素；

b）4.2 中提及的相关方的要求；

c）组织的产品和服务。

如果本标准的全部要求适用于组织确定的质量管理体系范围，组织应实施本标准的全部要求。

组织的质量管理体系范围应作为成文信息，可获得并得到保持。该范围应描述所覆盖的产品和服务类型，如果组织确定本标准的某些要求不适用于其质量管理体系范围，应说明理由。

只有当所确定的不适用的要求不影响组织确保其产品和服务合格的能力或责任，对增强顾客满意也不会产生影响时，方可声称符合本标准的要求。

质量管理体系范围可以是整个组织或是组织的一部分。

组织可根据其规模和复杂程度、所采用的管理模式、活动领域以及所面临风险和机遇的性质，对 GB/T 19001—2016 相关要求的适用性进行评审。只有不实施某项要求不会对提供合格的产品和服务造成不利影响，组织才能决定该要求不适用。

条款 4.3 与条款 4.1“理解组织及其环境”和条款 4.2“理解相关方的需求和期望”高度相关，或者说条款 4.1 和条款 4.2 是质量管理体系范围的重要输入信息，但该条款并非组织环境的组成部分。

4.4 质量管理体系及其过程

4.4.1 组织应按照本标准的要求，建立、实施、保持和持续改进质量管理体系，包括所需过程及其相互作用。

组织应确定质量管理体系所需的过程及其在整个组织中的应用，且应：

a）确定这些过程所需的输入和期望的输出；

b）确定这些过程的顺序和相互作用；

c）确定和应用所需的准则和方法（包括监视、测量和相关绩效指标），以确保这些过程的有效运行和控制；

d）确定这些过程所需的资源并确保其可获得；

e）分配这些过程的职责和权限；

f）按照 6.1 的要求应对风险和机遇；

g）评价这些过程，实施所需的变更，以确保实现这些过程的预期结果；

h）改进过程和质量管理体系。

4.4.2　在必要的范围和程度上，组织应：

a）保持成文信息以支持过程运行；

b）保留成文信息以确信其过程按策划进行。

质量管理体系包括组织确定其目标以及为获得期望的结果确定其过程和所需资源的活动。组织的所有活动都是通过过程来完成的，并实现过程的结果。

质量管理体系及其过程需预先策划。

组织可采用图示方法或文字方式或两者结合的方式来描述过程及其相互关系，以支持过程运行以及证实过程的符合性和按策划进行。

五、 领导作用

5.1　领导作用和承诺

5.1.1　总则

最高管理者应通过以下方面，证实其对质量管理体系的领导作用和承诺：

a）对质量管理体系的有效性负责；

b）确保制定质量管理体系的质量方针和质量目标，并与组织环境相适应，与战略方向相一致；

c）确保质量管理体系要求融入组织的业务过程；

d）促进使用过程方法和基于风险的思维；

e）确保质量管理体系所需的资源是可获得的；

f）沟通有效的质量管理和符合质量管理体系要求的重要性；

g）确保质量管理体系实现其预期结果；

h）促使人员积极参与，指导和支持他们为质量管理体系的有效性作出贡献；

i）推动改进；

j）支持其他相关管理者在其职责范围内发挥领导作用。

注：本标准使用的“业务”一词可广义地理解为涉及组织存在目的的核心活动，无论是公有、私有、营利或非营利组织。

5.1.2　以顾客为关注焦点

最高管理者应通过确保以下方面，证实其以顾客为关注焦点的领导作用和承诺：

a）确定、理解并持续地满足顾客要求以及适用的法律法规要求；

b）确定和应对风险和机遇，这些风险和机遇可能影响产品和服务合格以及增强顾客满意的能力；

c）始终致力于增强顾客满意。

最高管理者应确保在质量管理体系中建立沟通机制。通过沟通，有效地传递组织的战略意图，实现有效的质量管理，并认识到符合质量管理体系要求的重要性。

5.2 方针

5.2.1 制定质量方针

最高管理者应制定、实施和保持质量方针，质量方针应：

a）适应组织的宗旨和环境并支持其战略方向；

b）为建立质量目标提供框架；

c）包括满足适用要求的承诺；

d）包括持续改进质量管理体系的承诺。

5.2.2 沟通质量方针

质量方针应：

a）可获取并保持成文信息；

b）在组织内得到沟通、理解和应用；

c）适宜时，可为有关相关方所获取。

质量方针应包括满足适用要求的承诺，即包含满足GB/T 19001—2016的适用要求和法律、法规要求的承诺，组织应考虑证实满足要求的方式，如评审、验证和确认。

必要时，最高管理者需要评审质量方针，以确定其是否仍然持续适合组织的宗旨。管理评审中进行质量方针的评审。评审时应考虑质量方针是否仍然适合组织环境和使命，并与组织愿景和战略方向相符。

质量方针是否可为有关相关方获取，应采用基于风险的思维方法。在避免风险的前提下，如果组织决定向相关方沟通其质量方针，应策划并实施相关活动，以使组织受益。

5.3 组织的岗位、职责和权限

最高管理者应确保组织相关岗位的职责、权限得到分配、沟通和理解。

最高管理者应分配职责和权限，以：

a）确保质量管理体系符合本标准的要求；

b）确保各过程获得其预期输出；

c）报告质量管理体系的绩效以及改进机会（见10.1），特别是向最高管理者报告；

d）确保在整个组织推动以顾客为关注焦点；

e）确保在策划和实施质量管理体系变更时保持其完整性。

为了确保质量管理体系符合 GB/T 19001—2016 的要求，应识别质量管理体系的具体要求，并把这些要求恰当地分配给相关的部门和岗位。

通过对过程人员岗位的工作目标的量化，以及对岗位职责绩效监督机制的强化，实现各过程的预期输出。

质量管理体系的变更应进行策划，然后按计划实施变更，并对变更可能导致的职责和权限的变化进行分配，以确保在策划和实施质量管理体系变更时保持其完整性。

六、策划

6.1 应对风险和机遇的措施

6.1.1 在策划质量管理体系时，组织应考虑到 4.1 所提及的因素和 4.2 所提及的要求，并确定需要应对的风险和机遇，以：

a）确保质量管理体系能够实现其预期结果；

b）增强有利影响；

c）预防或减少不利影响；

d）实现改进。

6.1.2 组织应策划：

a）应对这些风险和机遇的措施；

b）如何：

1）在质量管理体系过程中整合并实施这些措施（见 4.4）；

2）评价这些措施的有效性。

应对措施应与风险和机遇对产品和服务符合性的潜在影响相适应。

注 1：应对风险可选择规避风险，为寻求机遇承担风险，消除风险源，改变风险的可能性或后果，分担风险，或通过信息充分的决策而保留风险。

注 2：机遇可能导致采用新实践、推出新产品、开辟新市场、赢得新顾客、建立合作伙伴关系、利用新技术和其他可行之处，以应对组织或其顾客的需求。

组织需策划应对风险和机遇的措施，在过程设计时将这些措施镶嵌到过程运行中，并评价这些措施的有效性。

6.2 质量目标及其实现的策划

6.2.1 组织应针对相关职能、层次和质量管理体系所需的过程建立质量目标。

质量目标应：

a）与质量方针保持一致；

b）可测量；

c）考虑适用的要求；

d）与产品和服务合格以及增强顾客满意相关；

e）予以监视；

f）予以沟通；

g）适时更新。

组织应保持有关质量目标的成文信息。

6.2.2 策划如何实现质量目标时，组织应确定：

a）要做什么；

b）需要什么资源；

c）由谁负责；

d）何时完成；

e）如何评价结果。

组织应建立整体的质量目标以及在适当部门建立相关的质量目标，包括相关职能、层级和过程建立质量目标。

在建立质量目标时，组织应将质量方针作为输入，确保与质量方针保持一致。

组织应有机制，在建立、发布、实施和更新质量目标时，对与质量目标有关的员工进行充分沟通，并对质量目标的实现过程予以监视，及时解决出现的问题。

6.3 变更的策划

当组织确定需要对质量管理体系进行变更时，变更应按所策划的方式实施（见4.4）。

组织应考虑：

a）变更目的及其潜在后果；

b）质量管理体系的完整性；

c）资源的可获得性；

d）职责和权限的分配或再分配。

质量管理体系的变更是组织发展的必然。条款6.3不是用于识别变更的需求，而是用于控制变更的影响。在策划质量管理体系的变更时，组织应采用基于风险的思维方法，识别变更的风险，采取措施预防不利结果的发生。

七、支持

7.1 资源

7.1.1 总则

组织应确定并提供所需的资源，以建立、实施、保持和持续改进质量管理体系。

组织应考虑：

a）现有内部资源的能力和局限；

b）需要从外部供方获得的资源。

7.1.2 人员

组织应确定并配备所需的人员，以有效实施质量管理体系，并运行和控制其过程。

7.1.3 基础设施

组织应确定、提供并维护所需的基础设施，以运行过程，并获得合格产品和服务。

注：基础设施可包括：

a）建筑物和相关设施；

b）设备，包括硬件和软件；

c）运输资源；

d）信息和通信技术。

7.1.4 过程运行环境

组织应确定、提供并维护所需的环境，以运行过程，并获得合格产品和服务。

注：适宜的过程运行环境可能是人为因素与物理因素的结合，例如：

a）社会因素（如非歧视、安定、非对抗）；

b）心理因素（如减压、预防过度疲劳、稳定情绪）；

c）物理因素（如温度、热量、湿度、照明、空气流通、卫生、噪声）。

由于所提供的产品和服务不同，这些因素可能存在显著差异。

7.1.5 监视和测量资源

7.1.5.1 总则

当利用监视或测量来验证产品和服务符合要求时，组织应确定并提供所需的资源，以确保结果有效和可靠。

组织应确保所提供的资源：

a）适合所开展的监视和测量活动的特定类型；

b）得到维护，以确保持续适合其用途。

组织应保留适当的成文信息，作为监视和测量资源适合其用途的证据。

7.1.5.2 测量溯源

当要求测量溯源时，或组织认为测量溯源是信任测量结果有效的基础时，测量设备应：

a）对照能溯源到国际或国家标准的测量标准，按照规定的时间间隔或在使用前进行校准和（或）检定，当不存在上述标准时，应保留作为校准或验证依据的成文信息；

b）予以识别，以确定其状态；

c）予以保护，防止由于调整、损坏或衰减所导致的校准状态和随后的测量结果的失效。

当发现测量设备不符合预期用途时，组织应确定以往测量结果的有效性是否受到不利影响，必要时应采取适当的措施。

7.1.6 组织的知识

组织应确定必要的知识，以运行过程，并获得合格产品和服务。

这些知识应予以保持，并能在所需的范围内得到。

为应对不断变化的需求和发展趋势，组织应审视现有的知识，确定如何获取或接触更多必要的知识和知识更新。

注1：组织的知识是组织特有的知识，通常从其经验中获得，是为实现组织目标所使用和共享的信息。

注2：组织的知识可基于：

a）内部来源（如知识产权、从经验获得的知识、从失败和成功项目吸取的经验和教训、获取和分享未成文的知识和经验，以及过程、产品和服务的改进结果）；

b）外部来源（如标准、学术交流、专业会议、从顾客或外部供方收集的知识）。

监视和测量资源是指为实现监视和测量过程所需的监视和测量仪器、软件、测量标准、标准物质和辅助设备。监视是指在一段时间内进行观察和监督的活动，而测量是指使用测量设备确定量值的活动。

知识可看作组织在产品和服务实现过程中以及质量管理体系运行过程中所获得的有价值的信息和总和。引入组织的知识这一要求，其目的是：

a）避免组织损失其知识，如：

——由于员工更替；

——未能获取和共享信息。

b）鼓励组织获取知识，如：

——总结经验；

——专家指导；

——标杆比对。

7.2 能力

组织应：

a）确定在其控制下工作的人员所需具备的能力，这些人员从事的工作影响质量管理体系绩效和有效性；

b）基于适当的教育、培训或经验，确保这些人员是胜任的；

c）适用时，采取措施以获得所需的能力，并评价措施的有效性；

d）保留适当的成文信息，作为人员能力的证据。

注：适当措施可包括对在职人员进行培训、辅导或重新分配工作，或者聘用、外包胜任的人员。

条款7.2意在人员的能力，而非组织的能力。当人员需要培训获得能力时，应评价培训的效果。

7.3　意识

组织应确保在其控制下工作的人员知晓：

a）质量方针；

b）相关的质量目标；

c）他们对质量管理体系有效性的贡献，包括改进绩效的益处；

d）不符合质量管理体系要求的后果。

作为具有自觉性的思维，意识可驱动员工自觉能动地完成质量活动，实现质量要求。组织可通过沟通、培训、教育、绩效考核来培育意识，包括质量意识。

7.4　沟通

组织应确定与质量管理体系相关的内部和外部沟通，包括：

a）沟通什么；

b）何时沟通；

c）与谁沟通；

d）如何沟通；

e）谁来沟通。

沟通是组织部门之间、各层级之间、组织与相关方之间进行的思想和情感的传递。通过沟通，寻求相互理解、达成共识或一致，以期有效地解决问题。

7.5　成文信息

7.5.1　总则

组织的质量管理体系应包括：

a）本标准要求的成文信息；

b）组织所确定的、为确保质量管理体系有效性所需的成文信息。

注：对于不同组织，质量管理体系成文信息的多少与详略程度可以不同，取决于：

——组织的规模，以及活动、过程、产品和服务的类型；

——过程及其相互作用的复杂程度；

——人员的能力。

7.5.2 创建和更新

在创建和更新成文信息时，组织应确保适当的：

a）标识和说明（如标题、日期、作者、索引编号）；

b）形式（如语言、软件版本、图表）和载体（如纸质的、电子的）；

c）评审和批准，以保持适宜性和充分性。

7.5.3 成文信息的控制

7.5.3.1 应控制质量管理体系和本标准所要求的成文信息，以确保：

a）在需要的场合和时机，均可获得并适用；

b）予以妥善保护（如防止泄密、不当使用或缺失）。

7.5.3.2 为控制成文信息，适用时，组织应进行下列活动：

a）分发、访问、检索和使用；

b）存储和防护，包括保持可读性；

c）更改控制（如版本控制）；

d）保留和处置。

对于组织确定的策划和运行质量管理体系所必需的来自外部的成文信息，组织应进行适当识别，并予以控制。

对所保留的、作为符合性证据的成文信息应予以保护，防止非预期的更改。

注：对成文信息的“访问”可能意味着仅允许查阅，或者意味着允许查阅并授权修改。

若使用“信息”一词，而不是“成文信息”（如在条款4.1中“组织应对这些外部和内部因素的相关信息进行监视和评审”），则并未要求将这些信息形成文件。在这种情况下，组织可以决定是否有必要或适合保持成文信息。

在GB/T 19001—2008中使用的特定术语如“文件”“形成文件的程序”“质量手册”或“质量计划”等，在GB/T 19001—2016中表述的要求为“保持成文信息”。

在GB/T 19001—2008中使用“记录”这一术语表示提供符合要求的证据所需要的文件，现在表述的要求为“保留成文信息”。组织有责任确定需要保留的成文信息及其存储时间和所用载体。

八、运行

8.1 运行的策划和控制

为满足产品和服务提供的要求，并实施第6章所确定的措施，组织应通过以下措施对所需的过程（见4.4）进行策划、实施和控制：

a）确定产品和服务的要求；

b）建立下列内容的准则：

1）过程；

2）产品和服务的接收。

c）确定所需的资源以使产品和服务符合要求；

d）按照准则实施过程控制；

e）在必要的范围和程度上，确定并保持、保留成文信息，以：

1）确信过程已经按策划进行；

2）证实产品和服务符合要求。

策划的输出应适合于组织的运行。

组织应控制策划的变更，评审非预期变更的后果，必要时，采取措施减轻不利影响。

组织应确保外包过程受控（见8.4）。

在策划过程中，应建立过程的运行准则（如产品生产工艺或服务规范），以及产品和服务的接收准则（如产品和服务验收规范或检验标准），并按照这些准则对过程实施控制。

当既有的资源不足时，组织根据需要考虑将过程或部分过程外包。外包过程应在组织的控制之下。

策划的结果常常形成一份质量计划。质量计划是规定由谁及何时应用什么程序的规范，包括准则等。

组织环境的变化可能导致策划的变更，这些变更需受控。非预期的变更，如原材料和人员的变化，由于事先并未预期到这些改变，策划变更的后果应予评审。

8.2　产品和服务的要求

8.2.1　顾客沟通

与顾客沟通的内容应包括：

a）提供有关产品和服务的信息；

b）处理问询、合同或订单，包括更改；

c）获取有关产品和服务的顾客反馈，包括顾客投诉；

d）处置或控制顾客财产；

e）关系重大时，制定应急措施的特定要求。

8.2.2　产品和服务要求的确定

在确定向顾客提供的产品和服务的要求时，组织应确保：

a）产品和服务的要求得到规定，包括：

1）适用的法律法规要求；

2）组织认为的必要要求。

b）提供的产品和服务能够满足所声明的要求。

8.2.3 产品和服务要求的评审

8.2.3.1 组织应确保有能力向顾客提供满足要求的产品和服务。在承诺向顾客提供产品和服务之前，组织应对如下各项要求进行评审：

a）顾客规定的要求，包括对交付及交付后活动的要求；

b）顾客虽然没有明示，但规定的用途或已知的预期用途所必需的要求；

c）组织规定的要求；

d）适用于产品和服务的法律法规要求；

e）与以前表述不一致的合同或订单要求。

组织应确保与以前规定不一致的合同或订单要求已得到解决。

若顾客没有提供成文的要求，组织在接受顾客要求前应对顾客要求进行确认。

注：在某些情况下，如网上销售，对每一个订单进行正式的评审可能是不实际的，作为替代方法，可评审有关的产品信息，如产品目录。

8.2.3.2 适用时，组织应保留与下列方面有关的成文信息：

a）评审结果；

b）产品和服务的新要求。

8.2.4 产品和服务要求的更改

若产品和服务要求发生更改，组织应确保相关的成文信息得到修改，并确保相关人员知道已更改的要求。

服务的特性表明，至少有一部分输出是在与顾客的接触面上实现的。这意味着在提供服务之前不一定能够确认其是否符合要求。

需要时，组织应就顾客财产的处置或控制与顾客沟通，使顾客知晓组织的措施，消除顾客潜在的顾虑。特殊情况下，如自然灾害、原材料短缺等，与顾客沟通应急措施的特定要求是必要的。

8.3 产品和服务的设计和开发

8.3.1 总则

组织应建立、实施和保持适当的设计和开发过程，以确保后续的产品和服务的提供。

8.3.2 设计和开发策划

在确定设计和开发的各个阶段和控制时，组织应考虑：

a）设计和开发活动的性质、持续时间和复杂程度；

b）所需的过程阶段，包括适用的设计和开发评审；

c）所需的设计和开发验证、确认活动；

d）设计和开发过程涉及的职责和权限；

e）产品和服务的设计和开发所需的内部、外部资源；

f）设计和开发过程参与人员之间接口的控制需求；

g）顾客及使用者参与设计和开发过程的需求；

h）对后续产品和服务提供的要求；

i）顾客和其他有关相关方期望的对设计和开发过程的控制水平；

j）证实已经满足设计和开发要求所需的成文信息。

8.3.3　设计和开发输入

组织应针对所设计和开发的具体类型的产品和服务，确定必需的要求。组织应考虑：

a）功能和性能要求；

b）来源于以前类似设计和开发活动的信息；

c）法律法规要求；

d）组织承诺实施的标准或行业规范；

e）由产品和服务性质所导致的潜在的失效后果。

针对设计和开发的目的，输入应是充分和适宜的，且应完整、清楚。

相互矛盾的设计和开发输入应得到解决。

组织应保留有关设计和开发输入的成文信息。

8.3.4　设计和开发控制

组织应对设计和开发过程进行控制，以确保：

a）规定拟获得的结果；

b）实施评审活动，以评价设计和开发的结果满足要求的能力；

c）实施验证活动，以确保设计和开发输出满足输入的要求；

d）实施确认活动，以确保形成的产品和服务能够满足规定的使用要求或预期用途；

e）针对评审、验证和确认过程中确定的问题采取必要措施；

f）保留这些活动的成文信息。

注：设计和开发的评审、验证和确认具有不同目的。根据组织的产品和服务的具体情况，可单独或以任意组合的方式进行。

8.3.5　设计和开发输出

组织应确保设计和开发输出：

a）满足输入的要求；

b）满足后续产品和服务提供过程的需要；

c）包括或引用监视和测量的要求，适当时，包括接收准则；

d）规定产品和服务特性，这些特性对于预期目的、安全和正常提供是必需的。

组织应保留有关设计和开发输出的成文信息。

8.3.6　设计和开发更改

组织应对产品和服务在设计和开发期间以及后续所做的更改进行适当的识别、评审和控制，以确保这些更改对满足要求不会产生不利影响。

组织应保留下列方面的成文信息：

a）设计和开发更改；

b）评审的结果；

c）更改的授权；

d）为防止不利影响而采取的措施。

设计和开发过程包括策划、输入（必需的要求）、控制、输出和更改。

在设计和开发输出中，适当时应包含接收准则，即通过监视和测量判定其结果是否能满足要求。

8.4　外部提供的过程、产品和服务的控制

8.4.1　总则

组织应确保外部提供的过程、产品和服务符合要求。

在下列情况下，组织应确定对外部提供的过程、产品和服务实施的控制：

a）外部供方的产品和服务将构成组织自身的产品和服务的一部分；

b）外部供方代表组织直接将产品和服务提供给顾客；

c）组织决定由外部供方提供过程或部分过程。

组织应基于外部供方按照要求提供过程、产品和服务的能力，确定并实施外部供方的评价、选择、绩效监视以及再评价的准则。对于这些活动和由评价引发的任何必要的措施，组织应保留成文信息。

8.4.2　控制类型和程度

组织应确保外部提供的过程、产品和服务不会对组织稳定地向顾客交付合格产品和服务的能力产生不利影响。

组织应：

a）确保外部提供的过程保持在其质量管理体系的控制之中；

b）规定对外部供方的控制及其输出结果的控制；

c）考虑：

1）外部提供的过程、产品和服务对组织稳定地满足顾客要求和适用的法律法规要求的能力的潜在影响；

2）由外部供方实施控制的有效性；

d）确定必要的验证或其他活动，以确保外部提供的过程、产品和服务满足要求。

8.4.3 提供给外部供方的信息

组织应确保在与外部供方沟通之前所确定的要求是充分和适宜的。

组织应与外部供方沟通以下要求：

a）需提供的过程、产品和服务；

b）对下列内容的批准：

1）产品和服务；

2）方法、过程和设备；

3）产品和服务的放行；

c）能力，包括所要求的人员资格；

d）外部供方与组织的互动；

e）组织使用的对外部供方绩效的控制和监视；

f）组织或其顾客拟在外部供方现场实施的验证或确认活动。

外包总是具有服务的基本特征，因为这至少要在供方与组织之间的接触面上实施一项活动。

由于过程、产品和服务的性质，外部供方所需的控制可能存在很大差异。对外部供方以及外部提供的过程、产品和服务，组织可以应用基于风险的思维来确定适当的控制类型和控制程度。

8.5 生产和服务提供

8.5.1 生产和服务提供的控制

组织应在受控条件下进行生产和服务提供。

适用时，受控条件应包括：

a）可获得成文信息，以规定以下内容：

1）拟生产的产品、提供的服务或进行的活动的特性；

2）拟获得的结果。

b）可获得和使用适宜的监视和测量资源；

c）在适当阶段实施监视和测量活动，以验证是否符合过程或输出的控制准则以及产品和服务的接收准则；

d）为过程的运行使用适宜的基础设施，并保持适宜的环境；

e）配备胜任的人员，包括所要求的资格；

f）若输出结果不能由后续的监视或测量加以验证，应对生产和服务提供过程实现策划结果的能力进行确认，并定期再确认；

g）采取措施防止人为错误；

h）实施放行、交付和交付后的活动。

8.5.2 标识和可追溯性

需要时，组织应采用适当的方法识别输出，以确保产品和服务合格。

组织应在生产和服务提供的整个过程中按照监视和测量要求识别输出状态。

当有可追溯要求时，组织应控制输出的唯一性标识，并应保留所需的成文信息以实现可追溯。

8.5.3 顾客或外部供方的财产

组织应爱护在组织控制下或组织使用的顾客或外部供方的财产。

对组织使用的或构成产品和服务一部分的顾客和外部供方财产，组织应予以识别、验证、保护和防护。

若顾客或外部供方的财产发生丢失、损坏或发现不适用情况，组织应向顾客或外部供方报告，并保留所发生情况的成文信息。

注：顾客或外部供方的财产可能包括材料、零部件、工具和设备以及场所、知识产权和个人资料。

8.5.4 防护

组织应在生产和服务提供期间对输出进行必要的防护，以确保符合要求。

注：防护可包括标识、处置、污染控制、包装、储存、传输或运输以及保护。

8.5.5 交付后活动

组织应满足与产品和服务相关的交付后活动的要求。

在确定所要求的交付后活动的覆盖范围和程度时，组织应考虑：

a）法律法规要求；

b）与产品和服务相关的潜在不良的后果；

c）产品和服务的性质、使用和预期寿命；

d）顾客要求；

e）顾客反馈。

注：交付后活动可包括保证条款所规定的措施、合同义务（如维护服务等）、附加服务（如回收或最终处置等）。

8.5.6 更改控制

组织应对生产或服务提供的更改进行必要的评审和控制，以确保持续地符合要求。

组织应保留成文信息，包括有关更改评审的结果、授权进行更改的人员以及根据评审所采取的必要措施。

外部供方安装在组织内使用的设备，但组织并未购买，此外部供方的财产应予以识别。

交付不一定是组织产品和服务责任的结束。很多合同上规定销售后提供交付后的活动，如产品保修、技术咨询等。

8.6 产品和服务的放行

组织应在适当阶段实施策划的安排，以验证产品和服务的要求已得到满足。

除非得到有关授权人员的批准，适用时得到顾客的批准，否则在策划的安排已圆满完成之前，不应向顾客放行产品和交付服务。

组织应保留有关产品和服务放行的成文信息。成文信息应包括：

a）符合接收准则的证据；

b）可追溯到授权放行人员的信息。

在适当阶段实施监视和测量活动，以验证产品和服务是否符合接收准则。并非所有过程都可以测量，此时需要适当的监视。

8.7 不合格输出的控制

8.7.1 组织应确保对不符合要求的输出进行识别和控制，以防止非预期的使用或交付。

组织应根据不合格的性质及其对产品和服务符合性的影响采取适当措施。这也适用于在产品交付之后，以及在服务提供期间或之后发现的不合格产品和服务。

组织应通过下列一种或几种途径处置不合格输出：

a）纠正；

b）隔离、限制、退货或暂停对产品和服务的提供；

c）告知顾客；

d）获得让步接收的授权。

对不合格输出进行纠正之后应验证其是否符合要求。

8.7.2 组织应保留下列成文信息：

a）描述不合格；

b）描述所采取的措施；

c）描述获得的让步；

d）识别处置不合格的授权。

在服务提供前难以发现不合格。处置服务不符合可进行赔偿或可行时重新提供服务。

组织应保留与不合格有关的成文信息，以建立数据库，为实施质量改进积累信息，有利于过程的改进和优化。

九、绩效评价

9.1 监视、测量、分析和评价

9.1.1 总则

组织应确定：

a）需要监视和测量什么；

b）需要用什么方法进行监视、测量、分析和评价，以确保结果有效；

c）何时实施监视和测量；

d）何时对监视和测量的结果进行分析和评价。

组织应评价质量管理体系的绩效和有效性。

组织应保留适当的成文信息，以作为结果的证据。

9.1.2 顾客满意

组织应监视顾客对其需求和期望已得到满足的程度的感受。组织应确定获取、监视和评审该信息的方法。

注：监视顾客感受的例子可包括顾客调查、顾客对交付产品或服务的反馈、顾客座谈、市场占有率分析、顾客赞扬、担保索赔和经销商报告。

9.1.3 分析与评价

组织应分析和评价通过监视和测量获得的适当的数据和信息。

应利用分析结果评价：

a）产品和服务的符合性；

b）顾客满意程度；

c）质量管理体系的绩效和有效性；

d）策划是否得到有效实施；

e）应对风险和机遇所采取措施的有效性；

f）外部供方的绩效；

g）质量管理体系改进的需求。

注：数据分析方法可包括统计技术。

组织通过监视顾客的感受以表明顾客的需求和期望得到满足的程度。组织应确定获取顾客是否满意信息的顾客样本、监视顾客感受的方法以及评审该信息的方法。

9.2 内部审核

9.2.1 组织应按照策划的时间间隔进行内部审核，以提供有关质量管理体系的下列信息：

a）是否符合：

1）组织自身的质量管理体系要求；

2）本标准的要求；

b）是否得到有效的实施和保持。

9.2.2 组织应：

a）依据有关过程的重要性、对组织产生影响的变化和以往的审核结果，策划、制定、实施和保持审核方案，审核方案包括频次、方法、职责、策划要求和报告；

b）规定每次审核的审核准则和范围；

c）选择审核员并实施审核，以确保审核过程客观公正；

d）确保将审核结果报告给相关管理者；

e）及时采取适当的纠正和纠正措施；

f）保留成文信息，作为实施审核方案以及审核结果的证据。

注：相关指南参见 GB/T 19011。

没有要求每次内部审核中涉及质量管理体系的所有要素，但在所规定的周期内所有要素和过程都应被审核。

为了确保审核过程客观公正，审核员应独立于其所负责的审核范围。

9.3 管理评审

9.3.1 总则

最高管理者应按照策划的时间间隔对组织的质量管理体系进行评审，以确保其持续的适宜性、充分性和有效性，并与组织的战略方向保持一致。

9.3.2 管理评审输入

策划和实施管理评审时应考虑下列内容：

a）以往管理评审所采取措施的情况；

b）与质量管理体系相关的内外部因素的变化；

c）下列有关质量管理体系绩效和有效性的信息，包括其趋势：

1）顾客满意和有关相关方的反馈；

2）质量目标的实现程度；

3）过程绩效以及产品和服务的合格情况；

4）不合格及纠正措施；

5）监视和测量结果；

6）审核结果；

7）外部供方的绩效。

d）资源的充分性；

e）应对风险和机遇所采取措施的有效性（见 6.1）；

f）改进的机会。

9.3.3 管理评审输出

管理评审的输出应包括与下列事项相关的决定和措施：

a）改进的机会；

b）质量管理体系所需的变更；

c）资源需求。

组织应保留成文信息，作为管理评审结果的证据。

质量管理体系的适宜性与组织的战略方向和组织环境相关。

充分的信息是循证决策的基础。管理评审输入的信息和其趋势为做出决定和采取措施提供证据。

十、改进

10.1 总则

组织应确定和选择改进机会，并采取必要措施，以满足顾客要求和增强顾客满意。

这应包括：

a）改进产品和服务，以满足要求并应对未来的需求和期望；

b）纠正、预防或减少不利影响；

c）改进质量管理体系的绩效和有效性。

注：改进的例子可包括纠正、纠正措施、持续改进、突破性变革、创新和重组。

当识别到改进机会，且改进需求是合理的，组织需要根据可获得的资源，确定如何实施改进和改进的优先顺序。

从结果的分析和评价、管理评审输出和内审结果等中识别和确定改进需求，然后策划诸如纠正、纠正措施、变革、创新和重组等改进措施，实施改进，最后评价改进成效。这是一个循环的过程，称之为持续改进。

10.2 不合格和纠正措施

10.2.1 当出现不合格时，包括来自投诉的不合格，组织应：

a）对不合格做出应对，并在适用时：

1）采取措施以控制和纠正不合格；

2）处置后果。

b）通过下列活动，评价是否需要采取措施，以消除产生不合格的原因，避免其再次发生或者在其他场合发生：

1）评审和分析不合格；

2）确定不合格的原因；

3）确定是否存在或可能发生类似的不合格。

c）实施所需的措施；

d）评审所采取的纠正措施的有效性；

e）需要时，更新策划期间确定的风险和机遇；

f）需要时，变更质量管理体系。

纠正措施应与不合格所产生的影响相适应。

10.2.2　组织应保留成文信息，作为下列事项的证据：

a）不合格的性质以及随后所采取的措施；

b）纠正措施的结果。

不合格的来源包括但不限于：内部审核、外部评审、监视和测量结果、客户投诉、与法律法规的不符合、外部供方的问题、员工识别出的问题、质量监督。

通过对纠正措施的实施状况和所获得的结果进行评审后，组织应考虑在以前的策划中是否还有风险和机遇没有被发现。必要时，可对此策划进行更新。

10.3　持续改进

组织应持续改进质量管理体系的适宜性、充分性和有效性。

组织应考虑分析和评价的结果以及管理评审的输出，以确定是否存在需求或机遇，这些需求或机遇应作为持续改进的一部分加以应对。

为了实现最高管理者设定的目标，需进行持续改进。持续改进包括内部效率的提升、顾客需求的满足和市场绩效的提高等。

组织通过策划、过程、资源和成文信息实现质量目标，满足顾客要求，改进质量管理体系，最终改进产品和服务质量。

参考文献

[1] 中华人民共和国国家质量监督检验检疫总局，中国国家标准化管理委员会．质量管理体系　基础和术语：GB/T 19000—2016［S］．北京：中国标准出版社，2016.

[2] 中华人民共和国国家质量监督检验检疫总局，中国国家标准化管理委员会．质量管理体系　要求：GB/T 19001—2016［S］．北京：中国标准出版社，2016.

第八章

概率论和数理统计基础知识

第一节　概　率　论

一、 随机现象和随机试验

必然（确定性）现象：在一定条件下必然发生的现象。如向上抛以石子必然下落。

随机现象：在个别试验中其结果呈现出不确定性，在大量重复试验中其结果又具有统计规律性的现象。概率论和数理统计是研究和揭示随机现象统计规律性的一门数学学科。

研究随机现象的试验称为随机试验。

具有下述三个特点的试验称为随机试验：

a）可以在相同的条件下重复地进行；

b）每次试验的可能结果不止一个，并且能事先明确试验的所有可能结果；

c）进行一次试验之前不能确定哪一个结果会出现。

随机试验（E）的所有可能结果组成的集合称为E的样本空间（S）。E的每个结果称为样本点。S的子集称为E的随机事件，简称事件。在每次试验中，当且仅当这一子集中的一个样本点出现时，称这一事件发生。

二、 频率与概率

在相同的条件下，进行了n次试验，在这n次试验中，事件A发生的次数n_A称为事件A的频数。比值n_A/n称为事件A发生的频率［$f_n(A)$］。

大量试验证实，当重复试验的次数n逐渐增大时，频率$f_n(A)$呈现出稳定性，逐渐稳定于某个常数。这种“频率稳定性”即通常所说的统计概率性。

在实际中，我们不可能对每一个事件都做大量的试验，然后求得事件的频率，用以表征事件发生可能性的大小。同时，为了理论研究的需要，我们从频率的稳定性和频率的性质得到启发，给出如下表征事件发生可能性大小的概率的定义。

设E是随机试验，S是它的样本空间。对于E的每一事件A赋予一个实数，记为$P(\mathrm{A})$，称为事件A的概率，且函数满足下列条件：

1）非负性：对于每一个事件A，有$P(\mathrm{A})\geqslant 0$；

2）规范性：对于必然事件S，有$P(\mathrm{S})=1$；

3）可加性：设A_1，A_2，…是两两互不相容的事件，有$P(\mathrm{A}_1\cup \mathrm{A}_2\cup\cdots)=P(\mathrm{A}_1)+P(\mathrm{A}_2)+\cdots$

三、 实际推断原理

实际推断原理：概率很小的事件在一次试验中实际上几乎是不发生的。如概率很小的事件在一次试验中竟然发生了，则有理由怀疑假设的正确性。

四、 随机变量

概率论是研究随机事件发生概率的学科。

设随机试验的样本空间为$S=\{e\}$，$X=X(e)$是定义在样本空间S上的实值单值函数，称$X=X(e)$为随机变量。概率论需研究随机变量不同取值的概率。

有些随机变量，它全部可能取到的值是有限个或可列无限多个，这种随机变量称为离散型随机变量。设离散型随机变量X所有可能取的值为$x_k(k=1, 2, \cdots)$，X取各个可能值的概率，即事件$\{X=x_k\}$的概率，为$P\{X=x_k\}=p_k$，$k=1, 2, \cdots$，称为离散型随机变量X的分布律。

对于非离散型随机变量X，由于其可能取的值不能一一列举出来，因而不能像离散型随机变量那样可以用分布律来描述它。非离散型随机变量取任一指定的实数值的概率都等于0。非离散型随机变量转而研究所取的值落在一个区间$(x_1, x_2]$上的概率：$P\{x_1<X\leqslant x_2\}$。由于$P\{x_1<X\leqslant x_2\}=P\{X\leqslant x_2\}-P\{X\leqslant x_1\}$，所以只要知道$P\{X\leqslant x_2\}$和$P\{X\leqslant x_1\}$就可以。

设X是一个随机变量，x是任意实数，函数$F(x)=P\{X\leqslant x\}$，$-\infty<x<\infty$，称为X的分布函数。对于任意实数x_1，$x_2(x_1<x_2)$，有：$P\{x_1<X\leqslant x_2\}=P\{X\leqslant x_2\}-P\{X\leqslant x_1\}=F(x_2)-F(x_1)$。因此，若已知$X$的分布函数，就知道$X$落在任一区间$(x_1, x_2]$上的概率。如果将$X$看成是数轴上的随机点的坐标，则分布函数$F(x)$在$x$处的函数值就表示$X$落在区间$(-\infty, x]$上的概率。

如果对于随机变量X的分布函数$F(x)$，存在非负可积函数$f(x)$，使对于任意实数x有：$F(x)=\int_{-\infty}^{x} f(t)\mathrm{d}t$，则称$X$为连续型随机变量，$f(x)$称为$X$的概率密度函数，简称概率密度。由定义知道，概率密度 $f(x)$ 具有以下性质：

a）$f(x) \geqslant 0$；

b）$\int_{-\infty}^{\infty} f(x)\mathrm{d}x = 1$，即曲线 $y = f(x)$ 与 OX 轴之间的面积等于 1；

c）对于任意实数 x_1，x_2（$x_1 < x_2$），

$P\{x_1 < X \leqslant x_2\} = P\{X \leqslant x_2\} - P\{X \leqslant x_1\} = F(x_2) - F(x_1) = \int_{x_1}^{x_2} f(x)\mathrm{d}x$，即 X 落在区间 $(x_1, x_2]$ 的概率 $P\{x_1 < X \leqslant x_2\}$ 等于区间 $(x_1, x_2]$ 上曲线 $y = f(x)$ 之下的曲边梯形的面积。

d）若 $f(x)$ 在点 x 处连续，则有 $F'(x) = f(x)$。

五、正态分布（高斯分布）

若连续型随机变量 X 的概率密度为：

$$f(x) = \frac{1}{\sqrt{2\pi}\sigma} e^{-\frac{(x-\mu)^2}{2\sigma^2}}, -\infty < x < \infty$$

其中 μ，$\sigma(\sigma > 0)$ 为常数，则称 X 服从参数 μ，σ 的正态分布，记为 $X \sim N(\mu, \sigma^2)$。特别，当 $\mu = 0$，$\sigma = 1$ 时称随机变量 X 服从标准正态分布。其分布函数为：$\Phi(x) = \frac{1}{\sqrt{2\pi}} \int_{-\infty}^{x} e^{-t^2/2} \mathrm{d}t$。人们已编制了 $\Phi(x)$ 的函数表［不同的 x 对应的 $\Phi(x)$ 值］，可供查用，其标准正态分布图如图 8-1 所示。

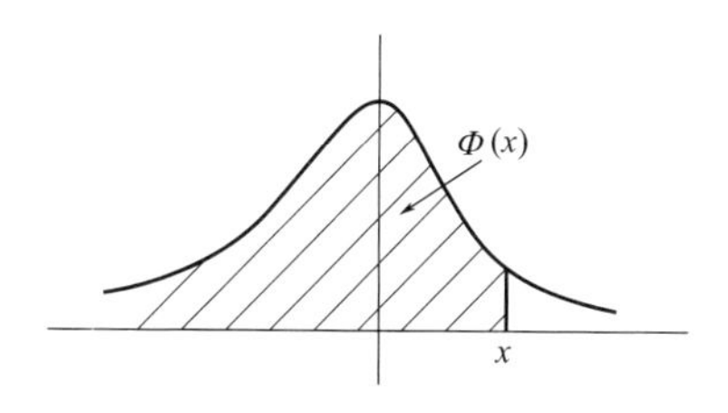

图 8-1　标准正态分布图

正态变量的值落在 $(\mu - 3\sigma, \mu + 3\sigma)$ 内几乎是肯定的事，即“3σ”法则。

设 $X \sim N(0, 1)$，若 z_α 满足条件 $P\{X > z_\alpha\} = \alpha$，$0 < \alpha < 1$，则称点 z_α 为标准正态分布的上 α 分位点。

若 $X \sim N(\mu, \sigma^2)$，则 X 的线性函数 $Y = aX + b$ 也服从正态分布。

若 $X_i \sim N(\mu_i, \sigma_i^2)$ $(i = 1, 2, \cdots, n)$，且它们相互独立，则它们的和 $Z = X_1 + X_2 + \cdots + X_n$ 仍然服从正态分布，且有 $Z \sim N(\mu_1 + \mu_2 + \cdots + \mu_n, \sigma_1^2 + \sigma_2^2 + \cdots + \sigma_n^2)$。可以证明有限个相互独立的正态随机变量的线性组合仍然服从正态分布。

六、 随机变量的数字特征

随机变量的数字特征有：数学期望、方差、协方差、相关系数和距。

1）数学期望

设离散型随机变量 X 的分布律为 $P\{X=x_k\}=p_k$，$k=1$，2，…。若 $\sum_{k=1}^{\infty} x_k p_k$ 绝对收敛，则 $\sum_{k=1}^{\infty} x_k p_k$ 称为随机变量 X 的数学期望，记为 $E(X)=\sum_{k=1}^{\infty} x_k p_k$。

设连续型随机变量 X 的概率密度为 $f(x)$，若积分 $\int_{-\infty}^{\infty} xf(x)\mathrm{d}x$ 绝对收敛，则称积分 $\int_{-\infty}^{\infty} xf(x)\mathrm{d}x$ 的值为随机变量 X 的数学期望，记为 $E(X)=\int_{-\infty}^{\infty} xf(x)\mathrm{d}x$。

数学期望简称期望，又称为均值。

数序期望的性质如下：

a）设 C 是常数，则 $E(C)=C$。

b）设 X 是随机变量，C 是常数，则有 $E(CX)=CE(X)$。

c）设 X，Y 是两个随机变量，则有 $E(X+Y)=E(X)+E(Y)$。

d）设 X，Y 是相互独立的随机变量，则有 $E(XY)=E(X)E(Y)$。

2）方差

设 X 是一个随机变量，若 $E\{[X-E(X)]^2\}$ 存在，则称 $E\{[X-E(X)]^2\}$ 为 X 的方差，记为：$D(X)=\mathrm{Var}(X)=E\{[X-E(X)]^2\}$

方差的性质如下：

a）设 C 是常数，则 $D(C)=0$。

b）设 X 是随机变量，C 是常数，则有 $D(CX)=C^2D(X)$,$D(X+C)=D(X)$。

c）设 X，Y 是两个随机变量，则有：

$D(X+Y)=D(X)+D(Y)+2E\{[X-E(X)][Y-E(Y)]\}$

若 X，Y 相互独立，则有 $D(X+Y)=D(X)+D(Y)$

在应用上还引起量 $\sqrt{D(X)}$，记为 $\sigma(X)$，称为标准差或均方差。

3）协方差

对于二维随机变量 (X,Y)，量 $E\{[X-E(X)][Y-E(Y)]\}$ 称为随机变量 X 与 Y 的协方差，记为：$\mathrm{Cov}(X,Y)=E\{[X-E(X)][Y-E(Y)]\}$。

而 $\rho_{XY}=\dfrac{\mathrm{Cov}(X,Y)}{\sqrt{D(X)}\sqrt{D(Y)}}$，称为随机变量 X 与 Y 的相关系数。

$$\mathrm{Cov}(X,Y)=\mathrm{Cov}(Y,X)，\mathrm{Cov}(X,X)=D(X)$$

$$D(X+Y)=D(X)+D(Y)+2\mathrm{Cov}(X,Y)$$

$$\mathrm{Cov}(X,Y)=E(XY)-E(X)E(Y)$$

协方差具有下述性质：

a) $\mathrm{Cov}(aX,bY)=ab\mathrm{Cov}(X,Y)$

b) $\mathrm{Cov}(X_1+X_2,Y)=\mathrm{Cov}(X_1,Y)+\mathrm{Cov}(X_2,Y)$

第二节　数理统计基础与抽样分布

数理统计是具有广泛应用的一个数学分支，它以概率论为理论基础，根据试验或观察得到的数据，来研究随机现象，对研究对象的客观规律性作出种种合理的估计和判断。

在数理统计中，我们往往研究有关对象的某一项数量指标，为此进行与这一数量指标相联系的随机试验，试验的全部可能的观察值称为总体，每一个可能观察值称为个体。

在数量统计中，人们都是通过从总体中抽取一部分个体，根据获得的数据来对总体分布作出推断的。被抽出的部分个体叫作总体的一个样本，样本中的个体数称为样本容量。

总体中的每一个个体是随机试验的一个观察值，因此它是某一随机变量 X 的值，即一个总体对应于一个随机变量。对于总体的研究就是对一个随机变量的 X 的研究，X 的分布函数和数字特征称为总体的分布函数和数字特征。

一、 样本分位数

设有容量为 n 的样本观察值 x_1，x_2，…，x_n，样本 p 分位数（$0<p<1$）记为 x_p，它具有以下的性质：a）至少有 np 个观测值小于或等于 x_p；b）至少有 $n(1-p)$个观察值大于或等于 x_p。

样本 p 分位数可按以下法则求得：将 x_1，x_2，…，x_n 按自小到大的次序排列成 $x_{(1)}\leqslant x_{(2)}\leqslant\cdots\leqslant x_{(n)}$。分位数 x_p 为：

当 np 不是整数，$x_p=x_{([np]+1)}$；当 np 是整数，$x_p=\frac{1}{2}[x_{(np)}+x_{(np+1)}]$。

$x_{0.25}$ 称为第一四分位数，记为 Q_1；$x_{0.5}$ 称为样本中位数，记为 Q_2 或 M；$x_{0.75}$ 称为第三四分位数，记为 Q_3。$Q_3-Q_1=IQR$，称为四分位间距。若数据小于 $Q_1-1.5IQR$ 或大于 $Q_3+1.5IQR$，就认为它是疑似异常值。

疑似异常值的产生源于：a）数据的测量、记录或输入的错误；b）数据来自不同的总体；c）数据是正确的，但它只体现小概率事件。

二、统计量

设 X_1，X_2，…，X_n 是来自总体 X 的一个样本，g（X_1，X_2，…，X_n）是 X_1，X_2，…，X_n 的函数，若 g 中不含未知参数，则称 g（X_1，X_2，…，X_n）是样本的一个统计量。

下面列出几个常用的统计量。设 X_1，X_2，…，X_n 是来自总体 X 的一个样本，x_1，x_2，…x_n 是这一样本的观察值。

样本平均值：$\overline{x}=\dfrac{1}{n}\sum\limits_{i=1}^{n}x_i$ 。

样本方差：$S^2=\dfrac{1}{n-1}\sum\limits_{i=1}^{n}(x_i-\overline{x})^2=\dfrac{1}{n-1}\left(\sum\limits_{i=1}^{n}x_i^2-n\overline{x}^2\right)$ 。

样本标准差：$S=\sqrt{\dfrac{1}{n-1}\sum\limits_{i=1}^{n}(x_i-\overline{x})^2}$ 。

样本 k 阶（原点）矩：$a_k=\dfrac{1}{n}\sum\limits_{i-1}^{n}x_i^k$，$k=1$，2，…。

样本 k 阶中心矩：$b_k=\dfrac{1}{n}\sum\limits_{i=1}^{n}(x_i-\overline{x})^k$，$k=2$，3，…。

三、抽样分布

统计量的分布称为抽样分布。

设 X_1，X_2，…，X_n 是来自总体 X 的一个样本，且相互独立。

均值的均值：$E\left(\dfrac{1}{n}\sum\limits_{k=1}^{n}X_k\right)=\dfrac{1}{n}\sum\limits_{k=1}^{n}E(X_k)=\dfrac{1}{n}(n\mu)=\mu$ 。

均值的方差：$D\left(\dfrac{1}{n}\sum\limits_{k=1}^{n}X_k\right)=\dfrac{1}{n^2}\sum\limits_{k=1}^{n}D(X_k)=\dfrac{1}{n^2}(n\sigma^2)=\dfrac{\sigma^2}{n}$。

1）χ^2 分布

设 X_1，X_2，…，X_n 是来自总体 $N(0,1)$ 的样本，则称统计量：

$$\chi^2=X_1^2+X_2^2+\cdots+X_n^2$$

服从自由度为 n 的 χ^2 分布，记为 $\chi^2\sim\chi^2(n)$。

χ^2 分布的分位点：

对于给定的正数 α，$0<\alpha<1$，称满足条件

$$P\{\chi^2>\chi_\alpha^2(n)\}=\int_{\chi_\alpha^2(n)}^{\infty}f(y)\mathrm{d}y=\alpha$$

的点 $\chi_\alpha^2(n)$ 为 $\chi^2(n)$ 分布的上 α 分位点。对于不同的 α、n，上 α 分位点的

值已制成表，可供查用，如图 8-2 所示。

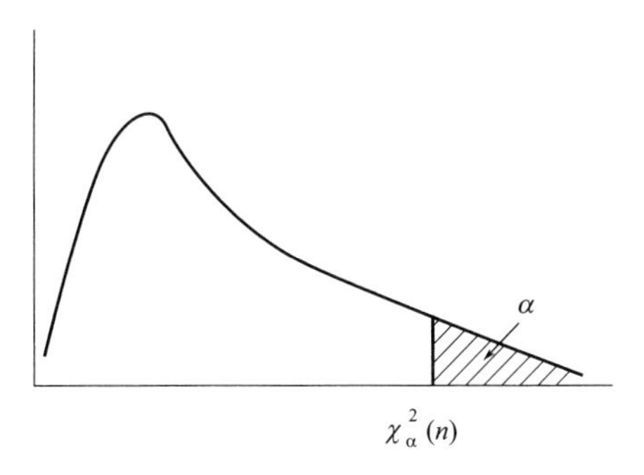

图 8-2　$\chi^2(n)$ 分布图

当 $n>40$ 时，$\chi^2(n)$ 分布的上 α 分位点的近似值如下。

$$\chi_{\alpha}^{2}(n)\approx\frac{1}{2}(z_{\alpha}+\sqrt{2n-1})^{2}$$

2）t 分布

设 $X\sim N(0,1)$，$Y\sim\chi^2(n)$，且 X，Y 相互独立，则称统计量：

$$t=\frac{X}{\sqrt{Y/n}}$$

服从自由度为 n 的 t 分布（又称学生氏分布），记为 $t\sim t(n)$。

t 分布的分位点：

对于给定的 α，$0<\alpha<1$，称满足条件

$$P\{t>t_{\alpha}(n)\}=\int_{t_{\alpha}(n)}^{\infty}h(t)\mathrm{d}t=\alpha$$

的点 $t_{\alpha}(n)$ 为 $t(n)$ 分布的上 α 分位点。对于不同的 α、n，上 α 分位点的值已制成表格，可供查用，如图 8-3 所示。

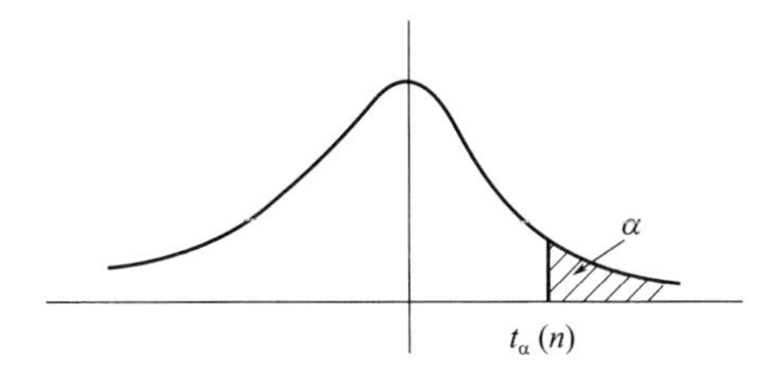

图 8-3　$t(n)$ 分布图

当 $n>45$ 时，$t(n)$ 分布的上 α 分位点的近似值如下。

$$t_{\alpha}(n)\approx z_{\alpha}$$

3）F 分布

设 $U\sim\chi^2(n_1)$，$V\sim\chi^2(n_2)$，且 U，V 相互独立，则称统计量：

$$F=\frac{U/n_1}{V/n_2}$$

服从自由度为（n_1，n_2）的 F 分布，记为 $F \sim F(n_1, n_2)$。

F 分布的分位点：

对于给定的 α，$0<\alpha<1$，称满足条件

$$P\{F > F_\alpha(n_1, n_2)\}=\int_{F_\alpha(n_1, n_2)}^{\infty}\psi(y)\mathrm{d}y=\alpha$$

的点 $F_\alpha(n_1, n_2)$ 为 $F(n_1, n_2)$ 分布的上 α 分位点。对于不同的 α、n_1、n_2，上 α 分位点的值已制成表格，可供查用，如图 8-4 所示。

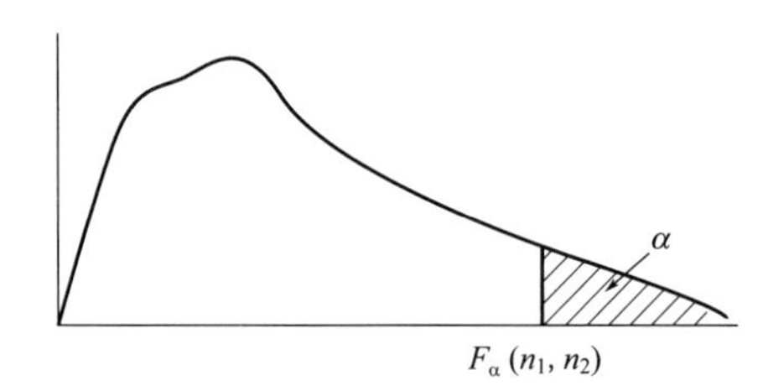

图 8-4　$F(n_1, n_2)$ 分布图

4）正态总体的样本均值与样本方差的分布

a）设 X_1，X_2，…，X_n 是来自正态总体 $N(\mu, \sigma^2)$ 的样本，$\overline{X}$ 是样本均值，则有：

$$\overline{X} \sim N(\mu, \sigma^2/n)$$

b）设 X_1，X_2，…，X_n 是来自正态总体 $N(\mu, \sigma^2)$ 的样本，$\overline{X}$ 和 S^2 分别是样本均值和样本方差，则有：$\dfrac{(n-1)S^2}{\sigma^2} \sim \chi^2(n-1)$；$\overline{X}$ 与 S^2 相互独立。

c）设 X_1，X_2，…，X_n 是来自正态总体 $N(\mu, \sigma^2)$ 的样本，$\overline{X}$ 和 S^2 分别是样本均值和样本方差，则有：$\dfrac{\overline{X}-\mu}{S/\sqrt{n}} \sim t(n-1)$。

d）设 X_1，X_2，…，X_{n_1} 与 Y_1，Y_2，…，Y_{n_2} 分别是来自正态总体 $N(\mu_1, \sigma_1^2)$ 和 $N(\mu_2, \sigma_2^2)$ 的样本，且这两个样本相互独立。设 $\overline{X}=\dfrac{1}{n_1}\sum_{i=1}^{n_1}X_i$，$\overline{Y}=\dfrac{1}{n_2}\sum_{i=1}^{n_2}Y_i$；$S_1^2=\dfrac{1}{n_1-1}\sum_{i=1}^{n_1}(X_i-\overline{X})^2$，$S_2^2=\dfrac{1}{n_2-1}\sum_{i=1}^{n_2}(Y_i-\overline{Y})^2$。则有：

$$\frac{S_1^2/S_2^2}{\sigma_1^2/\sigma_2^2} \sim F\ (n_1-1, n_2-1)。$$

当 $\sigma_1^2=\sigma_2^2=\sigma^2$ 时，$\dfrac{(\overline{X}-\overline{Y})-(\mu_1-\mu_2)}{S_w\sqrt{\dfrac{1}{n_1}+\dfrac{1}{n_2}}}\sim t(n_1+n_2-2)$。

其中：$S_w^2=\dfrac{(n_1-1)S_1^2+(n_2-1)S_2^2}{n_1+n_2-2}$。

第三节　参数估计

一、概述

统计推断的基本问题分为两大类：一类是参数估计问题，另一类是假设检验问题。

1. 点估计

点估计是适当地选择一个统计量作为未知参数的估计，以估计量的值作为未知参数的近似值。

设总体 X 的分布函数 $F(x,\theta)$ 的形式为已知，θ 是待估参数。X_1，X_2，…，X_n 是 X 的一个样本，x_1，x_2，…x_n 是对应的一个样本值。点估计问题就是要构造一个适当的统计量 $\hat{\theta}(X_1,X_2,\cdots,X_n)$，用它的观察值 $\hat{\theta}(x_1,x_2,\cdots,x_n)$ 作为未知参数 θ 的近似值。我们称 $\hat{\theta}(X_1,X_2,\cdots,X_n)$ 为 θ 的估计量，称 $\hat{\theta}(x_1,x_2,\cdots,x_n)$ 为 θ 的估计值。由于估计量是样本的函数，因此对于不同的样本值，θ 的估计值一般是不相同的。

2. 区间估计

对于一个未知量，人们在测量或计算时，常不以得到近似值为满足，还需估计误差，即要求知道近似值的精确程度（亦即所求真值所在的范围）。对于未知参数 θ，除了求出它的点估计值 $\hat{\theta}$ 外，我们还希望估计出一个范围，并希望知道这个范围包含参数 θ 真值的可信程度。

设总体 X 的分布函数 $F(x,\theta)$ 含有一个未知参数 θ，$\theta\in\Theta$（Θ 是 θ 可能取值的范围），对于给定的 $\alpha(0<\alpha<1)$，若由来自 X 的样本 X_1，X_2，…，X_n 确定的两个统计量 $\underline{\theta}=\underline{\theta}(X_1,X_2,\cdots,X_n)$ 和 $\overline{\theta}=\overline{\theta}(X_1,X_2,\cdots,X_n)(\underline{\theta}<\overline{\theta})$，对于任意 $\theta\in\Theta$ 满足：

$$P\{\underline{\theta}(X_1,X_2,\cdots,X_n)<\theta<\overline{\theta}(X_1,X_2,\cdots,X_n)\}\geqslant 1-\alpha$$

则称随机区间（$\underline{\theta}$，$\overline{\theta}$）是 θ 的置信水平为 $1-\alpha$ 的置信区间，$\underline{\theta}$ 和 $\overline{\theta}$ 分别称为置信水平为 $1-\alpha$ 的双侧置信区间的置信下限和置信上限，$1-\alpha$ 称为置信水平。求取 θ 的置信区间时需构建函数 $W=W(X_1, X_2, \cdots, X_n; \theta)$，称为枢轴量。若能从 $a<W(X_1, X_2, \cdots, X_n; \theta)<b$ 中得到与之等价的 $\underline{\theta}<\theta<\overline{\theta}$，那么（$\underline{\theta}$，$\overline{\theta}$）就是 θ 的置信水平为 $1-\alpha$ 的置信区间。

二、 单正态总体均值与方差的区间估计

设已给定置信水平为 $1-\alpha$，并设 $X_1, X_2, \cdots, X_n$ 为总体 $N(\mu, \sigma^2)$ 的样本，$\overline{X}$ 和 S^2 分别是样本均值和样本方差。

1. 均值 μ 的置信区间

a）σ^2 为已知，μ 的一个置信水平为 $1-\alpha$ 的置信区间为 $\left(\overline{X}\pm\frac{\sigma}{\sqrt{n}}z_{\alpha/2}\right)$。

b）σ^2 为未知，$\overline{X}$ 是 μ 的无偏估计，S^2 是 σ^2 的无偏估计，且 $\frac{\overline{X}-\mu}{S/\sqrt{n}}\sim t(n-1)$。

$$P\left\{-t_{\alpha/2}(n-1)<\frac{\overline{X}-\mu}{S/\sqrt{n}}<t_{\alpha/2}(n-1)\right\}=1-\alpha$$

即 $P\left\{\overline{X}-\frac{S}{\sqrt{n}}t_{\alpha/2}(n-1)<\mu<\overline{X}+\frac{S}{\sqrt{n}}t_{\alpha/2}(n-1)\right\}=1-\alpha$。

于是得 μ 的一个置信水平为 $1-\alpha$ 的置信区间为 $\left(\overline{X}\pm\frac{S}{\sqrt{n}}t_{\alpha/2}(n-1)\right)$。

2. 方差 σ^2 的置信区间

S^2 是 σ^2 的无偏估计，且 $\frac{(n-1)S^2}{\sigma^2}\sim\chi^2(n-1)$。

$$P\left\{\chi^2_{1-\alpha/2}(n-1)<\frac{(n-1)S^2}{\sigma^2}<\chi^2_{\alpha/2}(n-1)\right\}=1-\alpha$$

即 $P\left\{\frac{(n-1)S^2}{\chi^2_{\alpha/2}(n-1)}<\sigma^2<\frac{(n-1)S^2}{\chi^2_{1-\alpha/2}(n-1)}\right\}=1-\alpha$。

于是得 σ^2 的一个置信水平为 $1-\alpha$ 的置信区间为：

$$\left(\frac{(n-1)S^2}{\chi^2_{\alpha/2}(n-1)},\frac{(n-1)S^2}{\chi^2_{1-\alpha/2}(n-1)}\right)$$

还可得到标准差 σ 的一个置信水平为 $1-\alpha$ 的置信区间为：

$$\left(\frac{\sqrt{(n-1)}S}{\sqrt{\chi^2_{\alpha/2}(n-1)}},\frac{\sqrt{(n-1)}S}{\sqrt{\chi^2_{1-\alpha/2}(n-1)}}\right)$$

此外，基于 $S=\sqrt{\frac{\sum d^2}{2n}}$ 计算的标准差，则 σ^2 的一个置信水平为 $1-\alpha$ 的置信区间为：

$$\left(\frac{nS^2}{\chi^2_{\alpha/2}(n)},\frac{nS^2}{\chi^2_{1-\alpha/2}(n)}\right)$$

标准差 σ 的一个置信水平为 $1-\alpha$ 的置信区间为：

$$\left(\frac{\sqrt{n}S}{\sqrt{\chi^2_{\alpha/2}(n)}},\frac{\sqrt{n}S}{\sqrt{\chi^2_{1-\alpha/2}(n)}}\right)$$

三、 双正态总体均值与方差的区间估计

设已给定置信水平为 $1-\alpha$，并设 X_1，X_2，…，X_{n_1}来自第一个总体 $N(\mu_1$，$\sigma_1^2)$ 的样本，Y_1，Y_2，…，Y_{n2}是来自第二个总体 $N(\mu_2$，$\sigma_2^2)$ 的样本，这两个样本相互独立。设 $\overline{X}=\frac{1}{n_1}\sum_{i=1}^{n_1}X_i$，$\overline{Y}=\frac{1}{n_2}\sum_{i=1}^{n_2}Y_i$；$S_1^2=\frac{1}{n_1-1}\sum_{i=1}^{n_1}(X_i-\overline{X})^2$，$S_2^2=\frac{1}{n_2-1}\sum_{i=1}^{n_2}(Y_i-\overline{Y})^2$。

1. $\boldsymbol{\mu_1-\mu_2}$ 的置信区间

a) σ_1^2，σ_2^2 均为已知。因 $\overline{X}$、$\overline{Y}$ 分别是 μ_1，μ_2 的无偏估计，故 $\overline{X}-\overline{Y}$ 是 $\mu_1-\mu_2$ 的无偏估计。由 $\overline{X}$、$\overline{Y}$ 的独立性以及 $\overline{X}\sim N(\mu_1$，$\sigma_1^2/n_1)$，$\overline{Y}\sim N(\mu_2$，$\sigma_2^2/n_2)$ 得：

$$\overline{X}-\overline{Y}\sim N\left(\mu_1-\mu_2,\frac{\sigma_1^2}{n_1}+\frac{\sigma_2^2}{n_2}\right)$$

即 $\dfrac{(\overline{X}-\overline{Y})-(\mu_1-\mu_2)}{\sqrt{\dfrac{\sigma_1^2}{n_1}+\dfrac{\sigma_2^2}{n_2}}}\sim N(0,1)$。

$\mu_1-\mu_2$ 的一个置信水平为 $1-\alpha$ 的置信区间为：

$$\left(\overline{X}-\overline{Y}\pm z_{\alpha/2}\sqrt{\frac{\sigma_1^2}{n_1}+\frac{\sigma_2^2}{n_2}}\right)$$

b) $\sigma_1^2=\sigma_2^2=\sigma^2$，但 σ^2 为未知，此时：

$$\frac{(\overline{X}-\overline{Y})-(\mu_1-\mu_2)}{S_w\sqrt{\frac{1}{n_1}+\frac{1}{n_2}}}\sim t(n_1+n_2-2)$$

$\mu_1-\mu_2$ 的一个置信水平为 $1-\alpha$ 的置信区间为：

$$\left(\overline{X}-\overline{Y}\pm t_{\alpha/2}(n_1+n_2-2)S_w\sqrt{\frac{1}{n_1}+\frac{1}{n_2}}\right)$$

$$S_w^2=\frac{(n_1-1)S_1^2+(n_2-1)S_2^2}{n_1+n_2-2}$$

2. σ_1^2/σ_2^2 的置信区间

$$\frac{S_1^2/\sigma_1^2}{S_2^2/\sigma_2^2}\sim F\ (n_1-1,\ n_2-1)$$

于是得 σ_1^2/σ_2^2 的一个置信水平为 $1-\alpha$ 的置信区间为：

$$\left(\frac{S_1^2}{S_2^2}\times\frac{1}{F_{\alpha/2}(n_1-1,n_2-1)},\quad \frac{S_1^2}{S_2^2}\times\frac{1}{F_{1-\alpha/2}(n_1-1,n_2-1)}\right)$$

四、 单侧置信区间的估计

设总体 X 的分布函数 $F(x,\ \theta)$ 含有一个未知参数 θ，$\theta\in\Theta$（Θ 是 θ 可能取值的范围），对于给定的 $\alpha(0<\alpha<1)$，若由来自 X 的样本 X_1，X_2，…，X_n 确定的统计量 $\underline{\theta}=\underline{\theta}(X_1,\ X_2,\ \cdots,\ X_n)$，对于任意 $\theta\in\Theta$ 满足：

$$P\ \{\theta>\underline{\theta}\}\geqslant 1-\alpha$$

则称随机区间（$\underline{\theta}$，∞）是 θ 的置信水平为 $1-\alpha$ 的单侧置信区间，$\underline{\theta}$ 称为 θ 的置信水平为 $1-\alpha$ 的单侧置信下限。

又若统计量 $\overline{\theta}=\overline{\theta}(X_1,\ X_2,\ \cdots,\ X_n)$，对于任意 $\theta\in\Theta$ 满足：

$$P\ \{\theta<\overline{\theta}\}\geqslant 1-\alpha$$

则称随机区间（$-\infty$，$\overline{\theta}$）是 θ 的置信水平为 $1-\alpha$ 的单侧置信区间，$\overline{\theta}$ 是 θ 的置信水平为 $1-\alpha$ 的单侧置信上限。

1. 正态总体均值 μ 的单侧置信区间

设已给定置信水平为 $1-\alpha$，并设 X_1，X_2，…，X_n 为总体 $N(\mu,\ \sigma^2)$ 的样本，$\overline{X}$ 和 S^2 分别是样本均值和样本方差，μ 和 σ^2 均为未知。

1）单侧置信下限

由 $\dfrac{\overline{X}-\mu}{S/\sqrt{n}}\sim t(n-1)$，

$$P\left\{\frac{\overline{X}-\mu}{S/\sqrt{n}}<t_\alpha(n-1)\right\}=1-\alpha$$

即 $P\left\{\mu>\overline{X}-\dfrac{S}{\sqrt{n}}t_\alpha(n-1)\right\}=1-\alpha$。

于是得 μ 的一个置信水平为 $1-\alpha$ 的单侧置信区间为 $\left(\overline{X}-\frac{S}{\sqrt{n}}t_{\alpha}(n-1),\ \infty\right)$。

μ 的一个置信水平为 $1-\alpha$ 的单侧置信下限为：

$$\underline{\mu}=\overline{X}-\frac{S}{\sqrt{n}}t_{\alpha}(n-1)$$

2）单侧置信上限

由 $\frac{\overline{X}-\mu}{S/\sqrt{n}}\sim t(n-1)$，

$$P\left\{\frac{\overline{X}-\mu}{S/\sqrt{n}}>-t_{\alpha}(n-1)\right\}=1-\alpha$$

即 $P\left\{\mu<\overline{X}+\frac{S}{\sqrt{n}}t_{\alpha}(n-1)\right\}=1-\alpha$。

于是得 μ 的一个置信水平为 $1-\alpha$ 的单侧置信区间为 $\left(-\infty,\ \overline{X}+\frac{S}{\sqrt{n}}t_{\alpha}(n-1)\right)$。

μ 的一个置信水平为 $1-\alpha$ 的单侧置信上限为：

$$\overline{\mu}=\overline{X}+\frac{S}{\sqrt{n}}t_{\alpha}(n-1)$$

2. 方差 σ^2 的置信区间

1）单侧置信下限

由 $\frac{(n-1)S^2}{\sigma^2}\sim\chi^2(n-1)$，

$$P\left\{\frac{(n-1)S^2}{\sigma^2}<\chi_{\alpha}^2(n-1)\right\}=1-\alpha$$

即 $P\left\{\sigma^2>\frac{(n-1)S^2}{\chi_{\alpha}^2(n-1)}\right\}=1-\alpha$。

于是得 σ^2 的一个置信水平为 $1-\alpha$ 的单侧置信区间为：

$$\left(\frac{(n-1)S^2}{\chi_{\alpha}^2(n-1)},\infty\right)$$

还可得到标准差 σ 的一个置信水平为 $1-\alpha$ 的置信区间为：

$$\left(\frac{\sqrt{(n-1)}\,S}{\sqrt{\chi_{\alpha}^2(n-1)}},\infty\right)$$

σ^2 的一个置信水平为 $1-\alpha$ 的单侧置信上限为：

$$\underline{\sigma}^2=\frac{(n-1)S^2}{\chi_{\alpha}^2(n-1)}$$

2）单侧置信上限

由$\frac{(n-1)S^2}{\sigma^2}\sim\chi^2(n-1)$，

$$P\left\{\frac{(n-1)S^2}{\sigma^2}>\chi^2_{1-\alpha}(n-1)\right\}=1-\alpha$$

即 $P\left\{\sigma^2<\frac{(n-1)S^2}{\chi^2_{1-\alpha}(n-1)}\right\}=1-\alpha$。

于是得 σ^2 的一个置信水平为 $1-\alpha$ 的单侧置信区间为：

$$\left(0,\frac{(n-1)S^2}{\chi^2_{1-\alpha}(n-1)}\right)$$

还可得到标准差 σ 的一个置信水平为 $1-\alpha$ 的置信区间为：

$$\left(0,\frac{\sqrt{(n-1)}S}{\sqrt{\chi^2_{1-\alpha}(n-1)}}\right)$$

σ^2 的一个置信水平为 $1-\alpha$ 的单侧置信上限为：

$$\overline{\sigma^2}=\frac{(n-1)S^2}{\chi^2_{1-\alpha}(n-1)}$$

第四节　假设检验

一、概述

统计推断是由样本来推断总体，包括两个基本问题：统计估计和假设检验。有关总体分布的未知参数的种种推断叫统计假设。人们要根据样本所提供的信息对所考虑的假设做出接受或拒绝的决策，假设检验就是做出这一决策的过程。

由于做出判断原假设 H_0是否为真的依据是一个样本，且由于样本的随机性，当 H_0为真时，检验统计量的观察值也会落入拒绝域，致使我们做出拒绝 H_0的错误决策（第Ⅰ类错误，弃真）；当 H_0为不真时，检验统计量的观察值也会未落入拒绝域，致使我们做出接受 H_0的错误决策（第Ⅱ类错误，取伪）。

当样本容量 n 固定时，减小犯第Ⅰ类错误的概率，就会增大犯第Ⅱ类错误的概率，反之亦然。我们的做法是控制犯第Ⅰ类错误的概率，使 $P\{$当 H_0 为真拒绝 $H_0\}\leqslant\alpha$，α 称为检验的显著性水平。这种只对犯第Ⅰ类错误的概率加以控制而不考虑犯Ⅱ类错误的概率的检验称为显著性检验。

在显著性水平 α 下，检验假设

$$H_0:\ \mu=\mu_0,\ H_1:\ \mu\neq\mu_0$$

H_0 称为原假设或零假设，H_1 称为备择假设。然后根据样本，做出决策在 H_0 和 H_1 两者之间接受其一。

若 $X \sim N(\mu, \sigma^2)$，且 μ 未知，σ^2 已知，X_1，X_2，…，X_n 为 X 的一个样本，如 H_0：$\mu=\mu_0$ 成立，$|\overline{x}-\mu_0|$ 不应太大，否则就怀疑 H_0 的正确性而拒绝 H_0。考虑到 $\dfrac{\overline{X}-\mu}{\sigma/\sqrt{n}} \sim N(0, 1)$，而衡量 $|\overline{x}-\mu_0|$ 的大小可归结为衡量 $\dfrac{\overline{X}-\mu}{\sigma/\sqrt{n}}$ 的大小。选定一正数 k，使当观察值 $\overline{x}$ 满足 $\dfrac{|\overline{x}-\mu_0|}{\sigma/\sqrt{n}} \geqslant k$ 时就拒绝假设 H_0，反之，若 $\dfrac{|\overline{x}-\mu_0|}{\sigma/\sqrt{n}} < k$，就接受假设 H_0。

k 值对应于不同分布一定显著性水平 α 时的分位点值，即

$$P\left\{\left|\frac{\overline{x}-\mu_0}{\sigma/\sqrt{n}}\right| \geqslant k\right\}=\alpha$$

这意味着当 H_0 为真时拒绝 H_0，但概率为 α。这里 $k=z_{\alpha/2}$。

上述检验法则符合实际统计原理。通常 α 取值很小，一般 $\alpha=0.01$ 或 0.05，因而若 H_0 为真，$\dfrac{|\overline{x}-\mu_0|}{\sigma/\sqrt{n}} \geqslant k$ 是一个小概率事件。根据实际统计原理，若 H_0 为真，则由一次试验得到的观察值 $\overline{x}$，满足 $\dfrac{|\overline{x}-\mu_0|}{\sigma/\sqrt{n}} \geqslant k$ 几乎是不会发生的。现在在一次观察中竟然出现了满足 $\dfrac{|\overline{x}-\mu_0|}{\sigma/\sqrt{n}} \geqslant k$ 的 $\overline{x}$，则有理由怀疑原来假设 H_0 的正确性，因而拒绝 H_0。若出现的观察值 $\overline{x}$ 满足 $\dfrac{|\overline{x}-\mu_0|}{\sigma/\sqrt{n}} < k$，此时没有理由拒绝假设 H_0，因此只能接受假设 H_0。

$\dfrac{\overline{X}-\mu}{\sigma/\sqrt{n}}$ 称为检验统计量。当检验统计量取某个区域 C 中的值时，我们拒绝原假设 H_0，则称区域 C 为拒绝域（$\dfrac{|\overline{x}-\mu_0|}{\sigma/\sqrt{n}} \geqslant k$），拒绝域的边界点称为临界点。

当假设 H_0 为真时拒绝 H_0 的错误称为第一类错误（弃真错误）。当假设 H_0 不真时接受 H_0 的错误称为第二类错误（取伪错误）。因此，在确定检验法则时，应尽可能使犯两类错误的概率都较小。但是，一般来说，当样本容量固定时，若减小犯第一类错误的概率，则犯另一类错误的概率往往增大。若要使犯两类错误的概率都减小，除非增加样本容量。在给定样本容量的情况下，一般来说，总是控制犯第一类错误的概率，使它不大于 α。只对犯第一类错误的概率加以控制，

而不考虑犯第二类错误的概率的检验，称为显著性检验。

形如 H_0：$\mu=\mu_0$，H_1：$\mu\neq\mu_0$ 的假设检验称为双边（假设）检验。形如 H_0：$\mu\leqslant\mu_0$，H_1：$\mu>\mu_0$ 的假设检验称为右边（假设）检验。形如 H_0：$\mu\geqslant\mu_0$，H_1：$\mu<\mu_0$ 的假设检验称为左边（假设）检验。右边检验和左边检验统称为单边检验。

下边讨论单边检验的拒绝域。

设总体 $X\sim N(\mu,\sigma^2)$，且 μ 未知，σ^2 已知。X_1，X_2，…，X_n 为 X 的一个样本。给定显著性水平 α，求检验问题 H_0：$\mu\leqslant\mu_0$，H_1：$\mu>\mu_0$ 的拒绝域。

$\dfrac{\overline{X}-\mu}{\sigma/\sqrt{n}}\sim N(0,1)$，选定一正数 k，使当观察值 $\overline{x}$ 满足 $\dfrac{\overline{x}-\mu_0}{\sigma/\sqrt{n}}\geqslant k$ 时就拒绝假设 H_0；反之，若 $\dfrac{\overline{x}-\mu_0}{\sigma/\sqrt{n}}<k$，就接受假设 H_0。

k 值对应于不同分布一定显著性水平 α 时的分位点值，即

$$P\left\{\frac{\overline{x}-\mu_0}{\sigma/\sqrt{n}}\geqslant k\right\}=\alpha$$

即右边检验的拒绝域为 $\dfrac{\overline{x}-\mu_0}{\sigma/\sqrt{n}}\geqslant k$，这里 $k=z_\alpha$。

类似地，左边检验问题 H_0：$\mu\geqslant\mu_0$，H_1：$\mu<\mu_0$ 的拒绝域为：$\dfrac{\overline{x}-\mu_0}{\sigma/\sqrt{n}}\leqslant k$，这里 $k=-z_\alpha$。

综上所述，参数的假设检验问题的处理步骤如下：

a）根据实际问题的要求，提出原假设 H_0 及备择假设 H_1；

b）给定显著性水平以及样本容量 n；

c）确定检验统计量以及拒绝域的形式；

d）按 $P\{$当 H_0 为真拒绝 $H_0\}\leqslant\alpha$ 求出拒绝域；

e）取样，根据样本观察值作出决策，是接受 H_0 还是拒绝 H_0。

二、 正态总体均值的假设检验

1. 单个总体

1）σ^2 已知

根据本节“一、概述”的内容，检验统计量 $Z=\dfrac{\overline{X}-\mu_0}{\sigma/\sqrt{n}}$ 来确定拒绝域，称为 Z 检验法。

2）σ^2 未知

设总体 $X\sim N(\mu,\sigma^2)$，且 μ，σ^2 未知。X_1，X_2，…，X_n 为 X 的一个样本。

给定显著性水平 α，求检验问题 H_0：$\mu=\mu_0$，H_1：$\mu\neq\mu_0$ 的拒绝域。

检验统计量 $t=\dfrac{\overline{X}-\mu_0}{S/\sqrt{n}}$，对于给定的正数 k，有 $P\left\{\left|\dfrac{\overline{x}-\mu_0}{S/\sqrt{n}}\right|\geqslant k\right\}=\alpha$，得 $k=t_{\alpha/2}(n-1)$，拒绝域为：$|t|=\left|\dfrac{\overline{x}-\mu_0}{s/\sqrt{n}}\right|\geqslant t_{\alpha/2}(n-1)$。

对于右边检验问题 H_0：$\mu\leqslant\mu_0$，H_1：$\mu>\mu_0$，对于给定的正数 k，有 $P\left\{\dfrac{\overline{x}-\mu_0}{S/\sqrt{n}}\geqslant k\right\}=\alpha$，得 $k=t_\alpha(n-1)$，拒绝域为：$t=\dfrac{\overline{x}-\mu_0}{s/\sqrt{n}}\geqslant t_\alpha(n-1)$。

对于左边检验问题 H_0：$\mu\geqslant\mu_0$，H_1：$\mu<\mu_0$，对于给定的正数 k，有 $P\left\{\dfrac{\overline{x}-\mu_0}{S/\sqrt{n}}\leqslant k\right\}=\alpha$，得 $k=-t_\alpha(n-1)$，拒绝域为：$t=\dfrac{\overline{x}-\mu_0}{s/\sqrt{n}}\leqslant -t_\alpha(n-1)$。

上述利用 t 统计量得出的检验法称为 t 检验法。

2. 两个总体

设已给定水显著性水平为 α，并设 X_1，X_2，…，X_{n_1}来自第一个总体 $N(\mu_1,\sigma^2)$ 的样本，Y_1，Y_2，…，Y_{n_2}是来自第二个总体 $N(\mu_2,\sigma^2)$ 的样本，总体方差相等，且这两个样本相互独立。设 $\overline{X}=\dfrac{1}{n_1}\sum\limits_{i=1}^{n_1}X_i$，$\overline{Y}=\dfrac{1}{n_2}\sum\limits_{i=1}^{n_2}Y_i$；$S_1^2=\dfrac{1}{n_1-1}\sum\limits_{i=1}^{n_1}(X_i-\overline{X})^2$，$S_2^2=\dfrac{1}{n_2-1}\sum\limits_{i=1}^{n_2}(Y_i-\overline{Y})^2$。设 μ_1、μ_2、σ^2 均为未知。求检验问题 H_0：$\mu_1-\mu_2=\delta$，H_1：$\mu_1-\mu_2\neq\delta$ 的拒绝域。

检验统计量 $t=\dfrac{(\overline{X}-\overline{Y})-\delta}{S_w\sqrt{\dfrac{1}{n_1}+\dfrac{1}{n_2}}}\sim t(n_1+n_2-2)$，对于给定的正数 k，有

$$P\left\{\left|\frac{(\overline{X}-\overline{Y})-\delta}{S_w\sqrt{\dfrac{1}{n_1}+\dfrac{1}{n_2}}}\right|\geqslant k\right\}=\alpha$$

得 $k=t_{\alpha/2}(n_1+n_2-2)$，拒绝域为：

$$|t|=\left|\frac{(\overline{X}-\overline{Y})-\delta}{S_w\sqrt{\dfrac{1}{n_1}+\dfrac{1}{n_2}}}\right|\geqslant t_{\alpha/2}(n_1+n_2-2)$$

对于右边检验问题 H_0：$\mu_1-\mu_2\leqslant\delta$，$H_1$：$\mu_1-\mu_2>\delta$，对于给定的正数 k，有

$$P\left\{\frac{(\overline{X}-\overline{Y})-\delta}{S_w\sqrt{\dfrac{1}{n_1}+\dfrac{1}{n_2}}}\geqslant k\right\}=\alpha$$

得 $k=t_\alpha(n_1+n_2-2)$，拒绝域为：

$$t=\frac{(\overline{X}-\overline{Y})-\delta}{S_w\sqrt{\frac{1}{n_1}+\frac{1}{n_2}}}\geqslant t_\alpha(n_1+n_2-2)$$

对于左边检验问题 H_0：$\mu_1-\mu_2\geqslant\delta$，$H_1$：$\mu_1-\mu_2<\delta$，对于给定的负数 k，有

$$P\left\{\frac{(\overline{X}-\overline{Y})-\delta}{S_w\sqrt{\frac{1}{n_1}+\frac{1}{n_2}}}\leqslant k\right\}=\alpha$$

得 $k=-t_\alpha(n_1+n_2-2)$，拒绝域为：

$$t=\frac{(\overline{X}-\overline{Y})-\delta}{S_w\sqrt{\frac{1}{n_1}+\frac{1}{n_2}}}\leqslant -t_\alpha(n_1+n_2-2)$$

3. 基于成对数据的检验（t 检验法）

设有 n 对相互独立的观察结果：(X_1, Y_1)，(X_2, Y_2)，…，(X_n, Y_n)，令 $D_1=X_1-Y_1$，$D_2=X_2-Y_2$，…，$D_n=X_n-Y_n$，则 D_1，D_2，…，D_n 相互独立。假设 $D\sim N(\mu_D, \sigma_D^2)$，其中 μ_D，σ_D^2 未知。D_1，D_2，…，D_n 为一个样本，分别记 D_1，D_2，…，D_n 的样本均值和样本方差为 $\overline{d}$，s_D^2。显著性水品为 α。假设检验问题 H_0：$\mu_D=\mu_0$，H_1：$\mu_D\neq\mu_0$ 的拒绝域为 $|t|=\left|\frac{\overline{d}-\mu_0}{s_D/\sqrt{n}}\right|\geqslant t_{\alpha/2}(n-1)$；右边检验问题 H_0：$\mu_D\leqslant\mu_0$，H_1：$\mu_D>\mu_0$ 的拒绝域为 $t=\frac{\overline{d}-\mu_0}{s_D/\sqrt{n}}\geqslant t_\alpha(n-1)$；左边检验问题 H_0：$\mu_D\geqslant\mu_0$，H_1：$\mu_D<\mu_0$ 的拒绝域为 $t=\frac{\overline{d}-\mu_0}{s_D/\sqrt{n}}\leqslant -t_\alpha(n-1)$。

三、 正态总体方差的假设检验

1. 单个总体

设总体 $X\sim N(\mu, \sigma^2)$，且 μ、σ^2 未知。X_1，X_2，…，X_n 为 X 的一个样本。给定显著性水平 α，求检验问题 H_0：$\sigma^2=\sigma_0^2$，H_1：$\sigma^2\neq\sigma_0^2$ 的拒绝域。σ_0^2 为已知常数。

由于 S^2 是 σ^2 的无偏估计，当 H_0 为真时，$\frac{S^2}{\sigma_0^2}$ 应在 1 附近波动。考虑 $\frac{(n-1)S^2}{\sigma_0^2}\sim\chi^2(n-1)$，取 $\chi^2=\frac{(n-1)S^2}{\sigma_0^2}$ 作为检验统计量。

$$P\left\{\left(\frac{(n-1)S^2}{\sigma_0^2}\right)\leqslant k_1 \cup \left(\frac{(n-1)S^2}{\sigma_0^2}\right)\geqslant k_2\right\}=\alpha$$

习惯上取：

$$P\left\{\left(\frac{(n-1)S^2}{\sigma_0^2}\right)\leqslant k_1\right\}=\frac{\alpha}{2},\ P\left\{\left(\frac{(n-1)S^2}{\sigma_0^2}\right)\geqslant k_2\right\}=\frac{\alpha}{2}$$

故得 $k_1=\chi^2_{1-\alpha/2}(n-1)$，$k_2=\chi^2_{\alpha/2}(n-1)$，于是拒绝域为：

$$\frac{(n-1)S^2}{\sigma_0^2}\leqslant\chi^2_{1-\alpha/2}(n-1),\quad \frac{(n-1)S^2}{\sigma_0^2}\geqslant\chi^2_{\alpha/2}(n-1)$$

类似地，右边检验问题 H_0：$\sigma^2\leqslant\sigma_0^2$，$H_1$：$\sigma^2>\sigma_0^2$ 的拒绝域为：

$$\frac{(n-1)S^2}{\sigma_0^2}\geqslant\chi^2_{\alpha}(n-1)$$

左边检验问题 H_0：$\sigma^2\geqslant\sigma_0^2$，$H_1$：$\sigma^2<\sigma_0^2$ 的拒绝域为：

$$\frac{(n-1)S^2}{\sigma_0^2}\leqslant\chi^2_{1-\alpha}(n-1)$$

以上检验法称为 χ^2 检验法。

2. 两个总体

设已给定显著性水平为 α，并设 X_1，X_2，…，X_{n_1} 来自第一个总体 $N(\mu_1, \sigma_1^2)$ 的样本，Y_1，Y_2，…，Y_{n_2} 是来自第二个总体 $N(\mu_2, \sigma_2^2)$ 的样本，这两个样本相互独立。设 $\overline{X}=\frac{1}{n_1}\sum_{i=1}^{n_1}X_i$，$\overline{Y}=\frac{1}{n_2}\sum_{i=1}^{n_2}Y_i$；$S_1^2=\frac{1}{n_1-1}\sum_{i=1}^{n_1}(X_i-\overline{X})^2$，$S_2^2=\frac{1}{n_2-1}\sum_{i=1}^{n_2}(Y_i-\overline{Y})^2$。且设 μ_1、μ_2、σ_1^2、σ_2^2 均为未知。求检验问题 H_0：$\sigma_1^2\leqslant\sigma_2^2$，$H_1$：$\sigma_1^2>\sigma_2^2$ 的拒绝域。

由于 S^2 是 σ^2 的无偏估计，当 H_0 为真时，$\frac{S_1^2}{S_2^2}$应有偏小的趋势。取$\frac{S_1^2}{S_2^2}$作为检验统计量。考虑到$\frac{S_1^2/S_2^2}{\sigma_1^2/\sigma_2^2}\sim F(n_1-1, n_2-1)$，得：

$$P\left\{\frac{S_1^2}{S_2^2}\geqslant k\right\}\leqslant P\left\{\frac{S_1^2/S_2^2}{\sigma_1^2/\sigma_2^2}\geqslant k\right\}=\alpha$$

故得 $k=F_\alpha(n_1-1, n_2-1)$，于是右边检验问题的拒绝域为：

$$F=\frac{S_1^2}{S_2^2}\geqslant F_\alpha(n_1-1,n_2-1)$$

上述检验法称为 F 检验法。

类似地，双边检验问题 H_0：$\sigma_1^2=\sigma_2^2$，H_1：$\sigma_1^2\neq\sigma_2^2$ 时：

$$P\left\{\frac{S_1^2}{S_2^2}\leqslant k_1\right\}\cup P\left\{\frac{S_1^2}{S_2^2}\geqslant k_2\right\}=P\left\{\frac{S_1^2/S_2^2}{\sigma_1^2/\sigma_2^2}\leqslant k_1\right\}\cup P\left\{\frac{S_1^2/S_2^2}{\sigma_1^2/\sigma_2^2}\geqslant k_2\right\}=\alpha$$

习惯上取：

$$P\left\{\frac{S_1^2/S_2^2}{\sigma_1^2/\sigma_2^2}\leqslant k_1\right\}=\frac{\alpha}{2},\ P\left\{\frac{S_1^2/S_2^2}{\sigma_1^2/\sigma_2^2}\geqslant k_2\right\}=\frac{\alpha}{2}$$

故得 $k_1=F_{1-\alpha/2}(n_1-1,\ n_2-1)$，$k_2=F_{\alpha/2}(n_1-1,\ n_2-1)$，于是拒绝域为：

$$\frac{S_1^2}{S_2^2}\leqslant F_{1-\alpha 2}(n_{1-1},n_{2-1}),\ \frac{S_1^2}{S_2^2}\geqslant F_{\alpha/2}(n_1-1,n_2-1)$$

左边检验问题 H_0：$\sigma_1^2\geqslant\sigma_2^2$，$H_1$：$\sigma_1^2<\sigma_2^2$ 的拒绝域为：$F=\dfrac{S_1^2}{S_2^2}\leqslant F_{1-\alpha}(n_1-1,$ $n_2-1)$。

四、置信区间与假设检验之间的关系

设 X_1，X_2，…，X_n 是一个来自总体的样本，x_1，x_2，…，x_n 是相应的样本值，Θ 是参数 θ 的可能取值范围。$(\underline{\theta}(X_1,\ \cdots,\ X_n),\ \overline{\theta}(X_1,\ \cdots,\ X_n))$是参数 θ 的一个置信水平为 $1-\alpha$ 的置信区间，则对于任意 $\theta\in\Theta$，有 $P\{\underline{\theta}(X_1,\ \cdots,\ X_n)<\theta<\overline{\theta}(X_1,\ \cdots,\ X_n)\}\geqslant 1-\alpha$。

考虑显著性水平为 α 的双边检验 H_0：$\theta=\theta_0$，H_1：$\theta\neq\theta_0$，即有：

$$P\{(\theta_0\leqslant\underline{\theta})\cup(\theta_0\geqslant\overline{\theta})\}\leqslant\alpha$$

则拒绝域为（$\theta_0\leqslant\underline{\theta}$）或（$\theta_0\geqslant\overline{\theta}$），接受域为：$\underline{\theta}(X_1,\ \cdots,\ X_n)<\theta_0<\overline{\theta}(X_1,\ \cdots,\ X_n)$。

当我们要检验假设时，先求出 θ 的置信水平为 $1-\alpha$ 的置信区间（$\underline{\theta}$，$\overline{\theta}$），然后考察区间（$\underline{\theta}$，$\overline{\theta}$）是否包含 θ_0，若 $\theta_0\in(\underline{\theta},\ \overline{\theta})$ 则接受 H_0，否则拒绝 H_0。

反之，为求出参数 θ 的置信水平的置信区间，我们先求出显著性水平为 α 的假设检验问题 H_0：$\theta=\theta_0$，H_1：$\theta\neq\theta_0$ 的接受域 $\underline{\theta}(X_1,\ \cdots,\ X_n)<\theta_0<\overline{\theta}$（$X_1$，…，$X_n$），那么（$\underline{\theta}$，$\overline{\theta}$）就是 θ 的一个置信水平为 $1-\alpha$ 的置信区间。

置信水平为 $1-\alpha$ 的单侧置信区间（$-\infty$，$\overline{\theta}$）与显著性水平为 α 的左边检验问题 H_0：$\theta\geqslant\theta_0$，H_1：$\theta<\theta_0$ 有类似的对应关系。即若已求得单侧置信区间（$-\infty$，$\overline{\theta}$），则当 $\theta_0\in(-\infty,\ \overline{\theta})$ 时接受 H_0，否则拒绝 H_0。反之，若已求得检验问题 H_0：$\theta\geqslant\theta_0$，H_1：$\theta<\theta_0$ 的接受域为 $-\infty<\theta_0<\overline{\theta}(X_1,\ \cdots,\ X_n)$，则可得 θ 的一个单侧置信区间（$-\infty$，$\overline{\theta}$）。

置信水平为 $1-\alpha$ 的单侧置信区间（$\underline{\theta}$，∞）与显著性水平为 α 的右边检验问题 H_0：$\theta \leqslant \theta_0$，$H_1$：$\theta > \theta_0$ 有类似的对应关系。即若已求得单侧置信区间（$\underline{\theta}$，∞），则当 $\theta_0 \in (\underline{\theta}, \infty)$ 时接受 H_0，否则拒绝 H_0。反之，若已求得检验问题 H_0：$\theta \leqslant \theta_0$，$H_1$：$\theta > \theta_0$ 的接受域为 $\underline{\theta} < \theta_0 < \infty$，则可得 θ 的一个单侧置信区间（$\underline{\theta}$，∞）。

知道了置信区间就能容易判明是否接受原假设，反之知道了检验的接受域就得到了相应的置信区间。

五、 样本容量的选择

显著性检验只对犯第Ⅰ类错误的概率加以控制，而不考虑犯第Ⅱ类错误的概率。以上假设检验均为显著性检验。

在进行假设检验时，预先给出显著性水平以控制犯第Ⅰ类错误的概率，而犯第Ⅱ类错误的概率则依赖于样本容量的选择。在一些实际问题中，除了希望控制犯第Ⅰ类错误的概率外，还希望控制犯第Ⅱ类错误的概率。如何选取样本容量使得犯第Ⅱ类错误的概率控制在预先给定的限度之内，为此我们引入施行特征函数，又称 OC 函数。

若 C 是参数 θ 的某检验问题的一个检验法，$\beta(\theta)=P_{\theta}$(接受 H_0）称为检验法 C 的施行特征函数或 OC 函数，其图形称为 OC 曲线。

下面介绍 t 检验法的 OC 函数。

a）双边检验问题 H_0：$\mu=\mu_0$，H_1：$\mu \neq \mu_0$ 的 OC 函数为：

$$\beta(\mu)=P_{\mu}(\text{接受 } H_0)=P\left\{-t_{\alpha/2}<\frac{\overline{X}-\mu_0}{S/\sqrt{n}}<t_{\alpha/2}\right\}$$

$$=P\left\{-\lambda-t_{\alpha/2}<\frac{\overline{X}-\mu}{S/\sqrt{n}}<-\lambda+t_{\alpha/2}\right\}=t(t_{\alpha/2}-\lambda)-t(-\lambda-t_{\alpha/2})$$

$$=t(t_{\alpha/2}-\lambda)+t(t_{\alpha/2}+\lambda)-1$$

$\lambda=\dfrac{\mu-\mu_0}{S/\sqrt{n}}$，$\beta(\mu)$ 是 $|\lambda|$ 的严格单调下降函数。

若要求对 H_1 中满足 $|\mu-\mu_0| \geqslant \delta > 0$ 的 μ 处的函数值 $\beta(\mu) \leqslant \beta$，临界点即 $\mu=\mu_0+\delta$ 处的 $\beta(\mu)$ 为：$\beta(\mu_0+\delta)=t(t_{\alpha/2}-\sqrt{n}\delta/S)+t(t_{\alpha/2}+\sqrt{n}\delta/S)-1$

通常 n 较大，认为 $t_{\alpha/2}+\sqrt{n}\delta/S \geqslant 4$，于是 $t(z_{\alpha/2}+\sqrt{n}\delta/S) \approx 1$，近似地得：

$t(t_{\alpha/2}-\sqrt{n}\delta/S) \leqslant \beta$，由与 β 概率相等的 t 分布分位数得：

$t_{\alpha/2}-\sqrt{n}\delta/S \leqslant -t_{\beta}$，即 $\sqrt{n} \geqslant (t_{\alpha/2}+t_{\beta})\dfrac{S}{\delta}$。

b）右边检验问题 H_0：$\mu \leqslant \mu_0$，H_1：$\mu > \mu_0$ 的 OC 函数为：

$$\beta(\mu)=P_{\mu}(\text{接受 } H_0)=P\left\{\frac{\overline{X}-\mu_0}{S/\sqrt{n}}<t_{\alpha}(n-1)\right\}$$

$$=P\left\{\frac{\overline{X}-\mu}{S/\sqrt{n}}<t_{\alpha}-\lambda\right\}$$

$\lambda=\dfrac{\mu-\mu_0}{S/\sqrt{n}}$，$\beta(\mu)$ 是 λ 的单调下降函数。

若要求对 H_1 中满足 $\mu-\mu_0\geqslant\delta>0$ 的 μ 处的函数值 $\beta(\mu)\leqslant\beta$，临界点即 $\mu=\mu_0+\delta$ 处的 $\beta(\mu)$ 为：$\beta(\mu_0+\delta)=P\left\{\dfrac{\overline{X}-\mu}{S/\sqrt{n}}<t_{\alpha}-\sqrt{n}\delta/S\right\}\leqslant\beta$。

由与 β 概率相等的 t 分布分位数得：

$t_{\alpha}-\sqrt{n}\delta/S\leqslant-t_{\beta}$，即$\sqrt{n}\geqslant(t_{\alpha}+t_{\beta})\dfrac{S}{\delta}$。

c）左边检验问题 H_0：$\mu\geqslant\mu_0$，H_1：$\mu<\mu_0$ 的 OC 函数为：

$$\beta(\mu)=P_{\mu}(\text{接受 } H_0)=P\left\{\frac{\overline{X}-\mu_0}{S/\sqrt{n}}\geqslant-t_{\alpha}(n-1)\right\}$$

$$=P\left\{\frac{\overline{X}-\mu}{S/\sqrt{n}}\geqslant-t_{\alpha}-\lambda\right\}$$

$\lambda=\dfrac{\mu-\mu_0}{S/\sqrt{n}}$，$\beta(\mu)$ 是 λ 的单调下降函数。

若要求对 H_1 中满足 $\mu-\mu_0\leqslant-\delta$（$\delta\geqslant0$）的 μ 处的函数值 $\beta(\mu)\leqslant\beta$，临界点即 $\mu=\mu_0-\delta$ 处的 $\beta(\mu)$ 为：$\beta(\mu_0-\delta)=P\left\{\dfrac{\overline{X}-\mu}{S/\sqrt{n}}\geqslant-t_{\alpha}+\sqrt{n}\delta/S\right\}\leqslant\beta$。

由与 β 概率相等的 t 分布分位数得：$-t_{\alpha}+\sqrt{n}\delta/S\geqslant t_{\beta}$，即$\sqrt{n}\geqslant(t_{\alpha}+t_{\beta})\dfrac{S}{\delta}$。

六、 p 值法

假设检验问题的 p 值（probability value）是由检验统计量的样本观察值得出的原假设可被拒绝的最小显著性水平（或原假设可被接受的最大显著性水平）。

常用的检验问题的 p 值可以根据检验统计量的样本观察值以及检验统计量在 H_0 下一个特定的参数值（一般是 H_0 和 H_1 所规定的参数的分界点）对应的分布求出。

在正态总体 $N(\mu,\sigma^2)$ 均值的检验中，当 σ 未知时，可采用检验统计量 $t=\dfrac{\overline{X}-\mu_0}{S/\sqrt{n}}$，此时 $t\sim t(n-1)$。如果由样本求得统计量 t 的观察值为 $t_0\left(\dfrac{\mu-\mu_0}{s/\sqrt{n}}\right)$，

那么再检验以下问题。

1. $\boldsymbol{H_0}$：$\boldsymbol{\mu \leqslant \mu_0}$，$\boldsymbol{H_1}$：$\boldsymbol{\mu > \mu_0}$

p 值$=P\{t \geqslant t_0\}=t_0$ 右侧尾部面积，如图 8-5(a) 所示。

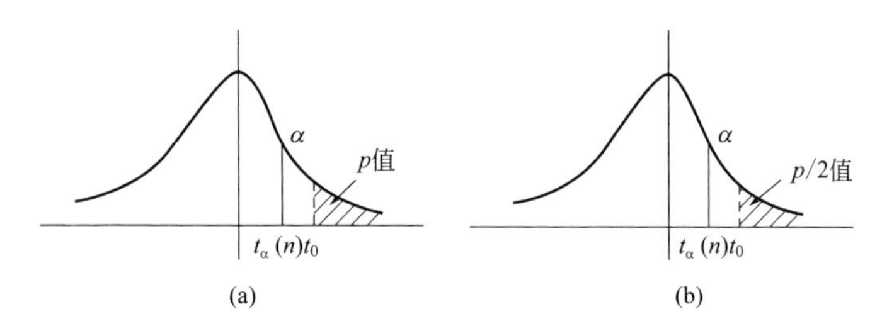

图 8-5　p 值法

2. $\boldsymbol{H_0}$：$\boldsymbol{\mu \geqslant \mu_0}$，$\boldsymbol{H_1}$：$\boldsymbol{\mu < \mu_0}$

p 值$=P\{t \leqslant t_0\}=t_0$ 左侧尾部面积。

3. $\boldsymbol{H_0}$：$\boldsymbol{\mu = \mu_0}$，$\boldsymbol{H_1}$：$\boldsymbol{\mu \neq \mu_0}$

a）当 $t_0>0$ 时，p 值$=P\{|t| \geqslant t_0\}=2\times$($t_0$ 右侧尾部面积)，如图 8-5(b) 所示。

b）当 $t_0<0$ 时，p 值$=P\{|t| \geqslant -t_0\}=2\times$($t_0$ 左侧尾部面积)。

按 p 值的定义，对于任意指定的显著性水平 α，就有：

1）若 p 值$\leqslant\alpha$，则在显著性水平 α 下拒绝 H_0；

2）若 p 值$>\alpha$，则在显著性水平 α 下接受 H_0。

这种利用 p 值来确定是否拒绝 H_0 的方法，称为 p 值法。

一般地，若 p 值$\leqslant 0.01$，称推断拒绝 H_0 的依据很强或称检验是高度显著的；若 $0.01<p$ 值$\leqslant 0.05$，称推断拒绝 H_0 的依据是强的或称检验是显著的；若 $0.05<p$ 值$\leqslant 0.1$，称推断拒绝 H_0 的依据是弱的或称检验是不显著的；若 p 值>0.1，一般认为没有理由拒绝 H_0。

第五节　方差分析及回归分析

一、 单因素试验的方差分析

在实际中试验的指标往往受到一种或多种因素的影响。方差分析就是通过对试验数据进行分析，检验方差相同的多个正态总体的均值是否相等，用以判断各因素对试验指标的影响是否显著。

在试验中，将要考察的指标称为试验指标。影响试验指标的条件称为因素。因素所处的状态称为该因素的水平。如果在一项试验的过程中只有一个因素在改变则称为单因素试验，如果多于一个因素在改变则称为多因素试验。

设因素A有s个水平A_1，A_2，…，A_s，在水平$A_j(j=1, 2, \cdots, s)$下进行$n_j(n_j\geqslant 2)$次独立试验。假定：各个水平$A_j(j=1, 2, \cdots, s)$下的样本X_{1j}，X_{2j}，…，X_{n_j}来自具有相同方差σ^2，均值分别为$\mu_j(j=1, 2, \cdots, s)$的正态总体$N(\mu_j, \sigma^2)$，μ_j与σ^2未知，且设不同水平A_j的样本之间相互独立。

由于$X_{ij}\sim N(\mu_j, \sigma^2)$，即有$X_{ij}-\mu_j\sim N(0, \sigma^2)$，方差分析的任务是：

a）检验s个总体$N(\mu_1, \sigma^2)$，…，$N(\mu_s, \sigma^2)$的均值是否相等，即检验假设H_0：$\mu_1=\mu_2=\cdots=\mu_s$，H_1：μ_1，μ_2，…，μ_s不全相等。

b）做出未知参数μ_1，μ_2，…，μ_s，σ^2的估计。

1. 偏差平方和

总偏差平方和：$S_T=\sum_{j=1}^{s}\sum_{i=1}^{n_j}(X_{ij}-\overline{X})^2$，其中$\overline{X}=\frac{1}{n}\sum_{j=1}^{s}\sum_{i=1}^{n_j}X_{ij}$，是数据的总平均值。

S_T反映全部试验数据之间的差异，又称总变差。

设$\overline{X}_{\cdot j}=\frac{1}{n_j}\sum_{i=1}^{n_j}X_{ij}$，

$$
\begin{aligned}
S_T&=\sum_{j=1}^{s}\sum_{i=1}^{n_j}[(X_{ij}-\overline{X}_{\cdot j})+(\overline{X}_{\cdot j}-\overline{X})]^2\\
&=\sum_{j=1}^{s}\sum_{i=1}^{n_j}(X_{ij}-\overline{X}_{\cdot j})^2+\sum_{j=1}^{s}\sum_{i=1}^{n_j}(\overline{X}_{\cdot j}-\overline{X})^2+2\sum_{j=1}^{s}\sum_{i=1}^{n_j}(X_{ij}-\overline{X}_{\cdot j})(\overline{X}_{\cdot j}-\overline{X})\\
&=\sum_{j=1}^{s}\sum_{i=1}^{n_j}(X_{ij}-\overline{X}_{\cdot j})^2+\sum_{j=1}^{s}\sum_{i=1}^{n_j}(\overline{X}_{\cdot j}-\overline{X})^2=S_E+S_A
\end{aligned}
$$

$$
S_A=\sum_{j=1}^{s}\sum_{i=1}^{n_j}(\overline{X}_{\cdot j}-\overline{X})^2=\sum_{j=1}^{s}n_j(\overline{X}_{\cdot j}-\overline{X})^2=\sum_{j=1}^{s}n_j\overline{X}_{\cdot j}^2-n\overline{X}^2
$$

S_E表示在水平A_j下样本观察值与样本均值的差异，是由随机误差引起的，称作误差平方和。S_A表示水平A_j下的样本平均值与数据总平均的差异，是由水平A_j的效应的差异以及随机误差引起的，称作效应平方和。若后者较前者大得多，则有理由认为因素的各个水平对应的试验结果有显著差异，从而拒绝因素各水平对应的正态总体的均值相等这一原假设。

方差分析事实上不是真正分析方差，而是分析用偏差平方和度量的数据的变异。

$\frac{S_E}{\sigma^2}\sim\chi^2(n-s)$，这里$n=\sum_{j=1}^{s}n_j$。

$E(S_E)=(n-s)\sigma^2$，$E(S_A)=(s-1)\sigma^2+\sum_{j=1}^{s}n_j\delta_j^2$。这里 $\delta_j=\mu_j-\mu$，$\mu=\frac{1}{n}\sum_{j=1}^{s}n_j\mu_j$，$n=\sum_{j=1}^{s}n_j$。

当 H_0 为真时，$\frac{S_A}{\sigma^2}\sim\chi^2(s-1)$。

2. 假设检验问题的拒绝域

当 H_0 为真时，$E\left(\frac{S_A}{s-1}\right)=\sigma^2$；当 H_1 为真时，$\sum_{j=1}^{s}n_j\delta_j^2>0$，$E\left(\frac{S_A}{s-1}\right)=\sigma^2+\frac{1}{s-1}\sum_{j=1}^{s}n_j\delta_j^2>\sigma^2$。

不管 H_0 是否为真，$E\left(\frac{S_E}{n-s}\right)=\sigma^2$。

因此拒绝域为：$F=\frac{S_A/(s-1)}{S_E/(n-s)}=\frac{MS_{\text{among}}}{MS_{\text{within}}}\geqslant k=F_\alpha(s-1,n-s)$。

单因素方差分析表如表 8-1 所示。

表 8-1　单因素方差分析表

方差来源	平方和	自由度	均方	F 比
因素 A	S_A	$s-1$	$\overline{S}_A=\frac{S_A}{s-1}$	$F=\frac{\overline{S}_A}{\overline{S}_E}$
误差	S_E	$n-s$	$\overline{S}_E=\frac{S_E}{n-s}$	
综合	S_T	$n-1$		

实际中按如下较简便的公式来计算。

记：$T_{\cdot j}=\sum_{i=1}^{n_j}X_{ij}$，$T_{\cdot\cdot}=\sum_{j=1}^{s}\sum_{i=1}^{n_j}X_{ij}$。

即有：

$S_T=\sum_{j=1}^{s}\sum_{i=1}^{n_j}X_{ij}^2-\frac{T_{\cdot\cdot}^2}{n}$，$S_A=\sum_{j=1}^{s}\frac{T_{\cdot j}^2}{n_j}-\frac{T_{\cdot\cdot}^2}{n}$，$S_E=S_T-S_A$。

3. 未知参数的估计

不管 H_0 是否为真，$\frac{S_E}{n-s}$ 是 σ^2 的无偏估计。

$E(\overline{X})=\mu$，$E(\overline{X}_{\cdot j})=\mu_j$。

二、 一元线性回归

回归分析是研究自变量为一般变量（非随机变量），因变量为随机变量时两者之间的相关关系的统计分析方法。

对于自变量 X 取定一组不完全相同的值 x_1，x_2，…，x_n，设 y_1，y_2，…，y_n 是分别对应的因变量 Y 的独立观察结果，称（x_1，y_1），（x_2，y_2），…，（x_n，y_n）为一个样本。用样本来估计 Y 的数学期望 $E(Y)=\mu(x)$ 与 x 的确定性关系，若 $\mu(x)=a+bx$，则称为一元线性回归，用关于 X 的一元线性回归来估计 Y 的数学期望。一元线性回归模型为：

$Y'=a+bX+\varepsilon$，$\varepsilon \sim N(0, \sigma^2)$，其中 a，b，σ 都不依赖于 x，且 a，b，σ 均未知。

a）a，b 的估计。用最大似然估计法估计未知参数 a，b。

函数 $Q(a, b)=\sum_{i=1}^{n}(y_i-a-bx_i)^2$ 取最小值时的 a 和 b。

$$b=\frac{\sum_{i=1}^{n}(x_i-\overline{x})(y_i-\overline{y})}{\sum_{i=1}^{n}(x_i-\overline{x})^2}, \quad a=\frac{1}{n}\sum_{i=1}^{n}y_i-\frac{b}{n}\sum_{i=1}^{n}x_i=\overline{y}-b\overline{x}$$

其中 $\overline{x}=\frac{1}{n}\sum_{i=1}^{n}x_i$，$\overline{y}=\frac{1}{n}\sum_{i=1}^{n}y_i$，称为 $y'=a+bx$，或 $y'=\overline{y}+b(x-\overline{x})$ 为 Y 关于 X 的回归方程，其图形为回归直线。

为了计算上的方便，引入下述记号：

$$S_{xx}=\sum_{i=1}^{n}(x_i-\overline{x})^2=\sum_{i=1}^{n}x_i^2-\frac{1}{n}(\sum_{i-1}^{n}x_i)^2$$

$$S_{yy}=\sum_{i=1}^{n}(y_i-\overline{y})^2=\sum_{i=1}^{n}y_i^2-\frac{1}{n}(\sum_{i-1}^{n}y_i)^2$$

$$S_{xy}=\sum_{i=1}^{n}(x_i-\overline{x})(y_i-\overline{y})=\sum_{i=1}^{n}x_iy_i-\frac{1}{n}(\sum_{i-1}^{n}x_i)(\sum_{i-1}^{n}y_i)$$

b 的估计值可写成：

$$b=\frac{S_{xy}}{S_{xx}}$$

b）σ^2 的估计。$E\{[Y-(a+bX)]^2\}=E(\varepsilon^2)=\sigma^2$，说明 σ^2 越小，回归方程 $y'=a+bx$ 作为 Y 的近似导致的均方误差就越小。

记 $y_i'=a+bx_i$，称 y_i-y_i' 为 x_i 处的残差。

$$Q_e=\sum_{i=1}^{n}(y_i-y'_i)^2=S_{yy}-bS_{xy}$$ 称为残差平方和。

σ^2 的无偏估计量 $\sigma^{2'}=\dfrac{Q_e}{n-2}=\dfrac{S_{yy}-bS_{xy}}{n-2}$。

c）作线性假设。H_0：$b=0$，H_1：$b\neq0$ 的显著性假设。

$$s(b)=\frac{\sigma'}{\sqrt{S_{xx}}}$$

H_0的拒绝域为：

$$|t|=\frac{|b|}{\sigma'}\sqrt{S_{xx}}\geqslant t_{\alpha/2}(n-2)$$

若拒绝 H_0，则认为回归效果是显著的；否则，则认为回归效果不显著，此时不宜用线性回归模型，需另行研究。

d）作区间估计。回归系数 b 的置信水平为 $1-\alpha$ 的置信区间为：

$$\left(b\pm t_{\alpha/2}(n-2)\frac{\sigma'}{\sqrt{S_{xx}}}\right)$$

e）求回归函数的置信区间。回归函数 $\mu(x)$ 在点 x_0处的函数值 $\mu(x_0)$ 的置信水平为 $1-\alpha$ 的置信区间为：

$$\left(a+bx_0\pm t_{\alpha/2}(n-2)\sigma'\sqrt{\frac{1}{n}+\frac{(x_0-\overline{x})^2}{S_{xx}}}\right)$$

f）求观察值的预测区间。以 x_0处的回归值 $y'_0=a+bx_0$ 作为 Y 在 x_0处的观察值 Y_0的预测值，Y_0的置信水平为 $1-\alpha$ 的预测区间为：

$$\left(a+bx_0\pm t_{\alpha/2}(n-2)\sigma'\sqrt{1+\frac{1}{n}+\frac{(x_0-\overline{x})^2}{S_{xx}}}\right)$$

对随机变量 Y 的观察值进行预测是回归方程最重要的应用。

参考文献

[1] 盛骤，谢式千，潘承毅．概率论与数理统计［M］．北京：高等教育出版社，2008.